青海省海西州那棱格勒河水利枢纽生态环境影响研究

马秀梅　杨玉霞　张世坤　徐晓琳　张天宇　著

黄河水利出版社
·郑　州·

内 容 提 要

本书重点调查研究工程引水区那棱格勒河水利枢纽坝址以下区域的陆生生态、水生生态状况，就工程建设和运行对引水区可能造成的生态环境影响展开了深入预测研究，重点研究确定了那棱格勒河水库坝址断面生态流量、那棱格勒河绿洲区生态耗水量和尾闾湖生态需水量，进而分析论证了引水规模和水库运行方式等环境合理性，根据区域生态保护目标提出了开展坝址上游替代生境保护，实行绿洲前缘人工封育、建立草方格沙障及补偿性种植等措施，结合工程对环境影响的研究结论提出了减缓工程建设对引水区其他环境影响的对策措施。

本书可供水利部门、环境保护部门从事生态环境影响研究的专业技术人员、环境管理和水资源管理人员，以及环境科学相关专业的大专院校师生阅读参考。

图书在版编目(CIP)数据

青海省海西州那棱格勒河水利枢纽生态环境影响研究/马秀梅等著.—郑州：黄河水利出版社，2019.11
ISBN 978-7-5509-0939-7

Ⅰ.①青… Ⅱ.①马… Ⅲ.①水利枢纽-区域生态环境-环境影响-研究-海西蒙古族藏族自治州 Ⅳ.①X321.244.2

中国版本图书馆 CIP 数据核字(2019)第 274483 号

组稿编辑：王志宽　电话：0371-66024331　E-mail：wangzhikuan83@126.com

出 版 社：黄河水利出版社　网址：www.yrcp.com
地址：河南省郑州市顺河路黄委会综合楼 14 层　邮政编码：450003
发行单位：黄河水利出版社
发行部电话：0371-66026940、66020550、66028024、66022620(传真)
E-mail：hhslcbs@126.com
承印单位：虎彩印艺股份有限公司
开本：787 mm×1 092 mm　1/16
印张：17
字数：390 千字　印数：1—1 000
版次：2019 年 11 月第 1 版　印次：2019 年 11 月第 1 次印刷

定价：96.00 元

前　言

柴达木盆地位于青海省西北部，是青藏高原北部边缘一个巨大的山间盆地，矿产资源十分丰富，素有“聚宝盆”之称。《全国主体功能区规划》（国发〔2010〕46号）提出要建设柴达木国家循环经济试验区。该区是国家西部大开发、循环经济特色工业产业发展的核心地区，是国家发改委等六部委批准的国家首批12个循环经济产业试点园区之一，也是目前国内面积最大、资源较为丰富、唯一布局在青藏高原少数民族地区的循环经济产业试点园区，承担着支撑青海省经济社会发展、保护三江源、支援西藏建设的重任，战略地位十分突出。试验区共规划“一区四园”，格尔木工业园是核心园区之一，辐射带动茫崖、冷湖、大柴旦、都兰等地的循环经济工业发展。未来随着工业化进程的加快，格尔木对水资源的需求也越来越大，预计2030年格尔木缺水量将达到1.40亿m^3，迫切需要解决格尔木、茫崖和冷湖地区水资源的瓶颈问题。位于柴达木盆地西北部的那棱格勒河水资源较为丰富，开发利用率低，具备向格尔木等区域供水的基本条件。

为推动柴达木国家循环经济试验区发展，保障格尔木、茫崖及冷湖循环经济园区供水安全，水利部、青海省人民政府以（水规计〔2010〕534号）文批复了《青海省柴达木循环经济试验区水资源综合规划报告》，批复指出在充分考虑节水和新增供水工程条件下，通过进一步调整农林牧种植结构、优化工业布局、研究跨流域调水等措施，解决工业园区的用水缺口。青海省水利厅编制完成的《青海省那棱格勒河流域综合规划》提出要建设青海省海西州那棱格勒河水利枢纽工程，2016年10月《青海省那棱格勒河流域综合规划修编报告环境影响报告书》以青环发〔2016〕314号文通过青海省环保厅审查。全国“十二五”大中型水库规划、《全国大型水库建设总体安排意见（2013~2015年）》、中共中央印发《关于进一步推进四川云南甘肃青海省藏区经济社会发展和长治久安的意见》（中发〔2015〕24号文）均提出要将那棱格勒河水库作为柴达木盆地水资源配置项目纳入支持范围。2015年4月，《青海省海西州那棱格勒河水利枢纽工程建议书》通过中国国际工程咨询公司组织的专家评估。

柴达木盆地属荒漠生态系统，旱生和盐生是其突出的生态特性，生态环境敏感性和不稳定性亦十分突出。鉴于工程建设的必要性和引水区生态环境的敏感性，引水方案与生态环境的协调平衡至关重要。本书重点关注工程建设引起水资源开发利用率及水文情势时空变化对区域脆弱生态环境产生的影响，针对那棱格勒河水利枢纽工程特点和区域环境特征，重点论证了枢纽建成后对那棱格勒河地表水、地下水水资源变化的影响，进而对地表水水文情势时空变化、地下水环境影响等进行了重点分析，并在此基础上对库区及中下游地区水生生态、陆生生态做了主要分析论证。其中，地下水环境重点论证了水库调度运行对出山口以下区域尤其是细土绿洲带地下水位的影响，陆生生态重点关注了水资源量及地下水位下降对下游细土绿洲带生态环境的影响，水生生态重点分析计算了那棱格勒河生态需水量，对水库运行后坝址上下游水生生物所受的影响，提出了减缓措施。

全书共分为8章。第1章，简要介绍了青海省海西州那棱格勒河水利枢纽工程设计及调度运行方案、所处区域环境概况，工程特点及区域环境特征等。第2章，采用现场监测、遥感影像解译、历史资料分析等方法，对工程所处区域的环境现状进行了调查和分析。第3章，确定研究范围，对工程的环境影响进行了初步分析，识别了生态环境保护目标和主要环境敏感点，明确了研究思路与研究内容。第4章，针对工程可行性研究确定的工程引水规模、水库运行方式、工程布置及施工方案布置等多种方案，从生态环境影响和经济技术等角度综合研究确定最优的引水规模和工程方案。第5章，研究确定那棱格勒河流域的敏感保护目标及其生态需水要求，结合工程运行方案进行生态用水评估，进行生态需水合理性分析。第6章，研究工程建设运行对那棱格勒河流域水文泥沙情势、地表水环境和地下水环境的影响，包括水温、水质、地下水位及流场变化等，提出水环境保护和监测措施。第7章，结合第5章生态需水研究成果和第6章流域水环境影响分析结果，深入研究工程建设对流域陆生生态环境和水生生态环境的影响，重点分析对下游绿洲区植被和鱼类“三场一通道”的影响，并提出生态补偿及修复措施。第8章，对研究成果进行总结，并为工程运行期改善和保护引水区生态环境以及其他方面的问题提出了若干建议。

在本课题研究和本书编写过程中，南京大学、西北大学、陕西格林维泽环保技术服务有限公司以及中持依迪亚(北京)环境检测分析股份有限公司、青海出入境检验检疫局综合技术中心等给予了技术支持。课题得到了青海省水利厅、青海省环保厅、青海省海西州水利局、格尔木市水利局环保局、青海省环境科学研究设计院、黄河勘测规划设计研究院有限公司以及项目区各市县政府的大力支持和帮助。在此对上述关心、支持和帮助本研究工作的单位与领导表示衷心的感谢！

在本书的编写过程中，黄河水资源保护科学研究院原总工张建军、闫莉主任、张军锋副主任、郝岩彬、余真真、赵丽萍，西北大学刘康教授、范亚宁、袁家根、高艳，南京大学吴吉春教授、祝晓彬副教授、廖朋辉、曹萌萌、丁明皓、聂慧君、冯洪川，中国水产科学研究院黄河水产研究所张建军研究员，陕西格林维泽环保技术服务有限公司吕彬彬、邢娟娟、王晓臣助理研究员，青海省海西州水利局韩青霖局长、刘守忠副局长、陈文慧科长，黄河勘测规划设计研究院有限公司董昊雯、李庆国、成鹏飞、杨永健等也付出了辛勤的劳动。在此表示最诚挚的感谢！

水利工程的生态环境影响非常复杂，且具有长期性、累积性的特点，由于时间及研究水平有限，本书难免存在一些不足和错误之处，敬请专家、领导以及各界人士批评指正。

作　者

2019 年 8 月

目　录

第 1 章　工程及区域环境概况

1.1　工程概况

1.1.1　工程地理位置

那棱格勒河(简称那河)水利枢纽工程位于青海省海西蒙古族藏族自治州格尔木市东部乌图美仁乡境内的那河上,地理坐标为东经 92°36′26.9″~92°37′2″,北纬 36°38′26″~36°38′7.48″,距离下游出山口约 20 km,距格尔木市约 252 km。

1.1.2　工程建设必要性

(1)建设那河水利枢纽,是国家循环经济发展的水资源与防洪需要。

柴达木循环经济试验区是重点以格尔木等工业园为主的专业集成、投资集中、结构合理、组合优化、配置高效、资源集约、效益集聚、循环利用的循环经济产业群,辐射带动冷湖、茫崖等地区的资源同步开发、共同发展。目前,柴达木循环经济试验区正在建设之中,经调查统计和需水预测,现有的水利工程布局和当地水资源无法满足各工业园区的用水需求,必须考虑外调水源。

同时,该工程建设也是提高尾闾湖区防洪标准、保障工业园区及重大基础设施防洪安全的需要。那河尾闾湖区洪水集中在汛期 6~9 月,进入下游东、西台盐湖的水量过多,超过尾闾湖泊的最大蓄水能力,威胁企业生产设施,包括采卤井、采卤渠和输卤渠的安全,同时,洪水进入采卤区将降低卤水品位,对企业的后续生产造成重大影响。由于那河在出山后进入下游冲洪积平原,河水四处漫溢,河道宽浅散乱,无固定河道,无法修建堤防抵御洪水,同时下游河道两边属于农牧民天然草场,也无法设置临时蓄洪区抵御洪水。另据调查,2016 年那河汛期洪水频发,已对下游梯级电站及乌图美仁乡造成重大经济损失,尾闾企业也受到严重影响。

从柴达木盆地的全局出发,统筹考虑流域可利用水资源状况,在流域内实现水资源的统一调度和管理,为柴达木循环经济试验区可持续发展提供可靠的水源保障,可带动地区经济发展;而充分利用那河中游的峡谷地形修建水库,通过水库预留的防洪库容,也可以有效地减少汛期进入下游的过多水量,保护草场和东、西台吉乃尔湖、一里坪地区企业生产安全。

(2)建设那河水利枢纽,是国家青藏稳定与发展战略的需要。

项目区位于青海省海西蒙古族藏族自治州,与国家中东部地区相比,该地区经济发展相对滞后。但该地区矿产资源十分丰富,是青海省经济社会发展最具活力的地区,承担着支撑青海省经济社会发展、保护三江源及支援西藏建设的重任。

那河水利枢纽作为大(2)型水库,是支撑当地经济社会发展的一项重要基础设施,估算水库及配套工程投资约150亿元,经济拉动能力强,为吸引外地企业入驻提供了有利条件,对加快青海省海西州藏区资源开发和经济发展,缩小东西部差距具有至关重要的支撑作用。

此外,格尔木市是进入西藏的重要通道和后勤保障基地,战略位置十分重要,建设那河水利枢纽对区域水资源优化配置,推动当地国民经济快速发展,促进藏区经济繁荣和社会稳定,巩固边防具有重要的战略意义。

(3)建设那河水利枢纽,是优化社会经济发展与环境保护的水资源与生态保护的需要。

柴达木盆地深居西北内陆的青藏高原,降水稀少,是全国最缺水的地区之一,生态环境十分脆弱,水资源不仅是支撑盆地社会经济发展的战略性经济资源,更是地处干旱区的盆地生态环境良性维持的重要基础。盆地水资源量相对较大的河流主要有那棱格勒河和格尔木河,格尔木河现状开发利用率已达28.6%,若在国民经济用水和生态环境用水之间调控不当,则会直接影响到流域水循环的稳定,进而影响到水资源的可持续利用,生态环境用水与经济社会用水协调难度较大。

格尔木河水资源具有多次重复转化和利用的特点,中游由于泉水出溢,发育形成大片的绿洲,河流尾闾是察尔汗盐湖,盐湖化工是当地重要的支柱产业。格尔木河水资源是维持察尔汗盐湖采补平衡的重要因素,过度开发水资源,不仅影响下游绿洲面积及盖度,而且对盐湖的可持续开发有重要影响。根据需水预测,2030年格尔木河流域国民经济总需水量为5.61亿m^3,在维持流域生态环境和尾闾盐湖开发所需水量的前提下,流域可利用的水资源量只有3.33亿m^3,供需矛盾十分突出,随着循环经济产业的快速发展,迫切需要解决当地水资源的瓶颈问题。

那棱格勒河流域水资源开发利用率仅为0.56%,那河水库建成运行后,通过蓄丰补枯、调节径流,在兼顾当地经济发展用水和下游生态用水的基础上,可以向格尔木市及周边地区供水,适度缓解柴达木盆地格尔木区域用水矛盾问题,同时兼顾柴达木盆地国民经济发展与生态环境用水的关系。

(4)建设那河水利枢纽,是国家重点区域经济与社会发展的需要。

茫崖、冷湖地区盐湖资源的优势非常突出,无论是品种、储量、品位都优于国内其他地区。钾肥是我国粮食生产稳定增长的基本物质资料,作为传统的农业大国,我国对钾肥需求量巨大,但由于国内产能不足,钾肥长期依赖进口,对外依存度高达50%。目前,国内开发的钾肥生产技术已达到国际先进水平,与进口硫酸钾相比有竞争能力,尤其是青海部分硫酸盐型盐湖可利用适当工艺直接提取硫酸钾,成本还可以大大降低。因而,在青海因地制宜发展钾肥生产在国内外市场上是有竞争力的。茫崖、冷湖地区钾矿资源丰富,开发钾矿可以减少对国外进口钾肥的依赖,对提高我国钾肥自给率,保障我国的粮食安全具有重要的意义,同时,具有很好的市场前景。

由于茫崖、冷湖水资源很匮乏,目前各钾肥企业采用泵站抽取地下水,地下水位逐年降低,提水难度越来越大。根据需水预测,2030年两区需水量达到2.02亿m^3,当地的水资源根本满足不了企业的发展,那河水库在满足流域生态及经济发展用水的基础上,保障茫崖、冷湖园区工业用水,支撑区域钾肥等工业发展。

1.1.3　工程任务及规模

1.1.3.1　工程任务

那河水利枢纽的开发任务为:以供水、防洪为主,兼顾发电等综合利用。水库多年平均供水量 2.63 亿 m^3,工业设计供水保证率为 95%,发电设计保证率采用 90%。

(1)供水。柴达木盆地资源丰富而水资源量十分有限,通过那棱格勒水库的调节,在保障流域内经济用水、生态安全的前提下可以向格尔木、茫崖、冷湖循环经济工业园区供水,保障格尔木、茫崖及冷湖循环经济园区的供水安全,促进区域水资源的优化配置。

(2)防洪。那河尾间湖区是格尔木工业园区的重要组成,现有多家大型盐湖企业,内有大量的基础设施、设备及人员,丰水年大量水量进入湖区,严重威胁工业园区基础设施及工矿企业人员、设备的安全。建设那棱格勒水库,利用水库拦蓄汛期过多的水量,和鸭湖联合调度,共同保障尾间湖区的防洪安全,提高尾间企业的防洪标准和工业生产条件。

(3)发电。在供水、防洪的同时,利用水库抬高水头发电,开发水能资源,服务于当地经济社会的发展。

1.1.3.2　工程规模

那河水库总库容 5.88 亿 m^3,最大坝高 78 m,正常蓄水位 3 297.00 m,有效防洪库容 2. 53 亿 m^3,调节库容 0.83 亿 m^3,死库容(原始)1.55 亿 m^3,装机容量 24 MW。正常蓄水位条件下,水库回水长度 11.68 km,水库面积 23.04 km^2,属于不完全年调节水库。

本工程属大(2)型水库,工程等别为Ⅱ等。水库设计调水规模为 2.69 亿 m^3,工程建成后可满足尾间工业园区 50 年一遇防洪标准的要求,多年平均发电量 8 064.0 万 kW · h。

1.1.3.3　工程设计水平年

工程设计水平年 2030 年。

1.1.3.4　供水范围及供水规模

那河水库的供水范围为格尔木工业园、茫崖大浪滩工业园和冷湖大盐滩工业园,供水对象为工业用水,工业设计供水保证率为 95%。坝址多年平均来水量为 12.43 亿 m^3,供水量为 2.63 亿 m^3,供水流量为 8.53 m^3/s。工程建成供水并考虑输水损失后,可以为格尔木市、茫崖和冷湖地区分别增加 1.37 亿 m^3、0.51 亿 m^3和 0.49 亿 m^3的水资源量。

依据"减量化、再利用、资源化"的原则,柴达木循环经济试验区重点建设格尔木工业园、德令哈工业园、乌兰工业园、大柴旦工业园四个循环经济工业园,构建以钾资源开发为龙头的盐湖化工循环型产业、以盐湖资源综合利用为基础的金属产业体系、以配套盐湖资源开发为主导的油气化工循环型产业、以配套盐湖资源开发为前提的煤炭综合利用产业、高原特色生物循环经济产业、可再生能源产业六大产业体系,形成资源、产业和产品多层面联动发展的循环型产业格局。

1.格尔木工业园区

格尔木工业园区是柴达木循环经济试验区的核心区和主战场,主要由昆仑重大产业基地、察尔汗重大产业基地和藏青工业园组成。园区将以盐湖化工、油气化工、有色冶炼为主要产业,依托格尔木及周边丰富的盐湖、油气及金属资源,着力发展盐湖化工、石油天然气化工、有色金属三大支柱产业，以盐湖化工产业为核心，推动以钾、钠、镁、锂、硼等深加工为重点的综合开发利用，通过资源—产品—副产物之间互为原料进行产业链延伸和耦合，形成各产业循环型工业发展格局。

2.茫崖、冷湖区工业园区

茫崖、冷湖工业园区隶属于大柴旦工业园，是柴达木盆地石油、盐湖矿产资源的主要分布区之一，也是海西州矿产资源最为丰富的地区。其中，茫崖地区以其丰富的石油天然气资源，被《柴达木循环经济试验区总体规划》确定为格尔木工业园区石油天然气工业小区的重要能源基地；冷湖地区近年来确定了以盐湖资源为依托，大力发展盐湖化工的发展思路，初步形成了马海湖、昆特依大盐滩、钾镁湖、牛郎织女湖、北部新盐带五个钾盐生产基地。

1.1.4　水库运行原则及运行方式

1.1.4.1　水库运行原则

（1）兴利调度。那棱格勒水库的兴利任务主要是满足格尔木、茫崖及冷湖地区的供水要求，正常情况下由水库调蓄满足供水要求，汛期为6~9月，天然来水量大，水库在满足坝下生态基流、受水区用水要求、下游鱼类及陆生植物敏感期生态用水要求的前提下蓄水，从死水位3 286 m蓄至正常蓄水位3 297 m，蓄水量0.83亿m^3；之后水库按进出库平衡运用，控制水库运用水位不超过正常蓄水位，水库来水在扣除引水量后全部进入下游，对天然来水影响很小；当监测鸭湖水位超过警戒水位2 687.5 m（相当于遭遇15年一遇洪水）后水库开始进行防洪运用；一般来水年份，非汛期（10月至翌年5月）河道天然来水量小，水库优先满足坝下河道生态基流，特枯水年适当加大生态下泄水量，然后向格尔木、茫崖和冷湖地区供水，水位逐步消落，3月降低到全年最低水位，当水位低于死水位时供水破坏；4~5月是那河的春汛期，来水较多，水库水位有所抬高，5月底水库进入防洪运用模式，水位降低至防洪起调水位（即死水位3 286 m）。

（2）防洪调度。根据那河洪水特点及洪灾成因分析，水库防洪期限为6~9月，主要通过拦蓄洪水期入库水量提高下游尾闾湖区防洪标准。即从6月1日开始，水库由死水位3 286 m开始蓄水，来水扣除引水量、下游生态基流后多余水量蓄至水库中，逐步蓄水至正常蓄水位3 297 m，之后水库按进出库平衡运用，水库来水在扣除引水量后全部进入下游，由鸭湖蓄洪。当鸭湖水位超过鸭湖防洪调度控制水位2 687.5 m时，水库从正常蓄水位3 297 m开始继续蓄水进行防洪运用，即控制水库下泄流量满足绿洲等需求，多余水量被水库拦蓄，水库水位在正常蓄水位3 297 m和防洪高水位3 303.3 m之间变化，遇50年一遇水量，水库达到防洪高水位3 303.3 m，此时鸭湖水位达到2 688.0 m；当入库水量高于50年一遇标准时，水库水位超过防洪高水位，水库敞泄运用，直至库水位回落到防洪高水位，遇大坝设计、校核标准洪水，库水位达到设计洪水位和校核洪水位。

（3）排沙调度。根据泥沙运用方式比选，水库采用拦沙为主、汛期相机排沙运用方案。根据泥沙资料统计，那河年内来沙主要集中于7月、8月的主汛期，因此，在主汛期当入库流量小于160 m^3/s时，水库按蓄水运用；当入库流量大于160 m^3/s时，根据下游鸭湖蓄水情况适时排沙，当鸭湖水位小于2 687.5 m时，水库降低水位敞泄排沙，当鸭湖水位大于 2 687.5 m 时,考虑防洪安全,水库不排沙。

(4)发电调度。那棱格勒水电站主要利用生态基流及汛期大水量进行发电,那棱格勒水利枢纽发电任务处于从属地位,虽然那棱格勒水电站是海西州较大的常规水电站,并承担电网调峰任务,但在那棱格勒水利枢纽以下河段没有条件布置反调节水库,电站调峰运行将对供水、下游生态影响较大。考虑到青海电力系统中水电比重较大,海西州电网负荷相对不大,电网调峰主要依据青海电网解决,那棱格勒水电站主要结合水库下泄水量过程发电,为海西州尤其是海西中部电网提供基荷电量为主,那棱格勒水电站本身不具备调峰作用。

1.1.4.2　水库运行方式

那河水库采用汛期蓄水、相机排沙运用方案。汛期自 6 月 1 日开始至 9 月 30 日结束,汛期初始从死水位开始起调,调水流量 8.53 m^3/s,生态基流 11.82 m^3/s,下渗量按照月均库容的 1%计算,水库水位超过正常蓄水位弃水(其中 6 月需满足一次洪水下泄过程);非汛期 10 月 1 日开始至翌年 5 月 31 日结束,调水流量 8.53 m^3/s,10 月至翌年 4 月生态基流 5.48 m^3/s、5 月生态基流 11.82 m^3/s,损失量根据月均水面面积和蒸发深度计算,5 月底由于防洪和下游生态需要,水库水位放到死水位。水库水位应尽可能在流量较大、来沙量较大的月份降至死水位排沙。同时,排沙月初时下游鸭湖水位不能超过 2 687. 5 m。即水库来水流量大于 160 m^3/s 且下游鸭湖月初水位不高于 2 687. 5 m 时,水库水位维持死水位,相机排沙运用。

那河水库的供水对象为工业用水,企业每天的生产用水量及用水过程相对稳定,年内及年际之间均无明显变化。水库供水调度与生态调度方案详见表 1-1;多年平均条件下,那河水库库区逐月入库水量、出库水量、发电水量、生态调度水量等详见表 1-2、图 1-1 和图 1-2;不同典型年条件下,那河水库库区逐月入库水量、水库供水量、生态调度水量、发电水量、出库水量等详见表 1-3,坝前逐月水位过程线见图 1-3。

表 1-1　水库供水调度与生态调度方案　(单位:m^3/s)

月份	供水调度	生态调度(生态基流+鱼类敏感期需水)
6 月	8.53	11.82
7 月	8.53	11.82
8 月	8.53	11.82
9 月	8.53	11.82
10 月	8.53	5.48
11 月	8.53	5.48
12 月	8.53	5.48
1 月	8.53	5.48
2 月	8.53	5.48
3 月	8.53	5.48
4 月	8.53	5.48
5 月	8.53	11.82

表 1-2　多年平均库区逐月入库、出库、发电水量及生态调度水量　（单位：万 m³）

月份	坝址入库	月初库容	生态调度水量	月末库容	出库水量	发电水量
6 月	12 595	2 259	3 064	6 321	6 248	6 248
7 月	33 086	6 321	3 166	9 699	27 234	13 703
8 月	33 779	9 699	3 166	10 609	30 250	13 790
9 月	13 742	10 609	3 064	10 859	10 908	9 963
10 月	6151	10 859	1 468	11 032	3 339	3 339
11 月	3 309	11 032	1 420	10 182	1 660	1 660
12 月	2 449	10 182	1 468	8 462	1 648	1 648
1 月	2 464	8 462	1 468	6 843	1 648	1 648
2 月	1 699	6 843	1 326	4 907	1 489	1 489
3 月	2 544	4 907	1 468	3 493	1 648	1 648
4 月	5 511	3 493	1 420	5 028	1 659	1 659
5 月	6 961	5 028	3 166	2 259	7 353	7 310

表 1-3　不同典型年库区逐月入库、供水、出库、发电水量及生态调度水量

（单位：万 m³）

典型年	月份	坝址入库	水库供水	水库生态调度水量	发电水量	出库水量
$P=25\%$	1 月	2 727	2 285	3 064	1 468	1 468
	2 月	1 812	2 064	3 166	1 326	1 326
	3 月	2 622	2 285	3 166	1 468	1 468
	4 月	6 014	2 211	3 064	1 420	1 420
	5 月	7 697	2 285	1 468	10 170	10 170
	6 月	14 362	2 211	1 420	6 006	6 006
	7 月	37 699	2 285	1 468	13 810	32 526
	8 月	33 039	2 285	1 468	13 649	30 183
	9 月	13 874	2 211	1 326	11 218	11 218
	10 月	6 299	2 285	1 468	3 648	3 648
	11 月	3 554	2 211	1 420	1 420	1 420
	12 月	2 792	2 285	3 166	1 468	1 468

续表 1-3

典型年	月份	坝址入库	水库供水	水库生态调度水量	发电水量	出库水量
$P=50\%$	1 月	2 317	2 285	3 064	1 468	1 468
	2 月	1 475	2 064	3 166	1 326	1 326
	3 月	2 257	2 285	3 166	1 468	1 468
	4 月	4 626	2 211	3 064	1 420	1 420
	5 月	6 345	2 285	1 468	5 491	5 491
	6 月	12 910	2 211	1 420	6 006	6 006
	7 月	29 358	2 285	1 468	13 863	22 815
	8 月	34 206	2 285	1 468	13 657	31 351
	9 月	11 128	2 211	1 326	8 471	8 471
	10 月	5 270	2 285	1 468	2 617	2 617
	11 月	2 920	2 211	1 420	1 420	1 420
	12 月	2 331	2 285	3 166	1 468	1 468
$P=90\%$	1 月	2 504	2 285	3 064	1 468	1 468
	2 月	1 692	2 064	3 166	1 326	1 326
	3 月	2 633	2 285	3 166	1 468	1 468
	4 月	6 233	2 211	3 064	1 420	1 420
	5 月	7 228	2 285	1 468	8 440	8 440
	6 月	12 371	2 211	1 420	6 006	6 006
	7 月	21 502	2 285	1 468	13 834	14 431
	8 月	20 665	2 285	1 468	13 547	17 809
	9 月	10 592	2 211	1 326	7 934	7 934
	10 月	5 538	2 285	1 468	2 887	2 887
	11 月	3 083	2 211	1 420	1 420	1 420
	12 月	2 557	2 285	3 166	1 468	1 468

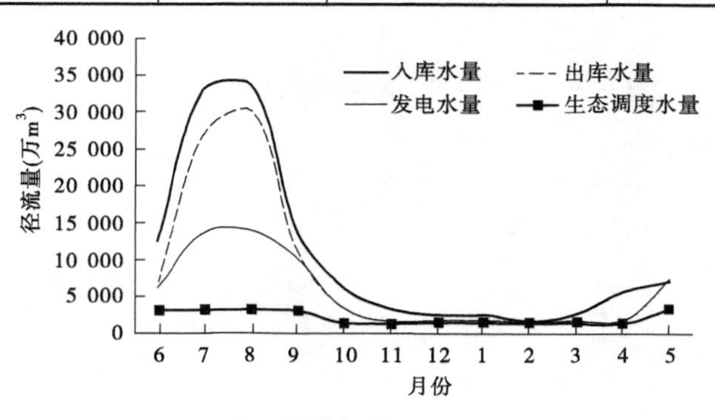

图 1-1　多年平均库区逐月径流量过程

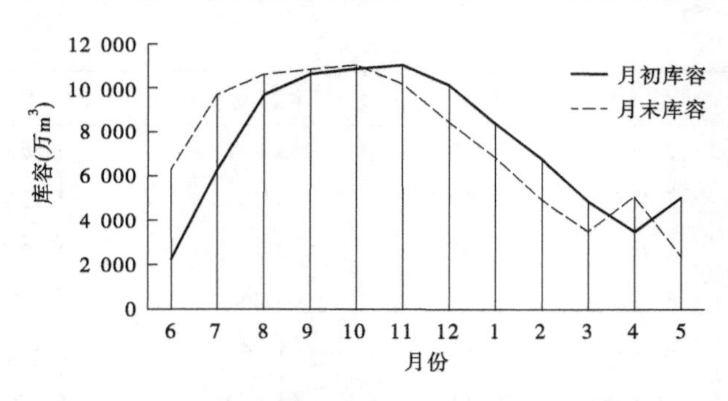

图 1-2 多年平均逐月(月初/月末)库容过程线

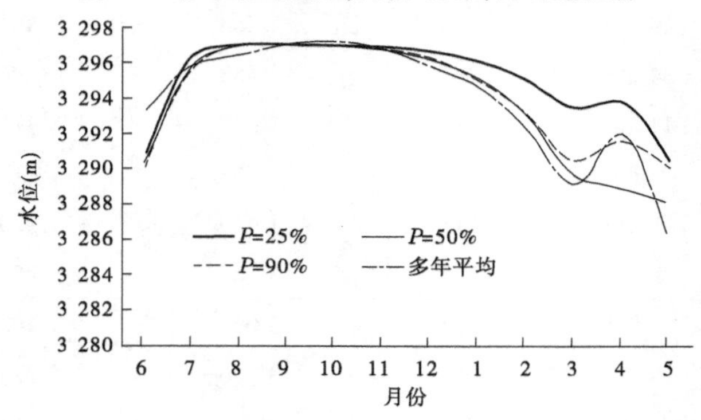

图 1-3 建库后不同典型年坝前水位过程线

1.1.5 工程总布置与主要建筑物

那河水利枢纽工程可分为主体工程、辅助工程和公用工程三部分。其中,那河水利枢纽主体工程由沥青混凝土心墙堆石坝(主坝)、混凝土重力坝(副坝)、溢洪道、泄洪洞、供水洞、引水发电系统等组成,溢洪道、泄洪洞(明流洞)和发电洞在右岸集中布置,厂房位于坝后河床。

那河水利枢纽工程总布置参见图 1-4,工程主要建筑物及组成情况见表 1-4。

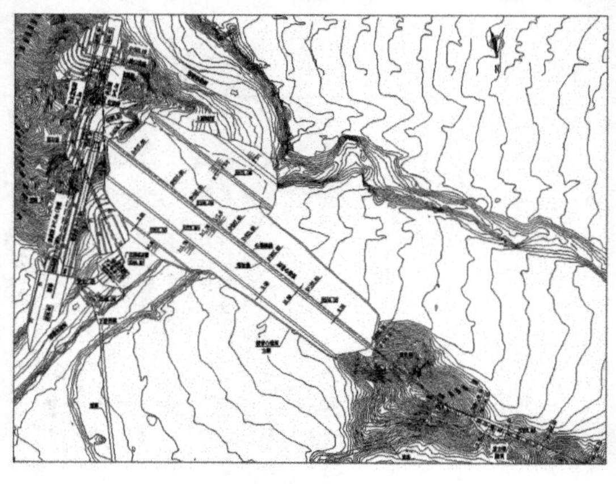

图 1-4 工程总布置图

表 1-4　那河水利枢纽工程主要建筑物及组成

工程项目		工程组成
主体工程	主坝	沥青混凝土心墙堆石坝，坝顶高程 3 308.00 m，最大坝高 78 m，心墙基础距坝顶最大高度 58 m，坝顶长 676 m，坝顶宽 10 m。上游坝坡为 1 : 1.9，下游坝坡 1 : 1.75。下游分别于 3 278.00 m 高程和 3 255.00 m 高程设两级马道，为满足供水管道布置，3 278.00 m 高程马道宽 5 m，3 255.00 m 高程马道宽 3 m
	副坝	混凝土重力坝，坝顶高程为 3 307.00 m，防浪墙顶高出坝顶 1.2 m。坝顶宽度为 7 m，坝顶长 144 m，最大坝高 21 m。上游竖直，下游 3 299.00 m 高程以上竖直，以下坝坡 1 : 0.75，坝体采用 C20W6F300 二级配混凝土
	溢洪道	紧邻大坝布置，闸室中心线距离大坝右岸端点的距离约为 28.8 m，由进水渠、控制段、泄槽段和出口段组成，总长度为 401.36 m。闸室采用单孔开敞式布置，长度为 40 m，净宽 12 m，采用 b 型驼峰堰，堰顶高程为 3 293.00 m，闸顶高程为 3 308.00 m
	泄洪洞	采用直线布置明流洞形式，断面为城门洞形，衬砌内部尺寸为 7 m×9.2 m（宽×高），洞长 413.67 m，进口底板高程 3 250.00 m，出口底板高程 3 241.73 m，纵坡为 0.02。进口控制闸采用弧形闸门，孔口尺寸为 7 m×5.6 m（宽×高），闸后接 20 m 长的扩散段，末端挑流消能，坎顶高程 3 244.00 m，反弧半径 25，挑角 25°
	供水洞	供水洞进口为单孔，底板高程为 3 280.00 m，洞径 3 m，总长度约为 240 m，在坝后预留供水工程管道接口控制阀
	发电洞	发电洞总长度为 484.34 m，洞径 4.5 m，纵坡为 0.02，山体内部采用钢筋混凝土衬砌，坝后滩地段采用埋管形式，厂房前岔管采用非对称 Y 形钢岔管，分别为 2.5 m 和 1.5 m
	坝后电站	厂房布置在坝后主河槽，机组中心线距离坝轴线约为 203 m，为地面式厂房。主厂房由主机间和安装间组成，安装间位于主机间左侧，副厂房布置在主厂房上游侧，包括主变压器、GIS 设备室、中央控制室和继保室等。厂房内分别安装两台单机容量为 10 MW 和一台单机容量 4 MW 的混流式水轮发电机组，总装机容量为 24 MW
辅助工程	施工导流	土石围堰结构，采用河床一次拦断、隧洞泄流的导流方式
	施工企业	砂石料加工系统 1 个、混凝土生产系统 2 个（包括沥青混凝土系统 1 个）、机械修配厂 1 个、综合加工厂 4 个、炸药库 1 个
	渣、料场	1 个砂砾石料场、2 个人工骨料料场、2 个弃渣场、2 个临时堆料场
	施工营地	办公生活区 1 个、综合仓库 1 个
公用工程	工程区管理站	位于对外公路终点、下游跨河桥附近，位于施工营地内
	水、电、风系统	生产用水自那河抽水至高位水池，然后自流至各工区使用；生活用水拟在河滩设水井一口，泵抽至高位水池净化后，自流至生活区使用。5 台移动空压机分散供风。施工用电直接从那河二级水电站接入，另配备一台 200 kW 柴油发电机组作为备用电源
	施工交通	对外交通道路共需改建 45 km、新建 8 km，为水利水电公路四级道路；共布设场内施工道路 9 条，共计 8.90 km，道路等级为场内二级、三级

1.2 区域环境概况

1.2.1 柴达木盆地及那棱格勒河环境概况

1.2.1.1 柴达木盆地环境概况

柴达木盆地位于青海省西北部，南临昆仑山，北依祁连山，西北是阿尔金山脉，东为日月山，地理位置为东经 90°16′~99°16′、北纬 35°00′~39°20′，是我国四大盆地中海拔最高的高原型盆地。盆地从边缘至中心依次为高山、丘陵、戈壁、平原、湖沼等五个地貌类型，呈环带状分布。多年平均水资源总量为 55.88 亿 m^3，总流域面积 28.044 1 万 km^2，占青海全省内陆流域面积的 68.9%，占青海全省面积的 35.7%。盆地矿产资源也十分丰富，已累计发现各类矿产 86 种，占青海全省的 59%。现状年常住人口 45.8 万人，其中城镇人口 31.3 万人，城镇化率达 68.3%。

柴达木盆地属典型的大陆性气候，年平均降水量 100.76 mm，年水面平均蒸发量 1 528.1 mm，年平均气温-5.6~5.2 ℃，区内气温地区差异较明显，日照时间长，太阳辐射强。盆地东南部，由于山区石质裸露、气候干燥、在常年西北风的吹蚀下，机械风化强烈，加之地形高差大，河道比降大、流速快，夏季高山冰雪融水和降水集中等，河水含沙量较高，含沙量一般为 1.5~3.5 kg/m^3。而在盆地西北部，降水量少、流域比降较小，河流含沙量相对较小，各河流多年平均含沙量为 0.5~1.6 kg/m^3。

柴达木水系总流域面积 23.71 万 km^2，占青海省土地总面积的 34%。柴达木盆地的河流属于内陆河流域，主要由山区的融雪水与降水补给而形成，发源于盆地周围的山地，河流短小，向盆地内部流动，构成向心水系，呈辐合状向盆地中心汇聚，下游多为湖泊或潜没于沙漠戈壁中。柴达木盆地四周汇入盆地的大小河流有 70 多条，其中常年有水的河流有 40 余条，分别注入盆地中心的 12 个湖泊。盆地内大的水系包括台吉乃尔湖水系、达布逊湖水系、霍布逊湖水系等。年径流超过 1.0 亿 m^3的河流有 8 条，为那河、格尔木河等。另外，从新疆流入柴达木盆地的斯巴利克河和阿达滩河，其年径流亦超过 1.0 亿 m^3，在流入盆地前均已潜入地下，在盆地内溢出，形成泉集河。同时，柴达木盆地也是我国盐湖分布最多的区域之一。盆地内共有大于 1 km^2的湖泊 47 个。淡水湖主要分布在昆仑山北麓海拔 4 000 m 以上的径流形成区。柴达木盆地的盐湖资源储量大、品位高，在我国占有十分突出的地位，尤以钾盐更为珍贵。

柴达木盆地划分为 8 个水资源三级区，茫崖、冷湖区为其中的一个水资源三级区，该区位于盆地西北部，流域面积 57 763 km^2，多年平均地表水资源量为 3.75 亿 m^3。降水稀少，蒸发强烈，除从新疆入境的铁木里克河外，基本上无常年性的地表径流。茫崖、冷湖区矿产资源十分丰富，特别是盐类资源，主要盐湖为马海盐湖、钾湖、昆特依盐湖、尕斯库勒盐湖及大浪滩、大盐滩，大多数以干盐滩形式存在，开发利用十分困难。

格尔木河为柴达木盆地第二大河，出山口以上流域面积 19 621 m^2，全长 468 km（干流长 352 km）。发源于昆仑山北麓，源头冰川面积 271.3 km^2，年冰川融水量 1.08 亿 m^3，多年平均流量 24.8 m^3/s，水资源总量为 7.798 亿 m^3，河流最终汇入东达布逊湖。格尔木地区气候高寒干旱，属典型高原内陆盆地干旱气候，据格尔木与察尔汗气象站资料，格尔木市多年平均蒸发量1 495 mm，多年平均降水量42.4 mm。辖区盐湖资源储量大、分布广、品位高、品种多。察尔汗盐湖、东西台吉乃尔矿区，盐类资源总储量为世界罕见。同时，区域内广泛分布着天然气、铁、铅、锌、钴等其他矿产资源。

1.2.1.2　那棱格勒河环境概况

柴达木盆地属高原断陷内陆封闭盆地，四周环山，水系封闭，戈壁、沙漠、盐沼广布，呈现独特的干旱、高寒、荒漠景观。那河位于青海省海西州格尔木市乌图美仁乡境内，是柴达木盆地最大的内陆河，介于东经89°~99°、北纬35°~39°22′，距省会西宁近1 000 km。那河流域地势总体南高北低，地貌类型分为南部的中高山区、丘陵区(昆仑山脉)和北部的山前倾斜平原区，从西南到东北依次为高山、丘陵、戈壁、沙漠、细土绿洲带、沼泽和盐沼。流域内海拔4 000 m以上高山地区上部终年冰雪覆盖，下部为高寒草甸植被所覆盖，植被稀疏；3 500~4 000 m地带为峡谷地形，大型断陷山涧谷地发育，山势陡峻，河谷深切，植被稀少；海拔2 700~3 500 m多为洪积倾斜平原地貌，植被属干旱荒漠型；沼泽地带主要为湖积平原，地表平缓，其化学堆积物达10~25 m，无植被生长。

那河发源于昆仑山脉阿尔格山的雪莲山，源头海拔近5 600~6 000 m，流域内大部分地区海拔在4 000 m以上，主要支流有红水河和库拉克阿拉干河两大支流，南支红水河为最大支流。那河上游高山终年积雪，中游自多喀克河口至出山口为峡谷河段，流经荒漠化地区，河道下切，两岸无动植物生存，出山口以后河水四处漫溢，呈网状入渗补给地下水，流量随流程渗漏量增加而逐渐减少，经过地表—地下—地表的多次转化，最终汇入下游尾闾湖区。那河总河长约400 km，河道平均比降8.1‰，出山口以上集水面积22 300 km^2，多年平均流量为41.6 m^3/s，多年平均径流量13.12亿m^3。那河属降雨和融雪混合补给为主，每年汛期6~9月，高温融雪加上强降雨容易引发那河洪水，威胁下游牧民牧场、尾闾湖区企业、道路的安全。

那河尾闾湖区盐类资源十分丰富，且周边有储量丰富的天然气气田，即涩北气田和台南气田。其中，东、西台吉乃尔湖，蕴含丰富的液体锂、硼、钾等盐湖矿产资源，是柴达木盆地盐湖资源的重要组成部分，仅西台湖卤水锂的储量就占柴达木盆地盐湖资源的一半以上。两湖资源主要由青海锂业有限公司和青海中信国安科技发展有限公司开发，其中青海锂业生产基地在东台湖，青海中信国安则两湖都有生产基地。一里坪盐湖已查明蕴藏着丰富的锂及其他盐类资源，已确定由中国第五矿业集团进行开发。

那河流域水资源总量为13.86亿m^3，流域内供水工程包括青海宏兴水资源开发有限公司及人畜、灌溉用水的机电井，现状年供水量为783万m^3，均为地下水，水资源开发利用程度为0.56%。

那河流域为典型的高原大陆性干旱气候，冬季漫长寒冷，夏季凉爽短促，自然条件恶劣，除那河下游绿洲区周边及尾闾开发企业外，绝大部分地区基本属于无人区，水文等历史调查资料非常有限。

1.那河水系概况

1)河流基本情况

那河是柴达木盆地最大的内陆河流，发源于昆仑山脉阿尔格山的雪莲山，源头海拔

5 598 m，最高峰海拔 6 130 m，出山口地区海拔约 3 000 m，流域内大部分地区海拔在4 000 m 以上，主要有红水河和库拉克阿拉干河两大支流。南支红水河为最大支流，红水河源头地区两侧高山常年有积雪，并有冰川分布，源头有太阳湖等海子呈串联状分布，湖区海拔 4 890～5 020 m，湖区面积仅 100 km^2，河长 356 km。北支库拉克阿拉干河源头海拔5 000 m 左右，最高峰海拔 5 960 m，常年有积雪，并有冰川分布，河长 184 km。

那河自多喀克河口以上河段为上游，长约 165.5 km，多喀克河口至出山口长约 40.5 km 河段为中游，出山口以下为下游，长约 194 km，那河总河长约 400 km，河道平均比降 8.1‰，出山口以上集水面积 22 300 km^2，多年平均流量为 41.6 m^3/s，多年平均径流量 13.12 亿 m^3。

那河自出山口以后，在冲洪积扇前缘大量渗漏，流量随流程渗漏量增加而逐渐减少，地下水进入冲洪积平原后，由于地形坡降变小，经过戈壁带转化为地下水，地下水侧向补给遇到不透水体顶托，地下水大量溢出，支撑其绿洲，多余的水形成河流，沿不透水边界向东流去，形成三条再生河，即东北部的乌图美仁河、查哈美仁河和北部的东台吉乃尔河。乌图美仁河与查哈美仁河汇合后流向为东-东南方向，最终注入西达布逊湖。东台吉乃尔河由西向东-北东径流，呈分散辐射状形成多条支流，东部支流汇入东台吉乃尔湖、中部支流汇入鸭湖、西部支流汇入西台吉乃尔湖，西台湖水位达到一定水位后，开始注入一里坪。近几年由于东、西台吉乃尔湖的开发，为保证企业生产安全，企业相继修建了两条防洪堤，在东、西台吉乃尔湖之间形成鸭湖滞洪区。那河属降雨和融雪混合补给为主，每年汛期 6～9 月，高温融雪加上强降雨容易引发那河洪水，威胁下游牧民牧场、尾闾湖区企业、道路的安全。

那河水利枢纽位于那河出山口以上约 20 km 处，控制流域面积 20 751 km^2。天然状态下那河下游水系转化见图 1-5。

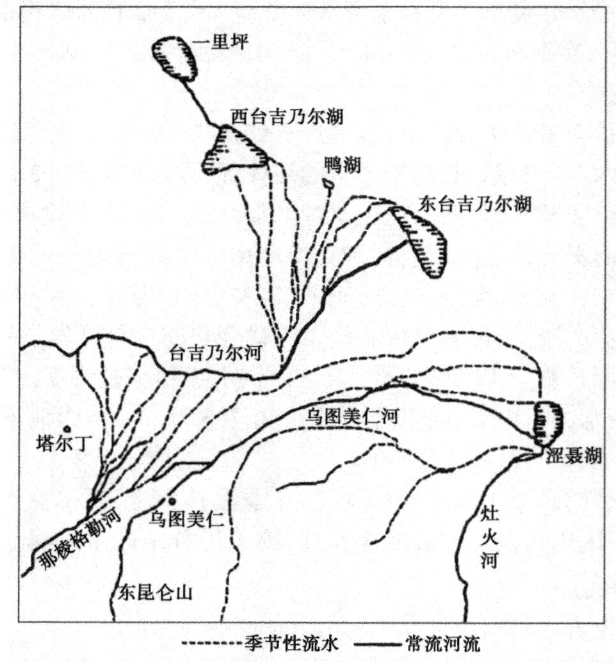

图 1-5　那棱格勒河下游水系转化图（天然状态）

那河源头主要湖泊有库水浣、太阳湖，河流尾闾湖泊有东西台吉乃尔湖、一里坪等湖泊。

(1)东台吉乃尔湖。

据《中国湖泊志》，东台吉乃尔湖湖盆外围为第四系洪积、冲积、风积和湖相黏土及化学类型沉积；滨湖大多为湖积和湖相化学沉积，盐碱地广布。东部为近 50.0 km^2的沙质干盐滩，厚 15.0~20.0 m，湖底沉积盐厚 2.0~3.0 m。

(2)西台吉乃尔湖。

据《中国湖泊志》，西台吉乃尔湖滨湖为第四系洪积、冲积、风积、湖相碎屑沉积和盐类化学沉积；其中，沙质干盐滩湖相化学沉积面积 110.0 km^2。湖底有石盐沉积，资源丰富。目前该湖泊已开发。

(3)一里坪湖。

位于柴达木盆地的中部，西台吉乃尔湖西北方，距西台吉乃尔湖约 10 km，呈干盐湖，盐类沉积以石盐为主，含晶间卤水，水化学类型为硫酸盐型硫酸镁亚型。一里坪湖区广布石盐沉积，盐滩表面被现代风积砂所覆盖，地形平坦，高差一般不超过 0.5 m，故有"一里平"之称。

那河下游湖泊近年来变化较大。建库以后，一里坪湖逐渐萎缩，大部分时间湖水基本呈干涸状态。

2)径流特征

那河源海拔在 4 500 m 以上，上游分布有冰川，因此河流的径流来源主要为降雨及融冰融雪。受气候、地形地貌、产汇流条件的影响，河川径流在地区分布上不均，中、上游地区植被良好降水丰富，产流条件好，径流模数大，下游地区植被较差，降水稀少，因而径流小，径流模数小，径流深分布总的趋势是自上游向下游递减。径流年内分配不均，变化较大，枯水期(11 月至翌年 3 月)径流量占年径流量的 11.0%；汛期(6~9 月)径流量占年径流量的 72%左右；月最大径流量在 7 月，占年径流量的 25.6%，最大年径流量是最小年径流量的 2.0 倍以上。径流年际变化不大，年径流量变差系数 C_v 在 0.30 左右，且上游向下游 C_v 值变化不大。

3)水面蒸发和冰情

那河流域无水面蒸发观测资料，本工程蒸发资料采用小灶火气象站多年平均蒸发量。水面蒸发量 1 666 mm。那河无冰情观测资料，根据其地形地貌特性和海拔，参考邻近流域纳赤台站的冰情资料。纳赤台站的冰期长达 150~180 d，其中河道封冻在 49~87 d；一般初冰在 10 月中旬，而终冰在翌年 4 月中旬。

4)洪水与泥沙

那河汛期分为春汛和夏汛，4~5 月为春汛，洪水主要为冰雪融水组成，7~8 月为夏汛，一般由暴雨及冰雪融水共同组成。年最大洪水一般出现在夏汛。那河洪水为单峰型，峰高量小，洪水一般持续时间在 5 d 左右。

那河来水量年内大部分在汛期 6~9 月，汛期沙峰与水峰基本对应，多年平均来沙量 569.0 万 m^3。1963 年 2 月 5 日至 12 月 31 日的实测流量和含沙量过程表明，来沙量主要集中在 5~9 月，来沙量占全年的 94.6%。

2010 年 7 月至 8 月初，那河因连降暴雨及高温融雪，造成水位上涨，导致乌图美仁乡傲包图、乌兰美仁、哈夏图、察汗乌苏、那棱格勒 5 个牧委会 57 万亩草场被淹没，100 km 网围栏被冲毁，5 户牧民房屋倒塌，10 户羊圈冲毁，少数牧户因草场被淹没，牲畜无法放牧，那棱格勒河 8 号桥道路和大部分村级道路冲断，直接经济损失 3 000 多万元。洪水进入尾闾湖区后，由于水量过大，水位超过企业防洪堤高程，造成两企业 120 口采卤井被淹，22 km 的采卤渠、30 km 的井采输卤渠严重冲毁，直接经济损失 5 900 万元；同时，因采卤区大面积进水，卤水品位下降，造成企业长期采卤困难，间接经济损失达 4 亿元。另据青海中信国安公司资料统计，2009 年 7~9 月，因洪水进入现有盐田造成钾矿损失 50 万 t 左右，生产碳酸锂低锂盐田部分进水损失 80 万 m^3 卤水，洪水灾害造成直接经济损失 6 500 万元，间接经济损失达 3 亿元。

2016 年 8 月下旬，那河洪水导致下游乌图美仁乡受到不同程度的洪水淹没灾害，尤其是那棱格勒、察汗乌苏等牧委会草原受灾严重。据《格尔木市西城区行委关于乌图美仁乡部分牧委会受灾情况的报告》，那棱格勒牧委会受灾牧户 52 户 152 人，共有牛、羊等牲畜 2.4 万余头（只）；该牧委会滩里草原面积为 65.8 万亩（1 亩 = 1/15 hm^2），其中被洪水淹没 19 万亩（其中约 8 万亩草原受灾很严重，涉及牧民 26 户，牧草基本全被洪水淤泥覆盖，牲畜秋、冬季基本无法吃草）。格尔木市交通局于 2015 年 8 月为该牧委会新建的 10 km 砂石道路被洪水冲毁 2 km，道路塌方 200 m，1 座便民桥和 12 个过水管涵被冲毁，导致牧民无法正常通行。此外，冲毁草原排洪渠 29 km，受洪水淹没的房屋 18 间，1 户牧户的 1 间房屋倒塌，部分牧户修建的羊圈、棚圈和草圈受淹，冬、春季牲畜补饲草料被洪水冲毁。察汗乌苏牧委会受灾牧户 38 户 125 人，共有牛、羊等牲畜 2.3 万余头（只）；该牧委会滩里草原面积为 43 万亩，其中被洪水淹没 13 万亩（其中约 1.2 万亩草原受灾很严重，涉及牧民 6 户，牧草基本全被洪水淤泥覆盖，牲畜秋、冬季基本无法吃草）。格尔木市林业局在该牧委会于 2014 年 7 月新建的 22 km 简易砂石道路被洪水淹没 4 km。格尔木市交通局在该牧委会于 2008 年修建的 2 座桥被洪水冲毁，无法使用；2013 年修建的 1 座桥，桥头道路被洪水冲毁，导致牧民无法正常通行。草原排洪渠 15 km 被洪水淤泥淤满，无法正常使用；市交通局 2014 年在该牧委会修建的 14 km 水泥硬化道路，120 m 水泥硬化道路底部砂石垫层受洪水冲刷，硬化路面面临塌陷，急待维修。此外，受洪水淹没的房屋 7 间，2 户牧户的 2 间房屋倒塌，部分牧户修建的羊圈、棚圈和草圈受淹，冬、春季牲畜补饲草料被洪水冲毁。此外，哈夏图、傲包图、乌兰美仁等牧委会滩里草原及道路（包括个别桥梁、过水涵洞）受到不同程度的洪水灾害。省道 303 部分路段公路被损毁。据不完全统计，本次洪水造成的直接和间接损失严重。

2. 气象与气候

那河流域地处西北内陆，远离海洋，为典型的高原大陆性干旱气候，具有高寒干旱、少雨多风、日照时间长、昼夜温差大等特点，冬季漫长寒冷，夏季凉爽短促，气候地理分布差异大，垂直变化明显。本流域无实测气象资料，借用邻近的格尔木站作为依据站。根据格尔木气象站 1971~2000 年气象统计资料，该地区年均气温 5.3 ℃，极端最高气温 35.5 ℃，极端最低气温 -26.9 ℃，最大风速 22 m/s。降水的时间分配很不均匀，年内变化较大，年际变化不大，年内降水量主要集中在 6~9 月，6~9 月降水量占全年降水量的 78%左右，多年平均降水量 42.8 mm，多年平均蒸发量 2 600 mm，最大冻土深度 105 cm。

1.2.2　区域水资源及开发利用状况

1.2.2.1　水资源概况

1.地表水资源量

根据《柴达木盆地水资源与开发利用调查评价》报告，那河在水资源分区上属那棱格勒乌图美仁区，该区总面积 66 166 km^2，主要河流有发源于祁曼塔格山的哈德尔甘—呼都森、巴音格勒河及发源于昆仑山脉的那河、乌图美仁河、大小灶火河等。那河是该区最大也是柴达木盆地最大的河流，最终汇入东、西台吉乃尔湖；乌图美仁河、大小灶火河最终流入西达布逊湖；哈德尔甘 · 呼都森、巴音格勒河出山后经地表—地下—地表转化后，汇入台吉乃尔河。

由于那河径流资料稀少，结合 1959～1963 年和 2013～2014 年实测资料，那河出山口地表径流量为 13.12 亿 m^3，加上巴音格勒河进入下游湖区的水量 0.13 亿 m^3，那河地表水资源量为 13.25 亿 m^3。

那河产流区位于出山口以上的昆仑山区，径流主要来源于大气降水及冰融雪水，为综合补给型河流。根据 1959～1963 年实测资料分析，每年 4～5 月，径流主要由冰雪和部分降水补给，径流量占年径流量的 12.1%；汛期 6～9 月，以降水及融雪水补给，径流量约占年径流量的 71.4%；10 月径流以少量降水补给，径流量占年径流的 5.7%；11 月至翌年 3 月径流以产流区蓄水补给，水量少而稳定，径流量占年径流量的 10.9%。

2.地下水资源量

按地下水形成和排泄形式，将那河流域分为山丘区和平原区。根据《青海省那棱格勒河流域综合规划报告》，那河流域地下水资源量为 10.03 亿 m^3，其中山丘区地下水资源量为 6.91 亿 m^3，平原区地下水资源量为 9.14 亿 m^3，山丘区与平原区地下水重复量为 6. 91 亿 m^3。

3.水资源总量

那河水资源总量为 13.86 亿 m^3，其中地表水资源量 13.25 亿 m^3，地下水资源量 9.14 亿 m^3，地表水与地下水重复量 8.53 亿 m^3。详见表 1-5。

表 1-5　那河水资源总量计算表　（单位：亿 m^3）

河流	地表水资源量	地下水资源量				地表水与地下水重复量	水资源总量
		山丘区	平原区	山丘区与平原区重复量	小计		
那河	13.25	6.91	9.14	6.91	9.14	8.53	13.86

1.2.2.2　主要断面地表径流状况

根据那河下游水流特性及现有资料情况，本次现状调查评价主要是以坝址、出山口、鸭湖入湖等主要断面作为对象，其中选取坝址断面主要了解坝址上游河段的径流变化状况；选取出山口断面主要是了解坝址至出山口峡谷河段的径流变化状况；选取鸭湖入湖断面主要是了解出山口至鸭湖口区间的径流变化状况，以及鸭湖水量变化状况等。

本次评价工作以推求的 1957～2014 年长系列数据为基础，分别选取丰水年（P=25%）、平水年（P=50%）、特枯年（P=90%）、多年平均等作为典型年进行地表径流现状评价。

1.坝址断面

那河坝址以上河段有红水河和库拉克阿拉干河两大支流汇入，坝址以上区间人烟稀少，主要以牧民放牧为主，基本无社会经济用水。坝址处多年平均流量为 39.11 m^3/s，多年平均径流量为 12.43 亿 m^3。年内径流主要集中在 6～9 月，占年径流量的 75.0%；年内径流以 8 月最丰，月平均流量 126.16 m^3/s，占年径流量的 27.17%；2 月的最小，月均流量为 7.02 m^3/s。坝址不同典型年月均流量过程见表 1-6。

表 1-6 那河坝址不同典型年月均流量过程 （单位：m^3/s）

典型年	1月	2月	3月	4月	5月	6月	7月	8月	9月	10月	11月	12月	年均
P=25%	10.18	7.49	9.79	23.2	28.74	55.41	140.75	123.35	53.53	23.52	13.71	10.42	42.01
P=50%	8.65	6.1	8.43	17.85	23.69	49.81	109.61	127.71	42.93	19.67	11.26	8.7	36.43
P=90%	9.35	6.99	9.83	24.05	26.99	47.73	80.28	77.15	40.86	20.68	11.89	9.55	30.57
多年平均	9.2	7.02	9.5	21.27	25.99	48.61	123.59	126.16	53.03	22.97	12.77	9.15	39.11

2.出山口断面

坝址至出山口区间为峡谷河段，无支流汇入，区间多年来水为 0.68 亿 m^3。区间规划有四级电站，目前，已建二级电站，电站主要为混合式发电。区间基本无社会经济用水。出山口多年平均流量 41.27 m^3/s，多年平均径流量 13.12 亿 m^3。年内径流主要集中在 6～9 月，占年径流量的 74.9%；年内径流以 8 月最丰，月平均流量 133.13 m^3/s，占年径流量的 26.9%；2 月的最小，月均流量为 7.41 m^3/s。出山口不同典型年月均流量过程详见表 1-7。

表 1-7 那河出山口不同典型年月均流量过程 （单位：m^3/s）

典型年	1月	2月	3月	4月	5月	6月	7月	8月	9月	10月	11月	12月	年均
P=25%	10.75	7.9	10.33	24.49	30.32	58.47	148.53	130.17	56.48	24.82	14.47	11	43.98
P=50%	9.13	6.43	8.89	18.84	25	52.56	115.67	134.77	45.3	20.76	11.89	9.18	38.20
P=90%	9.87	7.38	10.37	25.37	28.48	50.37	84.72	81.42	43.12	21.82	12.55	10.07	32.13
多年平均	9.71	7.41	10.03	22.44	27.43	51.3	130.42	133.13	55.96	24.24	13.48	9.65	41.27

3.入鸭湖断面

那河出山口后依次经南盆地、北盆地后进入尾闾湖区。出山口至鸭湖河段为浅散河段，该区间地表水和地下水转换频繁，有东台吉乃尔河汇入。区间经济社会用水主要利用地下水。出山口至盆地区间不重复径流量 0.61 亿 m^3，出山口径流量和区间不重复径流量共 13.73 亿 m^3进入南盆地。那河出山口后，将近 61.4%地表径流补给地下水，盆地地下水又通过泉水溢出、地下潜流等补给那河。该区间有东台吉乃尔河 0.13 亿 m^3汇入，0.87

亿 m^3补给西达布逊湖。那河绿洲和盐化草甸区后,经绿洲、草甸、干盐滩等蒸发消耗后,最终进入鸭湖。

入鸭湖多年平均流量 18.6 m^3/s,多年平均径流量 5.76 亿 m^3。年内径流主要集中在 6~9 月,占年径流量的 69.2%;年内径流以 7 月最丰,月平均流量 61.3 m^3/s,占年径流量的 27.4%;5 月的最小,月均流量为 1.8 m^3/s。那河入鸭湖断面不同典型年月均流量过程详见表 1-8。

表 1-8　那河入鸭湖断面不同典型年月均流量过程　(单位:m^3/s)

典型年	1 月	2 月	3 月	4 月	5 月	6 月	7 月	8 月	9 月	10 月	11 月	12 月	年均
$P=25\%$	11.7	11	6.1	5.7	1.1	15.9	71.1	59.8	19.4	8.3	10	11.3	19.3
$P=50\%$	11.7	11.4	6.5	3.3	0.9	14.9	55.3	63.2	12.5	7.9	9.8	11.2	17.4
$P=90\%$	12.5	12.5	8	8.6	4	16.1	36.2	33.5	13.5	9.4	10.7	12	14.8
多年平均	12.1	11.7	6.8	5.4	1.8	12.7	61.3	60.9	19.4	8.8	10.5	11.6	18.6

1.2.2.3　水资源开发利用状况

现状年流域国民经济各部门供用水量为 783 万 m^3,供水全部为地下水。其中,生活、牲畜、工业用水量分别为 10.4 万 m^3、43.8 万 m^3、729 万 m^3,分别占总用水量的 1.1%、5.6%、93.5%。流域内水资源开发利用程度仅为 0.56%,水资源开发利用程度较低。

现状流域主要水利工程包括青海宏兴水厂、察尔汗盐湖引水工程,其中青海宏兴水厂在那河冲洪积扇开采地下水,主要为中信国安东、西台吉乃尔湖盐湖开发提供生产生活用水,一期工程设计供水量 4 万 m^3/d,已建成通水,实际供水量 2.3 万 m^3/d,二期设计供水能力 4 万 m^3/d,最终达到 8 万 m^3/d 的供水规模。察尔汗盐湖引水工程位于那河出山口处,引水渠道长度 29 km,将水引入乌图美仁河,后经河道进入西达布逊湖。该工程为相机引水工程,设计年引水量为 1.77 亿 m^3,除建成后当年引水外,近几年一直未利用,实际引水量很小。

1.2.3　工程区地质概况

1.2.3.1　地形地貌与土壤类型

那河位于柴达木盆地西南部,源头海拔 5 598 m,源头为冰川。地形为西南高、东北低,从西南到东北依次为高山、丘陵、戈壁、沙漠、细土绿洲带、沼泽和盐沼。流域内海拔 5 000 m 以上高山地区上部终年冰雪覆盖,下部为高寒草甸植被所覆盖,植被稀疏,岩石裸露,土壤母质为基岩风化残积物,冰渍物等。3 000~4 500 m 地带为峡谷地形,大型断陷山涧谷地发育,山势陡峻,河谷深切,植被稀少,成土母质为残积坡积物及洪积物,海拔 2 700~3 000 m 多为洪积倾斜平原地貌,植被属干旱荒漠型,地势平坦,土壤多为粉砂、亚砂土、壤土及亚黏土组成,土层厚度 1~3 m,不少地区有风蚀沙丘和沙柳包。沼泽地带主要为湖积平原,地表平缓,其化学堆积物达 10~25 m,无植被生长。区域土壤类型见附图 1-1。

那河的下游或出山口地段的河漫滩主要为新积土。因其气候条件特殊,地面寒冻分化作用强烈，土壤发育过程缓慢，成土作用时间短，土壤比较年轻，质地粗，砂砾性强，其组成以细砂、岩屑、碎石和砾石为主。新积土多处于海拔较低的河谷地带，水热条件较好，适合下游及出山口绿洲的生成。

1.2.3.2 地质构造及地震

库区内仅发育一规模较大的区域性断裂——那棱格勒大断裂，该断裂在库尾上游出露，距离库水最近直线距离约 2.5 km；在库区内表现为隐伏状态，被第四系河流冲洪积物所覆盖；库水与断裂未直接接触，但存在库水通过覆盖层渗入断裂的可能性。

那棱格勒大断裂为弱活动断层，在距断裂 5 km 范围内水库蓄水深度小于 20 m，由其引起的孔隙水压力及水荷载有限。取工程区天然构造地震的最大震级（$M<4.7$）作为水库诱发地震最大震级上限，即使发生诱发地震，也不超过本地区基本地震烈度，小于工程抗震设防烈度。

1.2.4 经济社会概况

那河流域居住着乌图美仁乡的一部分人口，流域所在的格尔木市乌图美仁乡，以第一产业的畜牧业为主，没有其他工业、建筑业和第三产业收入，总面积约 1.2 万 m^2，其中草场总面积约 887.8 万亩，有 13 个行政村，其中农业村 4 个，牧业社 9 个，共有居民 432 户，其中牧业 211 户，农业 221 户；全乡共有人口 1 803 人，其中牧业 786 人，农业 1 017 人。

那河尾闾湖区盐类资源十分丰富，且周边有储量丰富的天然气气田。东、西台吉乃尔湖蕴藏丰富的锂、硼等盐矿资源，尤以锂矿储量突出，占柴达木盆地总储量的 65% 以上。其中，下游东台吉乃尔湖由中信国安和青海锂业有限公司开发，主要开发碳酸锂、硼酸、硫酸钾等产品；西台吉乃尔湖由青海中信国安科技发展有限公司开发，主要开发硫酸钾镁肥、碳酸锂、硼酸、氧化镁等产品；一里坪盐湖资源由五矿集团开发。此外，流域内还有青海宏兴水资源开发有限公司，主要负责向东西台盐化工业区供水。

1.3 工程特点及区域环境特征

1.3.1 工程特点

根据项目建设方案、项目环境影响情况和建设区域环境特征，初步分析工程具有以下特点：

（1）本工程是为柴达木循环经济园区进行水资源配置的水利枢纽工程（配套输水工程不在本次工程建设范围内），用以解决格尔木、茫崖、冷湖工业园区工业用水问题，属非污染生态影响类项目。

（2）那河坝址断面多年平均地表径流量 12.43 亿 m^3，水库总库容 5.88 亿 m^3，兴利库容 0.83 亿 m^3，兴利库容相对较小，多年平均供水量 2.63 亿 m^3，那河水库为不完全年调节水库，汛期、非汛期来水量的 80%、66% 直接进入下游河道。

（3）工程通过蓄丰补枯、调节径流，一定程度上改变了那河水库库区及枢纽下游的水文情势。

1.3.2 区域环境特征

(1)那河流域位于柴达木盆地西南部,是沙漠化极敏感区域,属我国重要的防风固沙生态功能区,流域生态环境脆弱。目前,除尾闾以外,流域基本未受到人类活动侵扰,尤其出山口以上环境条件恶劣、人迹罕至,流域环境历史调查资料匮乏。

(2)那河流域从源头到尾闾依次经过高山、戈壁、固定半固定沙丘和风蚀丘陵、细土平原带、沼泽、盐沼、湖泊等地貌类型。

(3)受流域地形地貌及水文地质影响,那河流域水资源分布呈明显的水平分带性,即山前戈壁地下水补给带—绿洲区地下水溢出—泉集河带—低平原细土地下径流带—尾闾盐沼蒸发排泄带,地表水、地下水转换强烈。

那河流域多年平均水资源量为 13.86 亿 m^3,现状水资源开发利用程度较低,仅为 0.56%。

(4)流域植被状况从上游到下游随地形地貌、水资源等呈现有规律的分布,上游为高山高寒草甸,中游流经荒漠化地区、河道下切,两岸植被稀疏、库区分布有少量河谷林,出山口以下至东台吉乃尔河为山前戈壁荒漠植被地带,那河至东台吉乃尔河附近出露、发育形成由西北向东南走向的大片绿洲,往下依次为盐化草甸、尾闾湖区。

其中,那河下游绿洲植被以多年生植物为主、根系较深,主要赖以那河地下水生长,对径流时段和地下水位有一定需求。

(5)东、西台吉乃尔湖盐类资源丰富,近 10 年来为开发盐业资源,两湖修建有近 60 km防洪堤,那河下泄水量已不再进入两湖,两湖基本干涸,两湖中间的鸭湖成为尾闾湖区新的蓄滞洪区。

第 2 章 区域生态环境现状调查与评价

2.1 地表水环境现状调查与评价

本次地表水环境现状调查与评价的范围为工程施工区、库区、下游区(坝址以下至东、西台吉乃尔湖)等相关区域。

那河流域人类活动较少,现状常规水质监测断面少、水质监测频次低。本次水质现状评价在充分搜集常规水质资料、历史监测资料和有关报告中的水质监测资料的基础上,结合项目实际需求,委托专业部门进行了补充监测。

2.1.1 水质现状调查与评价

2.1.1.1 评价标准和方法

1.评价标准

根据《青海省环保厅关于海西州那河水利枢纽工程环境影响评价执行标准的复函》(青环函〔2016〕139 号),项目区地表水评价执行《地表水环境质量标准》(GB 3838—2002)基本项目Ⅱ类、Ⅲ类及Ⅳ类标准。

2.评价方法

评价采用单因子评价法。

标准指数计算公式:

$$P_i = \frac{C_i}{S_i} \quad (\text{pH、DO 除外}) \tag{2-1}$$

式中:P_i为 i 污染物的标准指数;C_i为 i 污染物的实测浓度,mg/L;S_i为 i 污染物的标准浓度,mg/L。

pH 值的标准指数计算方法:

$$\begin{aligned} P_i &= \frac{7.0 - pH_i}{7.0 - pH_{\mathrm{sd}}} \quad (pH_i \leqslant 7.0) \\ P_i &= \frac{pH_i - 7.0}{pH_{\mathrm{su}} - 7.0} \quad (pH_i > 7.0) \end{aligned} \tag{2-2}$$

式中:P_i为某监测点 pH 值的标准指数;pH_i为某监测点 pH 值的实测值;pH_{sd}为 pH 值标准值的下限;pH_{su}为 pH 标准值的上限。

DO 标准指数计算方法:

$$P_{\mathrm{DO},j} = \frac{|DO_{\mathrm{f}} - DO_j|}{DO_{\mathrm{f}} - DO_{\mathrm{s}}} \quad (DO_j \geqslant DO_{\mathrm{s}})$$

$$P_{DO(j)} = 10 - 9\frac{DO_j}{DO_s} \quad (DO_j < DO_s) \tag{2-3}$$

式中：$P_{DO(j)}$为 DO 在 j 点的标准指数；DO 为溶解氧浓度，mg/L；DO_f为饱和溶解氧浓度，mg/L；DO_j为 j 点的溶解氧监测浓度，mg/L；DO_s为地表水溶解氧评价标准，mg/L。

水质参数的标准指数 P_i>1 时，表明该水质参数超过规定的水质标准，不能满足水域功能的要求；P_i<1 时为能满足本水域功能。

2.1.1.2　地表水常规水质监测

那棱格勒河地表水常规水质监测断面位于格尔木市乌图美仁镇那棱格勒河大桥（具体位置在乌图美仁乡县道桥上游 5 km 处），所属水功能区为那棱格勒河格尔木市保留区。本研究收集青海省水文水资源勘测局监测的那河断面 2015 年的常规水质监测数据进行评价。评价结果显示，那河监测断面位于那河。2015 年平水期为Ⅱ类水质，符合水质目标。

2.1.1.3　地表水水质历史监测

除常规水质监测数据外，还收集到青海省水文水资源勘测局在那河 3 处断面的水质监测资料，监测断面分别位于那河坝址下游 5 km 处、出山口、那棱格勒河 8 号桥。监测时间为 2016 年 8 月 13 日。监测因子为水温、pH 值、溶解氧、BOD_5、COD、六价铬、石油类、挥发酚、氨氮、总磷、阴离子洗涤剂等 11 项。水质评价结果显示，那河水质 2016 年丰水期为Ⅱ类水质，符合水质目标。

2.1.1.4　《那棱格勒河流域综合规划修编报告环境影响报告》现状水质监测

《那棱格勒河流域综合规划修编报告环境影响报告》委托湟中县环境保护监测站对那河 3 处断面进行了水质监测，监测断面分别位于那河水库坝址上、下游各 100 m 处、坝址下游四级电站下游 100 m 处（监测点位见附图 2-1）。共监测 3 d，监测时间为 2016 年 1 月 27～29 日。监测因子为水温、pH 值、溶解氧、BOD_5、COD、六价铬、石油类、挥发酚、氨氮、总磷、阴离子洗涤剂等 11 项。采样、样品保存、样品检测、数据出具、质量控制均严格执行质量控制体系规定。水质评价结果显示，以上 3 个断面监测的水质类别均满足Ⅱ类水质目标要求。

2.1.1.5　本次补充水质监测

1.监测断面

由于项目区水质监测站点稀少，那河支流、泉集河和尾闾湖泊无监测资料，为全面了解和掌握项目区重点河湖的水质现状，在那河、鸭湖、东台吉乃尔河、乌图美仁河共布设 10 个断面作为本次现状水质补充监测评价断面，委托中持依迪亚（北京）环境检测分析股份有限公司进行补充监测。共监测 3 次，监测时间为 2015 年 12 月（枯水期）、2016 年 4 月（平水期）和 2016 年 6 月（丰水期）。地表水环境补充监测断面布设情况见表 2-1。具体地表水环境补充监测点位见附图 2-1。

2.水质评价因子

选取地表水基本项目 23 项（pH 值、溶解氧、高锰酸盐指数、化学需氧量、五日生化需氧量、氨氮、总氮、总磷、铜、锌、氟化物、硒、砷、汞、镉、铬（六价）、铅、氰化物、挥发酚、石油类、阴离子表面活性剂、硫化物、粪大肠菌群）参数作为评价因子。必评项目13项（pH

表 2-1 地表水环境补充监测断面布设情况

河流	监测断面	断面性质	功能
鸭湖	鸭湖北岸西侧	尾闾湖泊	了解尾闾湖水质
	鸭湖北岸中部		
	鸭湖北岸东侧		
那棱格勒河	库伦套海上游	楚拉克阿拉干河断面	了解那河水质
	浑德伦入那河河口下游	坝址上游	
	坝址断面处	坝址	
	乌图美仁乡县道桥上游 5 km	那河下游	
乌图美仁河	乌图美仁河上游	乌图美仁河上游	了解支流、泉集河水质
东台吉乃尔河	东台吉乃尔河与那河交汇处上游 5 km	东台吉乃尔河与那河交汇处上、下游	
	东台吉乃尔河与那河交汇处下游 500 m		

值、溶解氧、五日生化需氧量、高锰酸盐指数、化学需氧量、氨氮、总磷、挥发酚、六价铬、砷、汞、铅、镉);选评项目 10 项(石油类、氰化物、氟化物、铜、锌等)。

3.评价结果

2015 年、2016 年那棱格勒河水利枢纽工程项目区水质补充监测及评价结果见表 2-2。水质评价结果如下。

1)那河

补充监测 4 个断面。分别为库伦套海上游(为上游支流楚拉克阿拉干河上的断面)、浑德伦入那河河口下游(位于坝址上游)、坝址断面以及乌图美仁乡县道桥上游(断面位于那河上游)。4 个断面的水质目标均为Ⅱ类水。

经补充监测,4 个断面在 2015 年枯水期、2016 年平水期、2016 年丰水期均为Ⅱ类水质,达到Ⅱ类水质目标。

2)鸭湖

补充监测 3 个断面,分别为北岸西侧、北岸中部、北岸东侧,3 个断面的水质目标均为Ⅲ类水。

经补充监测,3 个断面在 2015 年枯水期、2016 年平水期、2016 年丰水期均为Ⅲ类水质,达到Ⅲ类水质目标。

3)乌图美仁河

补充监测 1 个断面,位于乌图美仁河上游。2015 年枯水期、2016 年平水期、2016 年丰水期均为Ⅲ类水质,达到Ⅲ类水质目标。

4)东台吉乃尔河

补充监测 2 个断面,分别位于与那河交汇处上游、与那河交汇处下游。2 个断面的水质目标均为Ⅱ类水。

经补充监测,2 个断面 2015 年枯水期、2016 年平水期、2016 年丰水期均为Ⅱ类水质,达到Ⅱ类水质目标。

表 2-2　那棱格勒河水利枢纽工程项目区补充监测断面水质评价成果

（单位:mg/L,pH 无量纲）

河流	断面	年度	水期	项目	pH 值	溶解氧	生化需氧量	高锰酸盐指数	化学需氧量	氨氮	总磷	挥发酚	六价铬	总砷	总汞	总铅	总镉	评价结果	水质目标
鸭湖	北岸西侧	2015 年	枯水期	监测值	7.66	12.21	3.5	6.0	19.5	0.25	ND	ND	ND	0.023	ND	ND	ND	Ⅲ	Ⅲ
				类别	Ⅰ	Ⅰ	Ⅲ	Ⅲ	Ⅲ	Ⅱ	Ⅰ	Ⅰ	Ⅰ	Ⅰ	Ⅰ	Ⅰ	Ⅰ		
		2016 年	平水期	监测值	8.81	8.07	3.9	4.16	19.7	ND	0.05	0.000 8	ND	0.01	ND	ND	0.005	Ⅲ	
				类别	Ⅰ	Ⅰ	Ⅲ	Ⅲ	Ⅲ	Ⅰ	Ⅱ	Ⅰ	Ⅰ	Ⅰ	Ⅰ	Ⅰ	Ⅱ		
		2016 年	丰水期	监测值	8.95	8.32	3.1	3.6	19.2	ND	0.05	ND	ND	ND	ND	ND	ND	Ⅲ	
				类别	Ⅰ	Ⅰ	Ⅲ	Ⅱ	Ⅲ	Ⅰ	Ⅱ	Ⅰ	Ⅰ	Ⅰ	Ⅰ	Ⅰ	Ⅰ		
	北岸中部	2015 年	枯水期	监测值	7.63	10.6	3.3	5.73	19.7	0.25	ND	ND	ND	0.019	ND	ND	ND	Ⅲ	
				类别	Ⅰ	Ⅰ	Ⅲ	Ⅲ	Ⅲ	Ⅱ	Ⅰ	Ⅰ	Ⅰ	Ⅰ	Ⅰ	Ⅰ	Ⅰ		
		2016 年	平水期	监测值	8.7	7.66	3.3	4.25	19.6	ND	0.03	ND	ND	ND	ND	ND	0.005	Ⅲ	
				类别	Ⅰ	Ⅰ	Ⅲ	Ⅲ	Ⅲ	Ⅰ	Ⅱ	Ⅰ	Ⅰ	Ⅰ	Ⅰ	Ⅰ	Ⅱ		
		2016 年	丰水期	监测值	8.7	7.92	3.5	3.9	20.0	ND	0.04	ND	ND	ND	ND	ND	ND	Ⅲ	
				类别	Ⅰ	Ⅰ	Ⅲ	Ⅱ	Ⅲ	Ⅰ	Ⅱ	Ⅰ	Ⅰ	Ⅰ	Ⅰ	Ⅰ	Ⅰ		
	北岸东侧	2015 年	枯水期	监测值	7.81	8.64	3.2	5.27	20.0	0.2	ND	ND	ND	0.015	ND	ND	ND	Ⅲ	
				类别	Ⅰ	Ⅰ	Ⅲ	Ⅲ	Ⅲ	Ⅱ	Ⅰ	Ⅰ	Ⅰ	Ⅰ	Ⅰ	Ⅰ	Ⅰ		
		2016 年	平水期	监测值	8.7	7.56	3.4	4.1	19.5	ND	0.04	ND	ND	ND	ND	ND	0.005	Ⅲ	
				类别	Ⅰ	Ⅰ	Ⅲ	Ⅲ	Ⅲ	Ⅰ	Ⅱ	Ⅰ	Ⅰ	Ⅰ	Ⅰ	Ⅰ	Ⅱ		
		2016 年	丰水期	监测值	8.9	8.23	3.3	3.7	19.8	ND	0.03	ND	ND	ND	ND	ND	ND	Ⅲ	
				类别	Ⅰ	Ⅰ	Ⅲ	Ⅱ	Ⅲ	Ⅰ	Ⅱ	Ⅰ	Ⅰ	Ⅰ	Ⅰ	Ⅰ	Ⅰ		
那棱格勒河	库伦套海上游	2015 年	枯水期	监测值	7.47	7.55	ND	1.35	14.0	0.16	0.02	ND	ND	0.016	ND	ND	ND	Ⅱ	Ⅱ
				类别	Ⅰ	Ⅰ	Ⅰ	Ⅰ	Ⅰ	Ⅱ	Ⅰ	Ⅰ	Ⅰ	Ⅰ	Ⅰ	Ⅰ	Ⅰ		
		2016 年	平水期	监测值	8.46	6.68	2.4	1.35	13.6	ND	0.04	ND	ND	ND	ND	ND	ND	Ⅱ	
				类别	Ⅰ	Ⅱ	Ⅰ	Ⅰ	Ⅰ	Ⅰ	Ⅱ	Ⅰ	Ⅰ	Ⅰ	Ⅰ	Ⅰ	Ⅰ		
		2016 年	丰水期	监测值	8.77	7.06	ND	0.9	10.3	0.025	0.07	0.002	ND	ND	ND	ND	ND	Ⅱ	
				类别	Ⅰ	Ⅱ	Ⅰ	Ⅰ	Ⅰ	Ⅰ	Ⅱ	Ⅱ	Ⅰ	Ⅰ	Ⅰ	Ⅰ	Ⅰ		

续表 2-2

河流	断面	年度	水期	项目	pH 值	溶解氧	生化需氧量	高锰酸盐指数	化学需氧量	氨氮	总磷	挥发酚	六价铬	总砷	总汞	总铅	总镉	评价结果	水质目标
那棱格勒河	浑德伦入那河河口下游	2015 年	枯水期	监测值	8.1	7.37	2.0	1.26	14.4	0.46	0.08	ND	0.006	0.014	ND	ND	ND	Ⅱ	Ⅱ
				类别	Ⅰ	Ⅰ	Ⅰ	Ⅰ	Ⅰ	Ⅱ	Ⅱ	Ⅰ	Ⅰ	Ⅰ	Ⅰ	Ⅰ	Ⅰ		
		2016 年	平水期	监测值	8.7	7.89	2.3	0.52	13.9	0.23	0.03	0.000 9	ND	ND	ND	ND	ND	Ⅱ	
				类别	Ⅰ	Ⅰ	Ⅰ	Ⅰ	Ⅰ	Ⅱ	Ⅱ	Ⅰ	Ⅰ	Ⅰ	Ⅰ	Ⅰ	Ⅰ		
		2016 年	丰水期	监测值	8.28	6.57	ND	2.3	13.5	ND	0.07	ND	ND	0.017	ND	ND	ND	Ⅱ	
				类别	Ⅰ	Ⅱ	Ⅰ	Ⅱ	Ⅰ	Ⅰ	Ⅱ	Ⅰ	Ⅰ	Ⅰ	Ⅰ	Ⅰ	Ⅰ		
	坝址断面处	2015 年	枯水期	监测值	8.42	8.76	ND	1.42	14.5	0.24	0.10	ND	ND	0.016	ND	ND	ND	Ⅱ	
				类别	Ⅰ	Ⅰ	Ⅰ	Ⅰ	Ⅰ	Ⅱ	Ⅱ	Ⅰ	Ⅰ	Ⅰ	Ⅰ	Ⅰ	Ⅰ		
		2016 年	平水期	监测值	8.72	8	2.4	1.13	14.0	0.3	0.04	ND	ND	ND	ND	ND	ND	Ⅱ	
				类别	Ⅰ	Ⅰ	Ⅰ	Ⅰ	Ⅰ	Ⅱ	Ⅱ	Ⅰ	Ⅰ	Ⅰ	Ⅰ	Ⅰ	Ⅰ		
		2016 年	丰水期	监测值	8.58	6.8	ND	2.4	13.0	0.025	0.05	ND	ND	0.022	ND	ND	ND	Ⅱ	
				类别	Ⅰ	Ⅱ	Ⅰ	Ⅱ	Ⅰ	Ⅰ	Ⅱ	Ⅰ	Ⅰ	Ⅰ	Ⅰ	Ⅰ	Ⅰ		
	乌图美仁乡县道桥上游	2015 年	枯水期	监测值	7.88		ND	3.91	8.8	0.46	0.10	0.002	ND	0.018	ND	ND	ND	Ⅱ	
				类别	Ⅰ		Ⅰ	Ⅱ	Ⅰ	Ⅱ	Ⅱ	Ⅱ	Ⅰ	Ⅰ	Ⅰ	Ⅰ	Ⅰ		
		2016 年	平水期	监测值	8.68	7.86	2.3	3.38	9.7	ND	0.02	ND	ND	ND	ND	ND	ND	Ⅱ	
				类别	Ⅰ	Ⅰ	Ⅰ	Ⅱ	Ⅰ	Ⅰ	Ⅰ	Ⅰ	Ⅰ	Ⅰ	Ⅰ	Ⅰ	Ⅰ		
		2016 年	丰水期	监测值	8.39	8.32	ND	3.5	14.3	0.049	0.09	ND	ND	0.018	ND	ND	ND	Ⅱ	
				类别	Ⅰ	Ⅰ	Ⅰ	Ⅱ	Ⅰ	Ⅰ	Ⅱ	Ⅰ	Ⅰ	Ⅰ	Ⅰ	Ⅰ	Ⅰ		
乌图美仁河	乌图美仁河上游	2015 年	枯水期	监测值	7.36	7.55	2.5	3.6	17.3	0.34	0.16	0.000 3	ND	0.015	ND	ND	ND	Ⅲ	Ⅲ
				类别	Ⅰ	Ⅰ	Ⅰ	Ⅱ	Ⅲ	Ⅱ	Ⅲ	Ⅱ	Ⅰ	Ⅰ	Ⅰ	Ⅰ	Ⅰ		
		2016 年	平水期	监测值	7.07	8.92	3.7	5.5	18.3	ND	0.12	ND	ND	ND	ND	ND	ND	Ⅲ	
				类别	Ⅰ	Ⅰ	Ⅲ	Ⅲ	Ⅲ	Ⅰ	Ⅲ	Ⅰ	Ⅰ	Ⅰ	Ⅰ	Ⅰ	Ⅰ		
		2016 年	丰水期	监测值	8.5	6.21	ND	3	13.9	ND	0.17	ND	ND	ND	ND	ND	ND	Ⅲ	
				类别	Ⅰ	Ⅱ	Ⅰ	Ⅱ	Ⅰ	Ⅰ	Ⅲ	Ⅰ	Ⅰ	Ⅰ	Ⅰ	Ⅰ	Ⅰ		

续表 2-2

河流	断面	年度	水期	项目	pH 值	溶解氧	生化需氧量	高锰酸盐指数	化学需氧量	氨氮	总磷	挥发酚	六价铬	总砷	总汞	总铅	总镉	评价结果	水质目标
东台吉乃尔河	与那河交汇处上游	2015 年	枯水期	监测值	7.81	8.22	2.0	3.62	13.2	0.38	0.02	ND	ND	0.021	ND	ND	ND	Ⅱ	Ⅱ
				类别	Ⅰ	Ⅰ	Ⅰ	Ⅱ	Ⅰ	Ⅱ	Ⅱ	Ⅰ	Ⅰ	Ⅰ	Ⅰ	Ⅰ	Ⅰ		
		2016 年	平水期	监测值	8.25	6.11	2.4	3.75	13.5	ND	0.06	0.001 6	ND	ND	ND	ND	ND	Ⅱ	
				类别	Ⅰ	Ⅱ	Ⅰ	Ⅱ	Ⅰ	Ⅰ	Ⅱ	Ⅰ	Ⅰ	Ⅰ	Ⅰ	Ⅰ	Ⅰ		
		2016 年	丰水期	监测值	8.62	6.29	2.0	3.1	13.6	0.093	0.04	ND	ND	0.008	ND	ND	ND	Ⅱ	
				类别	Ⅰ	Ⅱ	Ⅰ	Ⅱ	Ⅰ	Ⅰ	Ⅱ	Ⅰ	Ⅰ	Ⅰ	Ⅰ	Ⅰ	Ⅰ		
	与那河交汇处下游	2015 年	枯水期	监测值	8.38	8.39	2.2	4.0	13.9	0.29	0.10	ND	0.004	0.017	ND	ND	ND	Ⅱ	
				类别	Ⅰ	Ⅰ	Ⅰ	Ⅱ	Ⅰ	Ⅱ	Ⅱ	Ⅰ	Ⅰ	Ⅰ	Ⅰ	Ⅰ	Ⅰ		
		2016 年	平水期	监测值	8.31	6.13	2.7	3.8	13.2	ND	0.07	ND	ND	ND	ND	ND	ND	Ⅱ	
				类别	Ⅰ	Ⅱ	Ⅰ	Ⅱ	Ⅰ	Ⅰ	Ⅱ	Ⅰ	Ⅰ	Ⅰ	Ⅰ	Ⅰ	Ⅰ		
		2016 年	丰水期	监测值	8.92	6.50	3.0	3.4	13.7	0.046	0.08	ND	ND	0.007	ND	ND	ND	Ⅱ	
				类别	Ⅰ	Ⅱ	Ⅰ	Ⅱ	Ⅰ	Ⅰ	Ⅱ	Ⅰ	Ⅰ	Ⅰ	Ⅰ	Ⅰ	Ⅰ		

2.1.1.6　小结

根据本评价数次现场查勘及走访调查,那河除尾闾湖泊外基本无人类活动、无人为排放。根据青海水文水资源勘测局的常规水质监测及中持依迪亚(北京)环境检测分析股份有限公司的补充监测结果,那河水质符合Ⅱ类水质目标。

因此,评价认为项目区水质状况总体良好。

2.1.2　污染源调查与评价

根据《全国水资源保护规划》中西北诸河水资源保护规划资料,并补充调查工业园区情况,给出评价区主要区域及入河污染情况调查评价成果。

2.1.2.1　点污染源

根据调查,那河无入河排污口。尾闾东、西台吉乃尔湖区域为格尔木盐湖工业园区的重要分支,主要企业有青海锂业有限公司和青海中信国安科技发展有限公司;生产废水回用于生产、不外排,生活污水进入自然蒸发消耗池蒸发消耗,不排入地表水环境。

2.1.2.2　面污染源

对那河流域农田径流、农村生活污水、分散式畜禽养殖、水土流失和城镇地表径流污染、固体废弃物等五种类型面污染源初步调查。

面源污染主要是农村居民生活用水和牲畜养殖用水产生的排水,以及农药化肥的使用、因灌溉将部分化肥农药带入水体。面源污染主要产生于乌图美仁乡,所在的水环境功能区为那河格尔木工业用水区。由于灌溉面积不大,化肥农药的使用量较小,面源污染主要是农村人畜用水。面源污染污染物的量较小。

2.1.2.3　污水处理

项目区工业园区污水处理设施情况详见表 2-3。

表 2-3　项目区工业园区污水处理设施情况

工业园区			设计处理能力（万 m^3/d）	现状处理能力（万 m^3/d）	再生水回用规模（万 m^3/d）
东西台盐化工小区	中信西台污水处理厂	规划	3.0	—	3.0
	中信东台污水处理厂	规划	2.0	—	2.0
	青海锂业污水处理厂	现状	0.003	0.000 6	0.000 6
		规划	0.5	—	0.5

尾闾东西台盐化工小区内青海锂业的污水处理设施已建成,设计规模分别为 30 m^3/d,实际日处理规模 6 m^3/d,处理后的出水回用至盐田补水,循环利用。小区规划建设 3 处污水处理厂,中信西台污水处理厂、青海锂业污水处理厂、中信东台污水处理厂的设计规模分别为 3 万 m^3/d、0.5 万 m^3/d、2 万 m^3/d;污水处理厂出水不外排,经深度处理后回用为循环水系统补充水。

2.2　地下水环境现状调查与评价

本次地下水调查范围为那河中上游区域及下游区域,包括南部昆仑山区和那河山前冲洪积平原区域。

2.2.1　区域地质、水文地质条件

2.2.1.1　区域地质条件

1.南部山区

前第四纪地层均出露于流域内南部山区,主要有晚前寒武的长城系及青白口系;古生界的奥陶系、泥盆系、石炭系、二叠系;中生界的三叠系;新生界的上第三系等。

①长城系金水口群 An$\in_1$ch(*jn*):主要分布于祁漫塔格山山脊附近,其岩性主要为片麻岩、混合岩、片岩夹大理岩。厚 4 312 m。

②青白口系狼牙山群 An$\in_3$gqh(*jy*):出露于祁漫塔格山北坡地带。其岩性主要为大理岩夹硅质灰岩。厚 295 m。

③奥陶系(O):主要分布于黑山—牛尖山一带。上部以碎屑岩、碳酸岩为主;下部为火山喷发岩。厚 2 602 m。

④泥盆系(D):主要分布于祁漫塔格山南、北坡。上泥盆统岩性主要为安山岩、英安岩、流纹岩,其次为砾岩、砂岩、泥灰岩。出露最大厚度 3 346 m。中下泥盆统岩性主要为砂岩、砂砾岩、泥灰岩、大理岩。厚度大于 1 202 m。

⑤石炭系(C):主要分布于祁漫塔格山北坡边缘地带。岩性主要为砾岩、砂岩、页岩、灰岩、泥灰岩等。出露厚度仅 130 m。

⑥二叠系(P):主要分布于红柳泉以西地带。为海相碳酸盐岩地层,岩性为厚层状灰岩。出露厚度仅 130 m。

⑦第三系(R):主要出露于中心沟、南向沟地带和塔尔丁以西及甘森南山以北地区,部分钻孔中揭露到该地层。中、上新统(N)为海相碳酸盐岩地层,岩性为砂岩、砾岩夹泥岩。出露厚度约 600 m。

2.山前冲洪积平原

自第四纪以来,昆仑山前平原一直处于相对下降之中,沉积了巨厚的松散堆积物,山前冲洪积平原的第四系松散堆积物地层如图 2-1 所示。

2.2.1.2　水文地质条件

1.地下水的赋存条件及分布规律

1)南部昆仑山区

南部昆仑山区降水丰富,大气降水及冰雪融化水沿基岩裂隙下渗形成地下水,在水文地质条件适宜的地段赋存运移,多以泉的形式排泄于河谷中。因此,南部山区既是基岩裂隙水的赋存区,也是地下水的补给区。

2)山前平原

山区河流经出山口后进入冲洪积扇戈壁砾石带。戈壁砾石带分布着大厚度松散岩类沉积物,含水层颗粒较粗,厚度大,具备良好的贮水空间,河水大量垂直渗漏赋存其中,形

界	系	统	符号	柱状图	主要岩性描述
新生界	第四系	全新统	Q_4	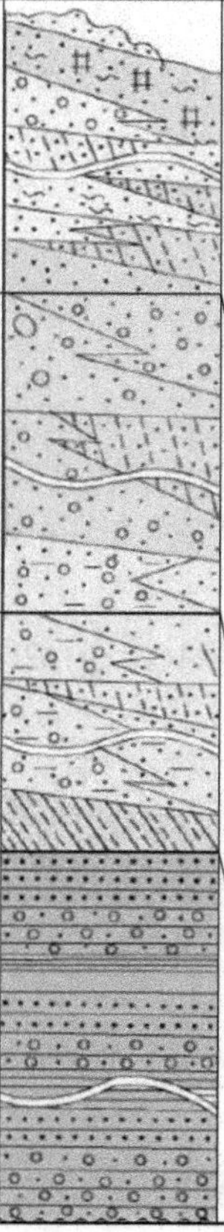	冲积物分布于那棱格勒河河床中，岩性为卵砾石、砂砾石及砂层，松散，分选差，磨圆度一般较好，钻孔揭露厚度为4.47 m；冲洪积物分布在冲洪积平原上，岩性为浅灰、灰黄色含卵砂砾石、砂砾石、粉砂、亚黏土，砂砾石多沿现、古河道带状分布，钻孔揭露厚度为3 m；风积物主要分布在洪积倾斜平原前缘，多呈北西向带状分布，岩性为浅黄色具风成斜层理中的中粗砂、细粉砂，分选性好，厚度一般小于30 m；沼泽沉积物主要分布于冲洪积细土平原前缘地下水溢出带、浅藏带及河流入湖口地带，岩性为灰黑色淤泥质粉砂、亚砂土、含钙质黏土等，富含有机质，其厚度小于10 m；化学沉积物多分布于盆地中心现代盐湖周围，主要为盐岩沉积，岩性以粉砂质石盐、含砂盐壳、含砂石膏为主，局部为白色石盐层，厚度一般为1~20 m
		上更新统	Q_3		冰水-洪积物地表未见出露，研究区内的钻孔均有揭露。埋藏在33.69~82.61 m以下，钻孔揭露厚度分别为106.68 m、97.57 m。岩性为浅灰、灰黄色含卵砂砾石、卵砾石、砂砾、含泥的砂砾石、中粗砂等。松散，磨圆度较好，分选性差。自南向北岩性逐渐变细，至冲洪积平原处钻孔，可见1~3 m黏土层。洪积物在研究区内广泛出露，钻探揭露厚度在33.69~76.76 m，在洪积倾斜平原土灰色、灰黄色的砂卵砾石、砾砂、粗砂等，一般含有少量的泥质(<5%)，松散、磨圆度一般，分选性差。至冲洪积平原，下部多为灰色、黄灰色砂砾石、含砾砂层及砂层，上部为黄灰色、灰黄色及棕黄色的亚砂土及亚黏土层，松散，具水平薄层理，具可塑性
		中更新统	Q_2		冰水沉积物地表未见出露、钻孔揭露埋藏深度在150.00 m以下，揭露厚度约为60.00 m。岩性为浅灰、灰黄色含砂卵砾石，松散，磨圆度一般，次棱角状，分选性差。冲洪积物地表未见出露，由位于洪积倾斜平原和冲洪积平原的钻孔揭露，埋藏于地下174.10~180.18 m，未见底。岩性为浅灰、灰黄色的砂砾石、含卵砾砂、含砾粉细砂及含砾亚黏土等，磨圆度一般较好，分选性差
		下更新统	Q_1		冰水沉积物，地表未见出露，研究区内位于冲洪积扇后缘钻孔揭露，埋藏深度在21.00 m以下，钻孔揭露厚度约为20.00 m。岩性为浅灰、灰黄色含卵砂砾石、卵砾石含泥，松散，磨圆度一般，次棱角状，分选性差

图 2-1　山前冲洪积平原第四系松散堆积物地层柱状简图

成单一大厚度孔隙潜水含水层。

至细土平原带，地形坡度由陡变缓，地层岩性颗粒由粗变细，含水层也由单层结构变为了多层结构，地下水类型相应由单一厚度潜水变为多层承压水或自流水，水量由丰富变贫乏。顶部潜水含水层因地下水位上升，形成溢出带，较大的泉群形成泉集河。

2.地下水类型及含水层(组)

区域地下水可划分为基岩裂隙水、碎屑岩类裂隙孔隙水和松散岩类孔隙水三个地下水类型。

1)基岩裂隙水

基岩裂隙水分布于那河流域上中游南部中高山地区，不同的岩性富水性差异较大，一般表现为较贫乏，构造破碎带及岩溶发育的地段地下水相对较丰富。含水岩组包括侵入岩、火山岩、变质岩和碎屑岩。山区地下水水质较好，多为 HCO_3-Ca 型水，矿化度一般小于 1 g/L。基岩裂隙水单泉流量一般小于 0.1 L/s，个别地段大于 0.1 L/s。

2)碎屑岩类裂隙孔隙水

碎屑岩类裂隙孔隙水主要分布于南部山区的甘森南山—神山以北，地表出露仅见于北部那北构造，一般隐伏于山前倾斜平原松散岩类之下。含水层岩性以砾岩、砂砾岩、砂岩为主，隔水层以泥岩为主。水头埋深16～18 m，单井涌水量16.42 m^3/d，大部分地区富水性贫乏，水质差，矿化度达14.6 g/L，水化学类型为$Cl \cdot HCO_3-Na$型。

3）松散岩类孔隙水

（1）潜水。

主要分布在山前那棱格勒河冲洪积扇的戈壁砾石带。含水层为中、上更新统冲洪积、冰水沉积的砂砾卵石层，物质组成颗粒粗大。含水层厚度为86～126 m。地下水位从南到北由深变浅，水位埋深在南部为100 m左右，在细土平原区约10 m。地下水主要接受河水的渗漏补给。潜水含水层富水性好，尤其是洪积扇轴部地段其单井涌水量均大于5 000 m^3/d，向洪积扇两翼地下水富水性逐渐变弱。地下水矿化度一般在0.6 g/L左右，水化学类型为$Cl \cdot HCO_3-Na$型水为主。具有含水层厚度大、分布面积广、水量丰富、水质佳及易开采等特点。

那棱格勒河冲洪积扇前缘至台吉乃尔河南岸的细土平原带也有潜水含水层的分布。含水层为上更新统和全新统冲洪积物，岩性自南向北，由粗变细，厚度由厚变薄，由冲洪积扇前缘的砂卵砾石、砾砂、微含泥的砂卵砾石，逐渐变化为粗细砂、淤泥质粉细砂。含水层厚度由25 m变得不足6 m。水位埋深小于3 m，富水性相应的由丰富向中等变化。该含水层主要接受上游冲洪积倾斜平原地下水侧向径流补给，补给较充沛，虽然含水介质逐渐变细，水质仍较好，矿化度小于1 g/L，水化学类型为$Cl \cdot HCO_3-Na$型。

（2）承压-自流水。

承压水分布于那棱格勒河冲洪积扇前缘地段，主要接受上游潜水的地下径流补给，随着地形坡度变平缓，含水层结构变为多层。以往钻孔最大控制深度300.51 m，共揭露6～7层含水层（组），各层间水力联系较为密切。含水层为砂砾石层、含砾中细砂、粉细砂。单井出水量100～1 000 m^3/d，矿化度0.57～8.5 g/L，水化学类型为$Cl \cdot HCO_3-Na$型水。自南而北承压含水层逐渐变薄、富水性变弱。

拟建项目所在区域南北向水文地质剖面略图如图2-2所示。

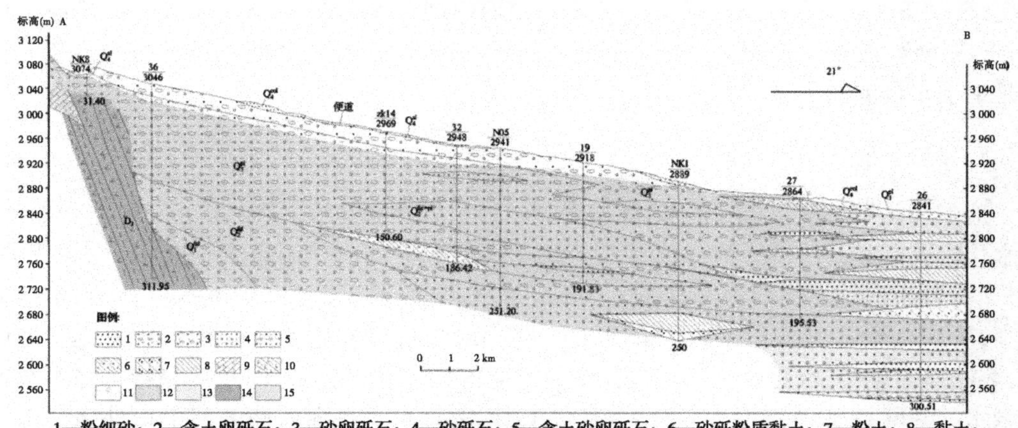

1—粉细砂；2—含土卵砾石；3—砂卵砾石；4—砂砾石；5—含土砂卵砾石；6—砂砾粉质黏土；7—粉土；8—黏土；9—灰岩；10—角闪片岩；11—水位；12—>5 000 m^3/d；13—1 000~5 000 m^3/d；14—100~1 000 m^3/d；15—<100 m^3/d

图2-2　拟建项目所在区域南北向水文地质剖面略图

2.2.2 地下水补给、径流、排泄特征

2.2.2.1 地下水的补给

评价区位于柴达木盆地西南边缘昆仑山脉附近，山区大气降水和高山区冰雪融水是山前那河冲洪积扇地下水的主要补给源，而在冲洪积平原区地表河水垂向和侧向入渗补给则是地下水的主要补给来源。根据《那棱格勒河冲洪积平原地下水循环模式及其对人类活动的响应研究》的分析，冲积平原下游地下埋深较大点位同位素与上游地下水取样点同位素值较接近，推测下游埋深较大区域的地下水可能主要受山前地下水的侧向径流补给，而埋藏较浅的地下水同时接受河水的入渗补给和上游地下水的侧向径流补给。但是地下水侧向补给量相比河水入渗补给量小很多。

(1)大气降水及冰雪融水补给。大气降水补给地下水主要发生在山区，山区降雨和冰雪消融水通过表露基岩裂隙、岩溶裂隙、溶洞以及断裂渗入补给基岩裂隙水和岩溶水。冲洪积扇中部及前缘地区气候干旱，强烈的蒸发使降水对地下水的补给较弱。

(2)地表水补给。河水对地下水的补给发生在山区的中下游河段，平原区则是主要在冲洪积(洪积)倾斜平原段。河流垂向和侧向入渗成为地表水体对地下水的唯一补给源。

2.2.2.2 地下水的径流

从南部基岩山区边缘至戈壁砾石带前缘为地下水径流区。山区地下水向河谷或山间谷地方向径流；山前冲洪积平原潜水径流方向与地表水河流的方向一致，由西南向东北；冲湖积平原承压自流水向尾闾湖区径流，总体自南向北。评价区中上游地区水力梯度一般大于10‰，冲洪积平原区地下水水力梯度为1‰~4‰。

2.2.2.3 地下水的排泄

在山区河谷，地下水向河流排泄形成补给，河水径流后又以垂向或侧向渗漏的形式补给回地下水。细土带前缘泄出是那河下游地下水排泄的主要途径。冲洪积扇前缘由于地形变缓，地下水位变浅，含水层颗粒逐渐变细而使地下水流受阻而成片状或面状溢出地表，形成沼泽、湿地以至湖泊。细土带前缘地下水位埋藏较浅，地面蒸发和植物蒸腾作用也是地下水排泄的一种方式。

2.2.3 地下水化学特征

地下水化学特征主要受地形、地貌、气候、地层岩性及补给、径流、排泄条件的影响，区内水化学成因类型由溶滤型过渡到蒸发型，其化学成分的演变与地下水的运移密切相关。

(1)高山区到出山口段。在高山区地下水主要接受降水及冰雪融水补给，由于地势较高，降水充沛，节理裂隙发育，加之沟谷切割深，坡面陡倾，地下水径流条件好，运移速度快，溶滤作用短促，水化学作用以混合作用为主，地下水水化学特征基本保持了降水和冰雪融水的共同特征，主要为低 TDS 含量的 $ClHCO_3$ 型水。在那棱格勒河山口处地下水类型为 $ClHCO_3$-Na · Ca 型，溶解性总固体 TDS 含量为 0.75 g/L，pH 值为 8.23。

(2)出山口到地下水出露带。一般在山前冲洪积平原后缘，潜水含水层岩性以砂卵砾石为主，出山河水大量入渗补给孔隙水，地下水深埋，水力梯度大，径流速度快，水化学

作用以混合作用为主，溶滤作用次之，故潜水保持了其上游裂隙水和河水的水化学特性；在冲洪积平原中、前缘，含水层岩性为砾砂、粗砂，地下水流为层流，径流速度变缓，水力梯度变小，溶滤作用时间增长，地下水溶解含水层中的盐分后，水化学组分发生变化，TDS 含量逐渐升高，但地下水 TDS 含量多小于 1 g/L。

（3）地下水出露带。到细土平原带潜水埋藏变浅，主要以泉的形式排泄，部分则以蒸发蒸腾的形式排泄，往地下水绿洲带后缘过渡，水化学演化过程是在蒸发浓缩作用下进行的。由于地下水径流过程溶滤作用及蒸发作用影响，水化学类型由 HCO_3-Ca 型向 Cl-Na 型的咸水演化。

2.2.4　地表水与地下水的转化关系

在自然状态下，那河自山区流入盆地的地表径流约 60% 在流经山前戈壁带时渗入地下，转化为地下水，另外一部分形成地表径流汇集成河，并沿途接纳由降水补给的山区基岩裂隙水后流向下游；在戈壁带前缘，一部分地下水以泉的形式溢出地表，形成泉集河流入绿洲；其他的以地下径流形式进入下游低平原，并通过人工开采或潜水蒸发排泄，最后流入尾闾湖泊。水资源进入湖区后，经蒸发浓缩，形成盐矿，完成了水文水资源的一个循环过程。见图 2-3。

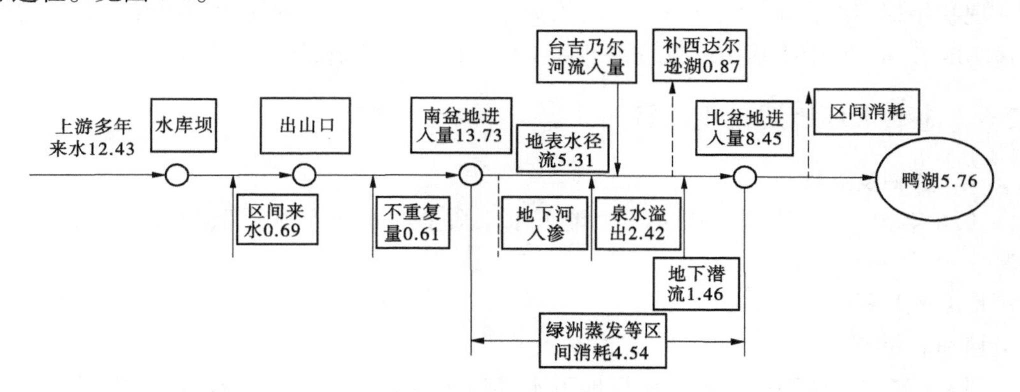

图 2-3　那河流域地表水、地下水转换关系示意图　（单位：亿 m^3）

那河流域出山口以下水循环具有以下特点：那河出山后河道在山前倾斜平原上散开，河道宽度最宽可达十余千米，河水在此大量渗漏补给地下水，穿过戈壁带后形成典型的扇状绿洲，扇缘的溢出泉与台吉乃尔河汇流后向东流去，水流绕过那北隆起地质单元后向北流去，由于该地质单元的存在，盐化草甸区西侧部分主要靠地下水侧向补给维护，地表溢出水很少。那河在盐化草甸区分成两支分别入湖，成为盐湖区主要补给来源。

（1）出山口。那河出山口处多年平均径流量 13.12 亿 m^3，不重复径流量（包括河床潜流和山前侧渗）0.61 亿 m^3，共计 13.73 亿 m^3。

（2）南盆地。那河出山后一部分水量渗入地下。13.73 亿 m^3 水量中，进入南盆地的地表水径流量为 5.31 亿 m^3，下渗补给地下水量为 8.42 亿 m^3。南盆地的地下水分别用于维持泉水溢出量 2.42 亿 m^3、地下水潜流量 1.46 亿 m^3。进入南盆地的水量，经南盆地绿洲区消耗后，出南盆地。南盆地绿洲区耗水量由潜水蒸发量和水面蒸发组成，多年平均耗水量4.54亿m^3。

(3)北盆地。加上东台吉乃尔河的净入流量0.13亿m^3,除去补给西达布逊湖水量0.87亿m^3后,南盆地进入北盆地的净水量为8.45亿m^3。进入北盆地的水量分别经北盆地草甸蒸发、干盐滩蒸发2.69亿m^3消耗后,最终进入尾闾湖区的水量为5.76亿m^3。

2.2.5 评价区地下水开发利用现状

多年来那棱格勒河冲洪积扇区地下水无大规模开发利用,评价区内人口稀少,且主要集中在河流下游平原区,主要从事农牧业生产,生活用水以溢出带泉水为主,只有少量牧民挖有民井供生活用水,而且用水量很少。随着盐湖化工、有色金属、石油天然气等产业的建设和发展,为满足东、西台吉乃尔湖等地用于盐化工企业的生产生活用水要求,青海宏兴水资源开发有限公司于2004年在那棱格勒河冲洪积扇区中部建成"宏兴水厂",该水源地位于乌图美仁乡,共布置16口探采结合孔,呈正方形分布,井间基本距离为15 m,构成一个边长45 m的正方形集中井群。其中大口径探采结合孔孔径550 mm,成井深度均在80 m左右,以开采埋深在80 m以上的地下水,现状水位埋深约10 m左右。水源地设计开采量2 900万m^3/a,由于用水规模的限制,目前实际开采量仅为160万m^3/a。

现状年那河的供水量为783万m^3,均为地下水。现状年那河流域国民经济各部门用水量783万m^3,其中生活10.4万m^3,牲畜43.8万m^3,工业用水729万m^3。

2.2.6 地下水环境质量现状评价

2.2.6.1 监测及采样

2016年5月,在评价区布置5个地下水水质监测点进行水质监测,同期进行水位观测。

1.监测点布设

1)布设原则

(1)均匀布点原则。在拟建项目地下水环境影响评价范围地下水流上、中、下游(补给、径流、排泄区)分别布置地下水水质监测井。

(2)重点布点原则。在地下水环境保护目标包括水源地、村镇分散式供水点、绿洲等处,重点布置地下水监测点。

(3)考虑地下水类型原则。对评价范围内涉及不同类型(孔隙水、基岩裂隙水)的地下水地区均布置地下水水质监测点;本次监测主要以孔隙水为主,基岩裂隙水仅在坝址勘查施工揭露到基岩段布置或坝址区上游基岩裂隙水下降泉。

(4)不同地貌类型原则。对不同地貌类型,在山区和冲洪积扇(包括山前平原戈壁带和冲洪积扇前缘的细土平原带),分别布置地下水监测点。

(5)监测井具体位置布置原则。地下水监测点充分利用已存在的井、泉等处,需新增设的地下水监测井宜布置在施工条件较便利、作为长观孔保存、监测方便的地段。

2)监测点层位

主要监测潜水含水层地下水水质。

3）监测点位置

综合考虑上述原则，结合评价区实际条件，共布置5个地下水水质监测点，分别为宏兴水厂（一正在使用的抽水井）、乌图美仁乡生活用水井、台吉乃尔泉集河地下水出露点及出露点的上游和下游进行水质监测。

评价区地下水环境监测点位置如图2-4所示。评价区地下水环境现状监测点基本情况见表2-4。

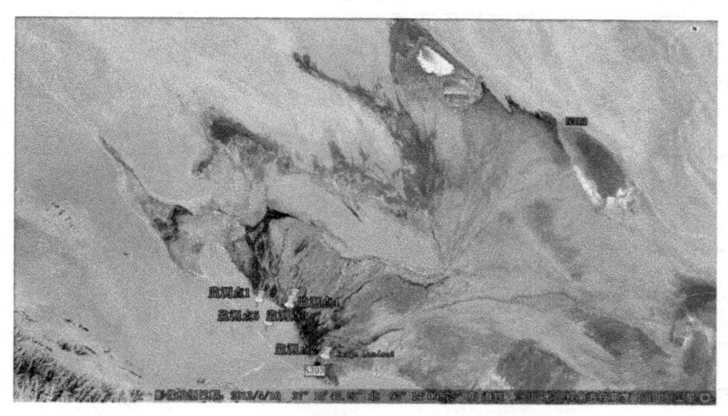

图2-4 评价区地下水环境监测点位置示意图

表2-4 评价区地下水环境现状监测点基本情况

监测点	监测点类型	监测点位置	监测点坐标		备注
			经度	纬度	
监测点1	水位、水质	宏兴水厂	N37厂质水环境现状监测	E92厂质水环境现状监测	现有井
监测点2	水位、水质	乌图美仁乡所在地	N36乌图美仁乡所在地状监测	E93乌图美仁乡所在地状监测	现有井，乌图美仁乡生活用水井
监测点3	水位、水质	台吉乃尔泉集河地下水出露点	N37°01′53.75"	E93°01′45.50″	泉点水样
监测点4	水位、水质	台吉乃尔泉集河地下水出露点下游	N37出露点下游点下游露点	E93出露点下游点下游露点	
监测点5	水位、水质	那河8#下游桥1 km处；地下水出露点上游	N36下水出露点上游露点	E92下水出露点上游露点	

2.监测因子

根据《地下水环评导则》要求，综合考虑项目特征和《地下水质量标准》（GB/T 14848—2017），确定检测项目为嗅和味、肉眼可见物、浑浊度、色度、$K^{+}+Na^{+}$、Ca^{2+}、Mg^{2+}、CO_3^{2-}、HCO_3^{-}、氯化物、硫酸盐、pH、氨氮（以氮计）、硝酸盐氮（以氮计）、亚硝酸盐氮（以氮计）、挥发酚类（以苯酚计）、氰化物、砷、汞、铬（六价）、总硬度（以碳酸钙计）、铅、氟化物、镉、铁、锰、铜、锌、溶解性总固体、高锰酸盐指数、总大肠菌群、细菌总数。

3.采样及监测

地下水采样符合《地下水环境监测技术规范》(HJ/T 164—2004)的要求,采样后即刻送往青海省水环境监测中心格尔木中心进行监测,主要监测项目、仪器和监测依据见表 2-5。评价区地下水水质现状监测统测结果如表 2-6。

表 2-5　水样监测项目、仪器和监测依据

监测项目	设备仪器及编号	监测依据
嗅和味	Lambda25(501513042109)、7230G 可见分光光度计(7060405080、070607040001)、手提式 pH、溶氧、PXS—215 型离子活度计(020088)、wfx-120 原子吸收分光光度计(119)、原子吸收分光光度计(石墨炉 pHCS13041002)、AFS-930 原子荧光光度计(930-0901471)、AR2140 型电子天平(1229150355)、红外测油仪(04296U005)等	GB/T 5750.4—2006
肉眼可见物		GB/T 5750.4—2006
色度		GB/T 5750.4—2006
浑浊度		GB/T 5750.4—2006
pH 值		GB 6920—1986
氯化物		GB 7484—1987
溶解性总固体		GB/T 5750.4—2006
硫酸盐		SL 85—1994
总硬度(以 $CaCO_3$ 计)		GB 7477—1987
K^++Na^+		—
Ca^{2+}		GB 7477—1987
Mg^{2+}		
CO_3^{2-}		SL 83—1994
HCO_3^-		SL 83—1994
菌落总数		GB/T 5750.12—2006
总大肠杆菌数		GB/T 5750.12—2006
高锰酸盐指数		GB /11892—1989
硝酸盐(以 N 计)		GB/T 5750.5—2006
亚硝酸盐氮(以 N 计)		GB 7493—1987
氨氮(以 N 计)		HJ 535—2009
挥发酚类(以苯酚计)		HJ 503—2009
铬(六价)		GB 7467—1987
氟化物		GB 7484—1987
砷		SL 327.1—2005
铁		GB 11911—1989
铜		GB 7475—1987
锌		GB 7475—1987
镉		GB/T 5750.6—2006
铅		GB/T 5750.6—2006
锰		GB 11911—1989
汞		SL 327.2—2005
氰化物		HJ 484—2009

表 2-6　评价区地下水水质现状监测统测结果（单位:mg/L,pH 无量纲）

点位	乌图美仁乡所在地	宏兴水厂	台吉乃尔泉集河地下水出露点	台吉乃尔泉集河地下水出露点下游	那棱格勒河8#桥下游1 km处
水温(℃)	12.4	10.0	16.5	15.8	13.6
气温(℃)	14.0	21.0	17.0	17.0	15.5
嗅和味	无	无	无	无	无
肉眼可见物	无	无	无	无	无
色度	<5	<5	<5	<5	<5
浑浊度	<0.5	<0.5	<0.5	<0.5	<0.5
pH 值	8.2	8.1	8.6	8.6	8.1
电导率	955	1 200	1 170	1 190	1 100
氯化物	220	296	210	227	231
溶解性总固体	600	792	668	668	626
硫酸盐	85.0	101	128	83.6	95.1
总硬度(以 $CaCO_3$ 计)	170	235	210	216	220
$K^{+}+Na^{+}$	180	219	179	176	166
Ca^{2+}	32.9	44.9	42.1	43.7	41.3
Mg^{2+}	21.3	30.0	25.5	26.0	28.4
CO_3^{2-}	6.00	0.00	9.00	6.00	0.00
HCO_3^{-}	148	182	151	185	154
细菌总数	2	0	256	186	82
总大肠杆菌数	未检出	未检出	未检出	未检出	未检出
高锰酸盐指数	0.5	1.1	0.7	1.1	0.6
硝酸盐	0.95	1.32	0.86	0.64	1.07
亚硝酸盐氮	<0.003	<0.003	0.003	<0.003	<0.003
氨氮	<0.025	<0.025	0.045	0.072	<0.025
挥发酚类(以苯酚计)	<0.000 3	<0.000 3	<0.000 3	<0.000 3	<0.000 3
铬(六价)	<0.004	<0.004	<0.004	<0.004	<0.004
氟化物	0.44	0.58	0.60	0.60	0.43
砷	0.000 4	0.000 4	0.000 4	0.000 4	0.000 4
铁	<0.03	<0.03	<0.03	<0.03	<0.03
铜	<0.001	<0.001	<0.001	<0.001	<0.001
锌	<0.05	<0.05	<0.05	<0.05	<0.05
镉	<0.000 5	<0.000 5	<0.000 5	<0.000 5	<0.000 5
铅	<0.002 5	<0.002 5	<0.002 5	<0.002 5	<0.002 5
锰	<0.001	<0.001	<0.001	<0.001	<0.001
汞	0.0000 5	0.0000 5	0.0000 5	0.0000 5	0.0000 5
氰化物	<0.004	<0.004	<0.004	<0.004	<0.004

注:“<”表示低于检出下限。

2.2.6.2　地下水水质评价

1.评价方法

采用单因子指数法进行评价。

(1)采用标准指数法,计算公式如下:

$$S_j = C_j / C_0 \tag{2-4}$$

(2)对于 pH 值,采用下列公式:

$$S_j = \frac{C_j - 7.0}{C - 7.0} \tag{2-5}$$

式中:C_j为 j 评价因子的实测值;C_0为 j 评价因子的评价标准值;C 为 pH 值评价标准的限值;S_j为 j 评价因子的标准指数。

2.评价标准

本次地下水环境质量评价执行《地下水质量标准》(GB/T 14848—93)中的Ⅲ类标准。

3.评价结果

评价结果显示,评价区地下水水质基本符合Ⅲ类水质标准,仅个别监测因子出现超标:宏兴水厂氯化物超标 0.18 倍;台吉乃尔泉集河地下水出露点 pH 值和菌落总数分别超标 0.06 倍、1.56 倍;台吉乃尔泉集河地下水出露点下游 pH 值和菌落总数分别超标 0.06 倍、0.86 倍。其他各监测点各监测因子地下水水质均达到《地下水质量标准》(GB/T 14848—93)的Ⅲ类标准,表明评价区域人类活动较少、地下水水质总体较好。个别监测点 pH 值略微超标,与区域地表水水质监测结果相似,为区域背景值原因;个别监测点菌落总数超标,主要为采样以及人类、家畜活动影响所致。

2.3　陆生生态环境现状调查与评价

2.3.1　区域生态环境现状

根据《全国生态功能区划(修编)》,项目区属于沙漠化极敏感区域,被划分为柴达木盆地防风固沙功能区(不属于全国重要生态功能区)。根据《青海省生态功能区划》,项目区属柴达木盆地荒漠生态功能区,区内植被稀疏、降水少,土地荒(沙)漠化严重,是青海省沙漠化防治重点区域。发展方向是以退耕还林还草、防风固沙、退牧还草工程为重点,加强沙生植被和天然林、草原、湿地保护,开发沙生产业,提高植被覆盖度,防止沙漠化扩大,在重要交通干线两侧和重要城市周边构建防风固沙生态屏障。加强水资源保护和节水工程建设,合理分配、高效利用水资源,点带状开发水电、太阳能、风能、地热能、矿产等优势资源。

土壤组成以细砂、岩屑、碎石和砾石为主,其中库区回水末端以上河段主要为高山草原土,库区及坝下减水河段为峡谷地形,土壤主要为棕钙土、高山草原土,山势陡峻,河谷深切,植被稀少,成土母质为残积坡积物及洪积物;出山口以下戈壁带主要为灰棕漠土,绿洲区为洪积倾斜平原地貌,植被属干旱荒漠型,地势平坦,土壤多由粉砂、亚砂土、壤土及亚黏土组成,属灰棕漠土、盐土,土层厚度1~3 m,不少地区有风蚀沙丘和沙柳包。向下盐化草甸区由于盐分的存在使得区域主要为盐化沼泽区、盐化荒漠区;盐化草甸及尾闾湖区土壤均为盐土。工程所在那河流域从西南到东北依次经过高山、丘陵、戈壁、绿洲、沼泽和盐沼,土壤类型决定了那河植被分布属典型的盆地植被,以北端盐壳为中心呈环状分布不同的植被景观,具体植被类型分布特征如下。

在垂直方向上,5 000 m以上位于那河、东台河源头区,为高山寒漠带,基本无植被发育;4 100 m以上为那河上游地区,4 100~5 000 m为高山荒漠草原,以紫花针茅、硬叶苔草、垫状蒿等为主,植被稀疏,岩石裸露,土壤母质为基岩风化残积物,冰渍物等;3 500~4 100 m为中山矮半灌木、灌木岩漠植被,与低山岩漠植被没有大的差别,但在3 600 m以上地段出现大面积的金露梅灌丛;3 000~4 100 m为那河流域中游地区,其中3 000~3 500 m为低山矮半灌木、灌木岩漠植被,优势植物有猪毛菜、麻黄、合头草、驼绒藜等;2 900~3 000 m为那河流域下游地区,为评价区基带,属矮半灌木、灌木砾漠植被,但大面积为裸露的戈壁、沙丘景观,仅在河流两侧和洪积扇后缘可见以猪毛菜、麻黄、合头草等为优势的荒漠植被。

在水平方向上,植被的分布受地下水和土壤盐分的影响。其北部为盆地中央,以大面积裸露的盐壳为主;其外围是冲洪积细土平原,形成以乌图美仁为中心的大面积绿洲,其中低洼处有地下水渗出和积水,主要植被类型为沼泽化盐生草甸,以芦苇、白刺、柽柳为优势种;细土平原外围是砂砾质洪积平原,分布大面积裸露戈壁和沙丘,主要植被类型为温带半灌木、矮半灌木荒漠,以合头草、白刺为优势种;山前洪积扇也以温带半灌木、矮半灌木荒漠为主,分布以猪毛菜、麻黄、合头草等为优势的荒漠植被,并延伸至中低山区。

总体来说,评价区绿洲属荒漠草甸绿洲,绿洲区气候温暖、干旱,在绿洲区发育了灌木、草甸等植被,植被具有耐旱特点。评价区植被类型属典型的荒漠植被,主要以温带荒漠、温带盐生草甸植被为主,植被类群较为贫乏,类型较为单一。

2.3.2 现场调查概况

2.3.2.1 调查范围

为了解工程直接及间接影响区动植物现状和生境现状,项目组根据植被分布、地形地貌特征等,于2015年8月对那河上游河段、淹没区、主体工程区、坝下减水河段、绿洲盐化草甸区、尾闾湖区等区域进行了全面踏勘和野外调查,重点是淹没区和绿洲盐化草甸区。

2.3.2.2 调查内容

在资料收集、现场样方调查、遥感影像解译的基础上,对植被类型、土地利用及景观生态、生物生产力、植物资源、植被盖度、陆生动物资源进行了调查评价。具体包括:

(1)土地利用调查与景观生态评价。基于卫星遥感与地理信息系统技术,结合野外实地考察,开展土地利用现状调查并进行制图;在此基础上,应用景观生态学的理论与方法,进行景观生态评价,分析区域的景观格局特征。

(2)生物生产力调查。结合植被类型,查阅相关干旱区、青海省草地调查资料和格尔木盆地植被生产力调查研究资料,获得各类植被的生产力数据,并与理论生产力进行比较。

(3)植被类型调查。采用样地调查和卫星影像解译判读相结合的方法,对评价区植被类型分别进行调查。调查样地的布设根据植被类型分布的复杂程度和地形情况,并综合考虑沿河分布的特点确定。原则上每个植被类型均设置典型样方。在此基础上,对项目区 2013 年 7 月 Landsat8 遥感影像进行解译判读,根据中国陆地生态系统(植被)类型划分方法,结合评价区具体特点,划分评价区植被类型,查清各植被类型的建群种、优势种、植被覆盖率。评价区共设置固定样地和植被样方 28 个。

(4)植物资源调查。根据多次野外实地调查样地记载,结合分析以往有关文献资料,查清评价区域内的植物种类、植物盖度及植物分布特点、国家级和青海省级重点保护野生植物、特有植物等。其中,若调查到有各级重点保护野生植物、特有植物和名木古树,将详细以图表形式列出并说明其数量、分布地点、生态学特征等内容。

(5)陆生动物资源调查。根据多次野外实地观测记录,结合分析以往有关文献资料,调查并摸清区域内的陆生脊椎动物情况,包括两栖动物、爬行动物、鸟类和哺乳动物,并列表说明脊椎动物的种类、数量及分布情况。对于调查范围内可能分布的国家级保护野生动物、特有动物等,将详细说明其数量、分布范围和生态学特征等内容。

2.3.2.3　调查方法

1.资料收集

从各级相关部门收集区域自然环境和资源调查报告、自然保护区评价及综合科考报告、自然保护区机构设置及运行情况等资料;收集该区历史上已有的生物资源调查报告,水土流失调查与水土保持评价报告,生态功能区划及地方相关评价或规定、植物志、动物志等。

2.野外调查

(1)植被和植物群落调查。植被和植物群落的调查主要采用样方法和路线法相结合进行。先进行调查路线选择,调查路线根据植被类型分布的复杂程度和地形情况,并综合考虑沿河分布的特点确定;然后依据不同生境和植被类型设置调查样地,在每一样地以样方法进行调查,样方分成灌木群落、草本群落两种,其中灌木群落样方大小以 5 m×5 m 为主,草本群落样方大小以 1 m×1 m 为主,具体样方大小也视不同群落生长情况而稍有差异,样方信息见表 2-7。同时,进行植物标本的采集、观察和记录,并对每个样方均以 GPS 准确定位,记录其周围自然环境要素特征。

(2)野生动物调查。陆生脊椎动物调查以现场观测记录,结合历史资料分析的方法进行。现场调查主要使用×10(50 mm)倍望远镜,以路线法进行观察记录。路线调查以自上游至下游,选择山麓平原、河滩草地及湖泊湿地、山地及沟谷草地、裸岩山地等多种不同的栖息地类型,对出现在该地区的陆生脊椎动物种类及其数量进行登载调查。调查时,运用 GPS 确定每条调查线路的位置和海拔,以 2 km/h 的速度行进,借助望远镜一边观察识别路线两侧陆生脊椎动物(空中的鸟类和地面活动的兽类)的种类,一边记录单种数量和种群丰度,并每隔 5 km 进行一次定点观察。与此同时,走访当地监测站的工作人员和居民,以进一步了解各类动物的生活习性及其在该区域的分布及活动情况。

3."3S"技术综合

在样地调查的基础上,结合现场拍摄相关照片、GPS定位数据,采用传统生物调查与最新现代遥感技术结合的方法,应用2013年的Landsat8遥感影像(空间分辨率为30 m)进行专题解译,在GIS平台上建立土地利用、植被类型、土壤侵蚀等数据库,进行生态现状制图,并对下游绿洲-盐化草甸区分1988年、1996年、2000年、2005年、2010年、2013年6期TM影像进行解译分析,分析其生态演化规律。为了较为全面地了解拟建工程区域的生态环境现状,工作中在充分收集和利用现有研究成果、资料的基础上,采用路线调查与点面调查相结合、定性与定量相结合、宏观分析与微观调查相结合的方法,突出重点,从生态学的观点,针对项目区域的生态现状有重点的进行分析与评价。

评价项目组采用RS(遥感)技术与GPS野外调查相结合的方式进行调查,采用GIS(地理信息系统)方法进行室内分析,对评价区能够有更为宏观和微观的认识。具体的工作程序简述如下:

(1)前期准备。在项目主要技术文件的支持下,收集用于生态制图的标准地形图和提取信息的ETM卫星遥感数据资料,并在对上述资料的研究分析基础上,确定现场考察线路,建立判评标志的地点,并做好考察人员、车辆及现场工作的其他准备。

(2)现状调查。在RS和GPS的支持下,现场建立判评标志。

(3)室内分析、判读。将现场调查成果和根据判评标志得到的信息进行归类和分析研究。

(4)生成专题数据库。

(5)绘制成果图,并分不同生态类型进行数据统计和制表。所有成图件均采用数字化成图。采用专业制图软件进行数据采集,并进行面积统计。

项目共设置具有代表性的样方28个,其中库区以上河段样方7个,工程占地区8个,坝下减水河段2个,山前戈壁1个,绿洲盐化草甸区6个,尾闾湖区4个。样方分成灌木层、草本层两种,具体信息见表2-7。那棱格勒河水利枢纽生态采样点位分布示意图见附图2-2。

2.3.3　土地利用现状

参照现场调查,对那河流域2013年7月,分辨率为30 m的Landsat8卫星影像(共九景,条带号分别为137033、137034、137035、138033、138034、138035、139033、139034、139035)进行解译,结果显示评价区的土地利用类型主要为草地、灌丛、河流、湖泊、荒漠、稀疏草地、盐碱地七类。土地利用现状图见附图2-3。

各地类中荒漠的面积最大,占评价区总面积的64.63%,广泛分布于整个评价区缓坡地、山前冲洪积平原及高山裸岩石砾和重度盐碱化区域;其次为稀疏草地,占评价区总面积的23.36%;灌丛占评价区总面积的3.30%,主要分布在绿洲区、盐化草甸区以及河流两侧的滩地上;草地占评价区总面积的3.11%,集中分布在河流中下游;河流、湖泊、盐碱地,分别占评价区总面积的2.31%、1.29%、2.00%,盐碱地、湖泊分布在河流下游的汇流处。评价区土地利用类型及面积见表2-8。

表 2-7 样方调查信息表

样方编号	所属区域	位置	经纬度	植被类型	规格（m^2）	植物种类	平均高度	株数（棵）	盖度（%）
12	回水末端上游河段	回水末端上游桥附近	36°44′23.91″ 91°36′33.39″	草本	1×1	冰草、藜	6 cm	多数	78
13	回水末端上游河段	那河上游一级阶地	36°44′27.002″ 91°36′32.323″	草本	1×1	冰草、沙生针茅	6 cm	多数	60
14	回水末端上游河段	那河上游鑫通矿业处	36°44′37.333″ 91°36′30.786″	灌木 草本	2×2	蒿叶猪毛菜、雾冰藜 冰草、沙生针茅	9 cm 10 cm	多数	15 25
15	回水末端上游河段	那河上游(1)	36°44′5.061″ 91°36′23.617″	灌木 草本	3×3	金露梅、沙葱、雾冰藜、 紫花冷蒿、芨芨草、冰草	40 cm 30 cm	多数	5 25
16	回水末端上游河段	那河上游(2)	36°42′43.997″ 91°40′44.971″	灌丛 草本	5×5	灌木亚菊、猫头刺、金露梅、雾冰 藜柔软紫菀、猪毛菜、沙生针茅	15 cm 8 cm	多数	30 10
17	回水末端上游河段	德拉托郭勒支流西边阶地	36°38′03.622″ 91°58′56.437″	灌木 草本	10×10	盐爪爪、金露梅、亚菊 猪毛菜	25 cm 6 cm	多数	47 4
18	回水末端上游河段	回水末端上游	36°37′17.843″ 92°06′43.881″	灌木 草本	2×2	灌木亚菊、亚菊小苗 芦苇	15 cm 15 cm	多数	20 20
5	工程临时占地区	坝址施工营地(1)	36°42′08.38″ 92°41′23.45″	灌木 草本	5×5	白刺、骆驼刺、蒿叶猪毛菜 沙蒿	10 cm 1 cm	多数	25 1
6	工程临时占地区	坝址施工营地(2)	36°40′52.95" 92°39′8.86″	灌木 草本	10×10	黄毛头、蒿叶猪毛菜、合头草 猪毛菜、驼蹄蒿	20 cm 2 cm	多数	30 5
7	工程临时占地区	渣场	36°38′33.17″ 92°36′44.09″	灌木	10×10	蒿叶猪毛菜	30 cm	多数	20

续表 2-7

样方编号	所属区域	位置	经纬度	植被类型	规格(m^2)	植物种类	平均高度	株数(棵)	盖度(%)
8	工程临时占地区	临时堆料场	36°38′08.57″ 92°36′07.19″	灌木	10×10	蒿叶猪毛菜	30 cm	多数	20
9	工程永久占地区	淹没区(1)	36°37′55.41″ 92°36′16.93″	灌木 草本	10×10	蒿叶猪毛菜 猪毛菜	20 cm 2 cm	多数	15 5
10	工程永久占地区	淹没区(2)	36°36′16.04″ 92°36′41.63″	灌木 草本	10×10	水柏枝冰草、荠菜	2.2 m 45 cm	多数	75
11	工程永久占地区	淹没区(3)	36°35′38.98″ 92°36′22.80″	灌木 草本	10×10	水柏枝、白刺冰草、芦苇	2.2 m 30 cm	多数	85 80
2	工程永久占地区	那河大坝	36°43′49.14″ 92°43′46.68″	灌木 草本	5×5	合头草、珍珠猪毛菜、蒿叶猪毛菜、白茎盐生草、沙蒿	30 cm 3 cm	多数	20 5
3	坝下减水河段	坝下游	36°48′57.70″ 92°48′04.94″	灌木 草本	6×6	膜果麻黄、合头草 雾冰藜、白茎盐生草	40 cm 6 cm	多数	10 5
4	坝下减水河段	那河坝址下游水电站附近	36°44′48.02″ 92°43′33.76″	灌木 草本	10×10	合头草、珍珠猪毛菜、蒿叶猪毛菜、猪毛菜、沙蒿	34 cm 3 cm	多数	10 2
1	出山口以下戈壁	那河 8 号桥	36°58′12.64″ 92°57′5.19″	草本	2×2	白茎盐生草、藜	15 cm	多数	10
19	出山口以下绿洲区	白力其尔牧业社	36°58′45.885″ 93°11′52.157″	草本	2×2	芦苇	30 cm	多数	157
20	出山口以下绿洲区	乌图美仁河上游	37°01′55.004″ 93°22′58.569″	灌木	15×15	白刺、细穗柽柳、芦苇	150 m	多数	50

续表 2-7

样方编号	所属区域	位置	经纬度	植被类型	规格（m^2）	植物种类	平均高度	株数（棵）	盖度（%）
21	尾闾盐湖区	距离中信国安工区 1 km	37°47′18.861″ 93°22′06.734″	—	2×2	—	—	—	—
25	出山口以下绿洲区	牧场蒙古包	37°10′50.779″ 92°37′13.517″	草本	5×5	苔草、风毛菊、蓼、芦苇	45 cm	多数	95 3
26	出山口以下绿洲区	绿洲区	37°04′05.4″ 93°03′08.366″	灌木	5×5	芦苇、柽柳、白刺	35 cm	多数	60
27	出山口以下绿洲区	绿洲前缘	37°02′26″ 93°01′03.27″	灌木	5×5	芦苇、白刺	40 cm	多数	80
28	出山口以下绿洲区	绿洲边缘	36°56′48.844″ 93°03′21.854″	灌木	5×5	柽柳	60 cm	多数	75
22	尾闾盐湖区	中信国安	37°40′27.807″ 93°32′36.887″	—	2×2	—	—	—	—
23	尾闾盐湖区	中信国安大坝尽头	37°32′10.017″ 93°30′02.649″	灌木 草本	2×2	柽柳 芦苇	35 cm 30 cm	多数	10 35
24	尾闾盐湖区	鸭湖	37°37′03.569″ 93°46′03.469″	—	2×2	—	—	—	—

表 2-8　评价区土地利用类型及面积

土地利用类型	面积(km^2)	占评价区总面积(%)
草地	1 275.19	3.11
灌丛	1 353.70	3.30
河流	945.23	2.31
湖泊	529.09	1.29
荒漠	26 478.60	64.63
稀疏草地	9 571.05	23.36
盐碱地	819.00	2.00
合计	40 971.86	100.00

2.3.4　陆生动植物调查评价

2.3.4.1　陆生植被调查评价

1.植被类型调查

经样方调查和遥感影像解译,那河水利枢纽工程陆生生态评价范围植被类型分布情况见附图 2-4。那河流域植被类型见表 2-9。

表 2-9　那河流域植被类型

区域范围	植被类型	群系组	群系	优势种	样地位置
回水末端以上河段	高山植被和草甸	高山稀疏植被,高寒嵩草、杂类草草甸	水母雪莲、风毛菊稀疏植被,华扁穗草、苔草沼泽化高寒草甸	冰草、沙生针茅	14~16 号样方:那河上游
工程占地区	荒漠	温带多汁盐生矮半灌木荒漠	细枝盐爪爪盐爪爪盐漠	蒿叶猪毛菜、水柏枝	7~11 号样方:渣场及淹没区
坝下减水河段	荒漠	温带灌木荒漠、温带半灌木、矮半灌木荒漠	蒿叶猪毛菜、膜果麻黄荒漠	膜果麻黄、蒿叶猪毛菜、白刺、合头草	3~6 号样方:坝址下游、水电站附近、施工营地
山前戈壁带	荒漠	温带灌木荒漠、温带半灌木、矮半灌木荒漠、温带多汁盐生矮半灌木荒漠	柽柳荒漠、细枝盐爪爪荒漠	白茎盐生草、藜	样方 1:那河 8 号桥

续表 2-9

区域范围	植被类型	群系组	群系	优势种	样地位置
绿洲盐化草甸区	草甸	温带禾草、杂类草盐生草甸	芦苇草甸、杂类草盐生草甸、柽柳荒漠	芦苇、柽柳、白刺	19、26~28 号样方:绿洲牧业社、绿洲边缘及前缘区域
尾闾湖区	无植被地段	裸露盐碱地	裸露盐碱地	—	

出山口以上区域主要为基岩裂隙水,富水性贫乏,构造破碎带及岩溶发育的地段地下水相对较丰富。水质较好,矿化度小于 1 g/L,分布的植被包括大紫花针茅草原、高山嵩草草甸、水母雪莲、风毛菊稀疏植被等。

山前戈壁区含水层为中、上更新统冲洪积、冰水沉积的砂砾卵石层,物质组成颗粒粗大。地下水位从南到北由深变浅,水位埋深在南部为 100 m 左右,地下水主要接受河水的渗漏补给。洪积扇轴部向洪积扇两翼地下水富水性逐渐变弱,地下水矿化度一般在 0.6 g/L左右,分布的植被主要包括柽柳荒漠、大紫花针茅草原、蒿叶猪毛菜砾漠、芦苇草甸、芦苇柽柳白刺、膜果麻黄荒漠、西伯利亚白刺荒漠和细枝盐爪爪盐爪爪盐漠等。

绿洲区含水层为上更新统和全新统冲洪积物,岩性自南向北,由粗变细,厚度由厚变薄,由冲洪积扇前缘的砂卵砾石、砾砂、微含泥的砂卵砾石,逐渐变化为粗细砂、淤泥质粉细砂。含水层厚度由 25 m 变得不足 6 m,水位埋深小于 3 m,富水性相应的由丰富向中等变化。该含水层主要接受上游冲洪积倾斜平原地下水的侧向径流补给,矿化度小于 1 g/L,表层 3~5 m 的潜水,因水位埋藏浅,地下水径流不畅,蒸发强烈,致使地下水变成矿化度>1.0 g/L 的微咸水。绿洲区为评价区植被覆盖度相对较高的区域,分布的植被主要有温带禾草、杂草类盐生草甸,主要包括芦苇草甸、芦苇柽柳白刺、柽柳荒漠等,优势种为芦苇、柽柳、白刺。那河下游绿洲区植被现状见附图 2-5。

盐化草甸区由于地下径流的存在使得积盐不完全,区域中有一部分是水分和盐分都比较重的盐化沼泽区,也有一部分是水分比较少的盐生荒漠区。天然植被因为盐分高而长势较差,植被覆盖度比较低,主要包括柽柳荒漠、华扁穗草沼泽草甸、芦苇草甸、芦苇柽柳白刺、膜果麻黄荒漠等。

盐湖区是盐湖工业的开发区,也是盐湖生态系统的完整区域,主要指那河下游的西台吉乃尔湖、东台吉乃尔湖和鸭湖,该区由于高盐度致使基本无植被生长。

主要植被类型如下:

1)温带灌木荒漠

灌木荒漠植被是那河流域的主要地带性植被之一。土地条件差,气候严酷,年降水量较少;评价区灌木荒漠主要为膜果麻黄荒漠、柽柳和白刺荒漠。

(1)膜果麻黄荒漠。该群系主要分布在那河主河道沿线坝区的砾质戈壁、冲积或者洪积冲积扇,表面细土被风蚀,下层有发达的石膏盐盘夹层的区域。膜果麻黄荒漠群群落结构十分简单，以膜果麻黄为建群种，植被十分稀疏，实生苗少见，幼苗需若干年才能长大成株。膜果麻黄高50~240 cm，盖度一般在10%左右，或更低到5%以下。主要伴生种随生态条件不同，主要伴生种有裸果木、泡泡刺、枇杷柴等。

（2）多枝柽柳荒漠。该群系是该地区分布比较普遍的类型之一。主要分布在那河16号样地到18号样地之间附近的冲击和洪积的细土带上，地下水位较高，土壤多由粉砂组成的区域。柽柳灌木一般高1~2 m，以土壤含盐量的轻重不同，其株高差异较大，有极强的泌盐能力，根系发达粗壮，具有固沙作用。柽柳群落结构简单，外貌独特，在局部地段，由于根系的固沙作用，基部堆积着较大的沙包，被称为"红柳包"或"柽柳包"。以多花柽柳、翠枝柽柳和短穗柽柳为共建种，有时各分别为建群种，伴生种类较多，常见的有黑果枸杞、白刺、细枝盐爪爪、盐爪爪、芦苇等。

（3）西伯利亚白刺荒漠。主要分布在山前戈壁区、16号样地正北方的荒漠和半荒漠的湖盆沙地、河流阶地、山前平原积沙地及有风积沙的黏土区域。以西伯利亚白刺为优势，根系发达，耐旱、耐盐碱、抗风沙，是荒漠区防风固沙和盐渍地造林的主要树种之一。白刺灌木林结构简单，仅灌木层和草木层，以白刺为优势的灌木层中，还有柽柳、枸杞伴生。白刺根蘖旺盛，枝条柔软，常是丛状分布或形成白刺沙包，层盖度20%~50%，平均高度120~150 cm，尤以分布在地下水位较浅的草甸盐土区生长更为繁茂；草本层一般比较稀疏，层盖度10%~20%，伴生种主要有芦苇、赖草、碱蓬、黄芪、芨芨草等。

2）温带半灌木、矮半灌木荒漠—蒿叶猪毛菜荒漠

该群系主要分布在山区和山前戈壁区以10号样地为起点，沿东南方向延伸、带状分布的山麓砾石戈壁、冲积扇、洪积扇和低山岩漠的缓坡上，群落结构简单，单层结构。种类组成贫乏，以蒿叶猪毛菜为建群种，植物生长稀疏，总盖度15%左右，蒿叶猪毛菜高20~30 cm，盖度为5%。常见的伴生种类有红砂、五柱红砂、驼绒藜、珍珠猪毛菜、黑海盐爪爪等。

3）温带多汁盐生矮半灌木荒漠—盐爪爪荒漠

该群系广泛分布于那河主河道15号到18号样地之间，沿河道两侧分布的粗砂地段。该地段地下水位较低，地表以粗砂为主，一般具有小砾石。因洪水漫流，常在地表形成薄层细土结皮，并有较浅的冲沟。以盐爪爪和红砂为建群种，植物生长稀疏，株高20~30 cm，总盖度15%~20%。伴生种类较少，常见的有细枝盐爪爪、驼绒藜、合头草、黄花补血草等。

4）高寒禾草、苔草草原—紫花针茅高寒草原

紫花针茅高寒草原，该群落主要分布在山区的山坡草甸、山前洪积扇或河谷阶地上。紫花针茅作为建群种组成紫花针茅高寒草原，多年生草本，秆直立，细瘦，高20~45 cm。群落盖度20%~35%。伴生种种类丰富，常见的为多枝黄芪、大花嵩草、伊凡苔草、沙蒿等。

5）温带禾草、杂类草盐生草甸—芦苇盐生草甸

评价区芦苇盐生草甸分布于甘森泉湖周围地带、东台吉乃尔河和乌图美仁河流经区地下水位高，土壤盐渍化程度较重的地段。芦苇的生长受到影响，其根茎一伸出盐类聚层，就呈锐角的向上分蘖，分蘖节极短，集中呈束状。以芦苇为建群种，株高10~15 cm，总

盖度在 50%~85%,常见的半生种有细枝盐爪爪。而在河流泛滥地,地表凹凸不平,芦苇一般生长在塔头之上,除芦苇之外尚有布顿大麦;在塔头之下的积水凹地,常见有圆囊苔草、海韭菜、蒲公英、海乳草、华扁穗草等。

含白刺、柽柳的芦苇、大花野麻盐生草甸:主要分布在盐化草甸区乌图美仁河上游盐渍化相对较轻和龟裂型盐土上。含白刺、柽柳的芦苇、大花野麻盐生草甸中植被类型丰富,以西伯利亚白刺、芦苇为建种群,株高 50~200 cm,茎直立,多分枝。常见的次级优势植物有大花野麻、胀果甘草。群落总盖度 30%~40%。群落中伴生种有毛红柳、黑刺、芦苇等。

6)高寒嵩草、杂类草草甸—小嵩草高寒草甸

主要分布于评价区中山区的山地阳坡干旱地带。是高山和高寒气候的产物,属典型的高原地带性和山地垂直地带性植被类型。小嵩草高寒草甸植物群落的外貌较单调而整齐,层次分化不明显。组成该群落的植物以旱中生植物为主,并大量侵入旱生植物。以小嵩草为建群种,密集丛生,株高 1~3.5 cm,垫状植被。次生种和伴生种为美丽风毛菊、紫羊茅、垂穗披碱草、麻花艽、青海风毛菊、柔软紫菀、异叶米口袋等。

7)高山稀疏植被—水母雪莲、风毛菊稀疏植被

主要分布于山区小嵩草草甸的外围区域的草原带干河床、沟边草甸、沟边路旁、灌丛中、河谷草甸、碱性草甸沟边、流动沙丘、路边、沙质地区域。水母雪莲、风毛菊群落主要生长于高山灌丛与草甸交接处的稀疏灌丛之间,土壤呈酸性,以灰棕壤、灰壤为主。水母雪莲、风毛菊生境的植被多形成 2 层结构,上层以杨柳科、胡颓子科、豆科等植物疏灌木丛为优势种,下层以菊科、毛茛科、伞形科、龙胆科、莎草科植物形成的草被层为主。以水母雪莲和长毛风毛菊为建群种,群落均高 50~70 cm,在上述生境中水母雪莲、风毛菊群落盖度达到 40%以上,并且成熟植株周围往往分布有数株不同年限的幼苗。

2.植物调查

根据《青海植物志》《青海经济植物志》及《青海植物名录》,结合实地查勘综合确定评价区共有蕨类、裸子植物和被子植物 36 科 132 属 218 种和 28 亚种(变种),其中蕨类植物 1 科 1 属 1 种,裸子植物 2 科 2 属 4 种,被子植物 33 科 129 属 213 种 28 亚种(变种),分别占青海种子植物 100 科 613 属 2 380 种的 36%、21.5%、9.2%;占柴达木盆地(广义)种子植物 53 科 196 属 418 种的 67.9%、67.3%、52.2%。在所有 36 科种子植物中,因该地区属于宽阔平缓的滩地,气候极其干旱,植被以灌木、半灌木、草甸为主,所以缺乏裸子植物和被子植物中高大乔木树种,以被子植物为主。

具体植被类型见附录 1。根据现场实地调查,评价区内无濒危植物和保护植物种类分布。

那河流域主要植物种类详见表 2-10。

1)回水末端上游河段

上游山区海拔较高,植被稀疏,土地条件贫瘠,分布大面积裸露戈壁和沙丘。灌木型以金露梅和盐爪爪为优势种,另伴生有小面积的灌木亚菊和猫头刺。主要的草本植物为冰草和沙生针茅等。

表 2-10　那河流域植物种类调查表

那河区域	主要植物种类
回水末端 上游河段	海拔较高,植被稀疏,土地条件贫瘠,分布大面积裸露戈壁和沙丘。灌木型以金露梅和盐爪爪为优势种,另伴生有小面积的灌木亚菊和猫头刺。主要的草本植物为冰草和沙生针茅
工程占地区	该区域的主要灌木型植物为蒿叶猪毛菜,此外,靠近河岸的区域分布有水柏枝和白刺。常见草本型为冰草、荠菜和猪毛菜
中游坝下减水河段	该区域的常见灌木型为珍珠猪毛菜、蒿叶猪毛菜、白刺、骆驼刺、合头草及膜果麻黄等。另外,冰草、荠菜、猪毛菜和沙蒿为常见草本型
下游绿洲区及 盐化草甸区	下游绿洲区及盐化草甸区为评价区植被覆盖度相对较高区域。主要植物种为芦苇,另有小面积的白刺和柽柳混生
尾闾湖区	基本无植被分布

(1)金露梅(*Potentilla fruticosal*):金露梅(见图 2-5)属荒漠灌丛中亚高山落叶阔叶灌丛群系的一种类型,被子植物门、蔷薇科、委陵菜属,该植被生于海拔 2 500~4 200 m 的高山灌丛或高山草甸中、林缘、河滩及山坡、路旁。形态属灌木,花果期 6~9 月。14 号、15 号、16 号和 17 号样方处均发现金露梅植被,上游区域分布广泛。

图 2-5　回水末端上游河段金露梅

(2)盐爪爪(*Kalidium foliatum*):盐爪爪(见图 2-6)属荒漠中盐质灌木荒漠盐爪爪+西伯利亚白刺群系的一种类型,藜科、盐爪爪属,在研究区域内那河上游地区沿细枝盐爪爪盐爪爪盐漠附近广泛分布。该植被生于海拔 2 700~3 200 m 的重盐碱化滩地、盐沼地及盐湖边。形态属小灌木,花果期 7~8 月。17 号样方支流西边阶地(植被类型分界线)处发现该植被,土壤类型为荒漠土,层高大概为 25 cm,盖度为 20%,果期。

2)工程占地区

评价区内的工程占地区包括坝址、施工营地及淹没区。该区域的主要灌木型植物为蒿叶猪毛菜,淹没区范围内有一片林地,植物基本为天然灌木,主要以柽柳和水柏枝为主,是本地常见物种,在青海的分布范围较广,未发现特有物种。此外,靠近河岸的区域分布有水柏枝和白刺。常见草本型为冰草、荠菜和猪毛菜。

图 2-6　回水末端上游河段盐爪爪

(1)蒿叶猪毛菜(*Salsola abrotanoides*):蒿叶猪毛菜(见图 2-7)属荒漠中矮半灌木荒漠木本猪毛菜群系的一种植被类型,藜科、猪毛菜属,该植被生于海拔 2 800~3 500 m 的盐碱化荒漠滩地、沟谷、山坡、山前干旱砾质地及干旱荒漠化草原。其形态呈匍匐状半灌木,高 15~40 cm,老枝灰褐色,有纵裂纹,小枝草质,密集,黄绿色,有细条棱,密生小突起,叶片半圆柱状,互生,种子横生。花期 7~8 月,果期 8~9 月。在 2 号、4 号、5 号、6 号、7 号、8 号、9 号和 14 号样方中均发现蒿叶猪毛菜植被,广泛分布于项目区。

图 2-7　工程占地区蒿叶猪毛菜

(2)水柏枝(*Myricaria bracteata*):水柏枝(见图 2-8)属荒漠中高寒灌木荒漠垫状水柏枝群系的一种类型,被子植物门、柽柳科、水柏枝属,它主要分布在我国西北和西南地区。该植被属落叶灌木,花期 5~6 月,果期 6~10 月。在 2015 年 8 月野外调查中,工作人员在 10 号和 11 号样方处发现水柏枝植被,植被大部分都位于评价区域内的淹没区附近及下游绿洲冲积细土平原。

3)中游坝下减水河段

中游坝下减水河段指坝址至河流出山口的区域。该区域河流深切,荒漠植被分布于两侧的高台地上,常见灌木型为珍珠猪毛菜、蒿叶猪毛菜、白刺、骆驼刺、合头草及膜果麻黄等。另外,冰草、荠菜、猪毛菜和沙蒿为常见草本型。

(1)膜果麻黄(*Ephedra przewalski*):膜果麻黄(见图 2-9)属荒漠中灌木荒漠膜果麻黄群系的一种植被类型,裸子植物们、麻黄科、麻黄属,生于海拔 2 700~3 300 m 的荒漠、戈壁沙滩上,属灌木,在评价区内广泛分布。

图 2-8　工程占地区水柏枝

图 2-9　中游坝下减水河段膜果麻黄

（2）白刺（*Nitraria tangutorum*）：白刺（见图 2-10）属荒漠中盐质灌木荒漠盐爪爪+西伯利亚白刺群系的一种类型，被子植物门、蒺藜科、白刺属，该植被生于海拔 1 900～3 500 m 的干山坡、河谷、河滩、戈壁滩、冲积扇前缘。形态属灌木，花期 5～6 月，果期 7～8 月。3 号、5 号、6 号、11 号和 20 号样方处均发现白刺植被，工程淹没区、坝区附近及沙丘和冲积平原广泛分布。

图 2-10　中游坝下减水河段白刺灌丛

4）下游绿洲区及盐化草甸区

下游绿洲区为评价区植被覆盖度相对较高区域，该区域分布的主要植物种为芦苇（见图 2-11），另有小面积的白刺和柽柳（见图 2-12）混生。盐化草甸区植被由于极端干旱的气候条件和潜水蒸发作用以及盐渍化的土壤条件，使该区域植被群落的种类组成和结构及其简单，植被覆盖度也较低。优势植物为芦苇和柽柳。

图 2-11　绿洲及盐化草甸区芦苇

图 2-12　下游冲积平原柽柳、白刺灌丛

芦苇属草甸中盐沼草甸芨芨草+芦苇群系的一种类型，被子植物门、禾本科、芦苇属，是一种草本植物，生于海拔 2 000～3 200 m 的湖边、沼泽、沙地、河岸、田边处，形态属草本，花果期 7～9 月。绿洲及盐化草甸区广泛分布。

5）尾间湖区

尾间湖区为裸露盐碱地，由于土壤和地下水含盐过高，在强烈的地表蒸发情况下，土镶盐分通过毛细管作用上升并积聚于土壤表层，引起一系列土壤物理性状的恶化结构黏滞，通气性差，容重高，土温上升慢，土壤中好气性微生物活动性差，养分释放慢，渗透系数低，毛细作用强，更导致表层土壤盐演化的加剧，使植物生长发育受到抑制。因此，除局部地段零星分布芦苇、柽柳外，尾间湖区几乎无植被生长。

3.植被覆盖度分析

评价采用归一化差值植被指数（Normalized Difference Vegetation Index，NDVI）进行植被覆盖度评价。根据遥感影像提取评价区归一化指数，公式如下：

$$F_c = (NDVI - NDVI_{soil})/(NDVI_{veg} - NDVI_{soil}) \tag{2-6}$$

式中：F_c 为植被覆盖度；$NDVI$ 为由遥感传感器所接收的地物光谱信息推算而得的反映地表植被状况的定量值；$NDVI_{soil}$ 为全由裸土所覆盖的纯像元所得的 $NDVI$；$NDVI_{veg}$ 为全由植被所覆盖的纯像元所得的 $NDVI$。

计算评价区植被覆盖度分布数据详见表 2-11，植被覆盖度分为<30%、30%～45%、

45%~60%、60%~75%、>75%五个等级。

表 2-11　评价区植被覆盖度面积表

植被覆盖度范围	面积(万 hm^2)	所占比例(%)
<30%	400.93	97.86
30%~45%	4.27	1.04
45%~60%	2.43	0.59
60%~75%	1.30	0.32
>75%	0.79	0.19
总计	409.72	100.00

由表 2-11 可以看出,评价区植被覆盖度<30%的区域面积为 400.93 万 hm^2,占总面积的 97.86%,土地类型荒漠;植被覆盖度在 30%~45%的区域占总面积的 1.04%,主要为稀疏草地;植被覆盖度在 45%~60%的区域占总面积的 0.59%,主要为草地;植被覆盖度在 60%~75%的区域占总面积的 0.32%;植被覆盖度在 75%以上的区域占评价区总面积的 0. 19%,主要为灌丛。总体上看,评价区植被覆盖度极低,评价区是以荒漠植被为主的低植被覆盖度区。

2.3.4.2　陆生动物调查评价

1.评价区

那河流域地区属于极度干旱的区域,地面生长发育的植被极为稀疏,生境条件差,可供野生动物采食的食物供给能力也很差。在这种生境条件下,主要栖息着少数适宜于在干旱环境中生存的动物种类,属于野生动物种类和数量分布相对贫乏的区域之一。作为柴达木地区的主要水源地之一,也导致部分游走性较强的野生动物种类光顾此地。那河动物资源丰富,据《青海经济动物志》等资料统计,评价区鸟类共 22 科 71 种,哺乳类 15 科 40 种,爬行类 2 科 2 种。具体类型见附录 2、附录 3。

71 种鸟类以古北界种类最多,共 61 种;其余 10 种为广布种。主要包括疣鼻天鹅、灰雁、赤麻鸭、雉鸡、原鸽和渡鸦等种类。鸟类的居留型以留鸟最多,占鸟类总数的 48.62%;其次为夏候鸟,占总数的 31.94%,夏季温度适宜,日照时间长,食物丰富,有良好的筑巢场所,为鸟类繁殖提供了良好的条件。旅鸟最少,占鸟类总数的 19.44%。冬季严寒、食物相对缺乏,没有冬候鸟在这里越冬。评价区是我国西部鸟类迁徙路线的重要停歇地和夏候鸟繁殖地。

40 种哺乳类主要包括藏野驴、藏原羚等,主要分布在青藏区且多为广布种,以高山裸岩、高山灌丛、草甸草原、山地森林、荒漠半荒漠、干草原、羌塘草原、沼泽草甸为主要生存环境。

2 种爬行类主要为青海沙蜥和密点麻蜥,生存在海拔 3 500 m 以下的高原、丘陵和盆地的高草原及荒漠、半荒漠边缘的稀疏灌丛。

评价区地理位置独特,处于山地、高原、盆地的生境过渡地带,孕育了丰富的野生动植物。据调查和文献记载评价区分布的国家重点保护野生动物种类见表 2-12。

表 2-12　评价区重点保护野生动物统计表

汉语名称	拉丁名	保护级别	主要习性	活动区域
藏野驴	*Equidae kiang holdereri*	国家Ⅰ级	栖居于海拔 3 600～5 400 m 的地带,有集群活动的习性,对寒冷、日晒和风雪均具有极强的耐受力	主要栖息在库区回水末端以上区域
藏原羚	*Procapra picticaudata*	国家Ⅱ级	主要以莎草科和禾本科植物及经绒蒿等草类为食,特别喜欢草本植物生长较茂盛和水源充足的地方,但活动范围不十分固定	主要栖息在库区回水末端以上河段、坝下减水河段均有分布
藏雪鸡	*Tetraogallus tibetanus*	国家Ⅱ级	留鸟,喜爱结群,白天活动,从天明一直到黄昏。性情胆怯而机警	主要栖息在那河上游多岩的流石滩
高山雪鸡	*Tetraogallus himalayensis*	国家Ⅱ级	留鸟,喜欢集群,白天活动。脚短健而有力,善跑,很少飞	主要栖息在那河上游高山和亚高山的裸岩地区,几乎接近雪线
棕熊	*Ursus arctos*	国家Ⅱ级	杂食性动物,根据季节不同和当地生物资源的丰度,食物成分有变化	主要栖息在那河上游的山地林区,多在山地阳坡
荒漠猫	*Felis bieti*	国家Ⅱ级	借以隐蔽并利用石隙岩缝作巢。交配期在 1～2 月间,5 月产仔,仔数为 2～4 只	主要栖息在那河上游高山灌丛带及山地阳坡
兔狲	*Felis manul*	国家Ⅱ级	能适应寒冷、贫瘠的环境,常单独栖居于岩石缝里或利用旱獭的洞穴。属夜行性动物	主要栖息在那河中上游灌丛草原、荒漠草原、荒漠与戈壁
鹅喉羚	*Gazella subgutturosa*	国家Ⅱ级	独栖或成小群活动,善于奔跑,以青草等植物为食	主要栖息在中游坝下减水河段和绿洲区
岩羊	*Pseudois nayaur*	国家Ⅱ级	善攀登山峦,有迁移习性,性喜群居	主要栖息在中游坝下减水河段
赤狐	*Vulpes vulpes*	国家Ⅱ级	形似小的家犬,适应性强,日夜均有活动,经常潜在农舍附近觅食	主要栖息在下游绿洲及盐化草甸区
疣鼻天鹅	*Cygnus olor*	国家Ⅱ级	旅鸟,常在水草丰盛的河湾和开阔的湖面上觅食游荡。性机警	主要栖息在下游尾闾湖区

2.库区回水末端以上河段

上游为广阔的洪积平原,植被盖度小、高度低矮,海拔在 3 500 m 以上,是以针茅和金露梅为主的高寒荒漠。该区域地处库区以上,不受工程建设和运行的影响。调查时在该区发现了国家Ⅰ级保护动物藏野驴(见图 2-13)和国家Ⅱ级保护动物藏原羚。

藏野驴(*Equidas kiang holdereri*):别名藏驴、野马。是奇蹄目、马科下一属,青藏高原特有种,国家Ⅰ级保护动物。分布在格尔木等多地,野外调查中,工作人员在 16 号样

图 2-13　藏野驴

方——那河上游发现 13 只群体活动的藏野驴。该物种为高原型动物,栖居于海拔 3 600~5 400 m 的地带、营群居生活,对寒冷、日晒和风雪均具有极强的耐受力。藏野驴有集群活动的习性,雌驴、雄驴和幼驴终年一起过游荡生活。在夏季,水草条件好和人为干扰少的地方,藏野驴群体会很大。藏野驴 5 月中旬开始换毛,至 8 月中旬完全换成新毛,并开始肥壮起来,游移范围逐渐扩大,秋末则逐渐聚集并大群生活。藏野驴视觉、听觉、嗅觉均很敏锐,尤其视、听觉更为发达。奔跑能力强,时速可达 45 km。

骆驼(*Camelus*):属哺乳纲、偶蹄目、骆驼科、骆驼属(见图 2-14)。头较小,颈粗长,弯曲如鹅颈。躯体高大,体貌褐色。极能忍饥耐渴,性情温顺,常单独活动,食粗草及灌木。野外调查过程中,在 4 号、5 号、7 号、8 号、10 号、17 号样方(沿那河主河道)附近多发现骆驼行走过的蹄印,但未发现有活体。在那河上游发现 2 只骆驼。经咨询了解,该区骆驼均为人工养殖,散养于野外,无野生种群。

图 2-14　骆驼

藏原羚(*Procapra picticaudata*):又叫原羚、小羚羊、西藏黄羊和西藏原羚等。青藏高原特有物种,有"西藏黄羊"之称,国家Ⅱ级保护动物。体形比普氏原羚瘦小,体长 84~96 cm,体重 11~16 kg,藏原羚是典型的高山寒漠动物,栖息于海拔 3 000~5 750 m 的高山草甸、亚高山草原草甸及高山荒漠地带。主要以莎草科和禾本科植物及经绒蒿等草本类植物为食。清晨和傍晚为主要的摄食时间,同时也常到湖边、山溪饮水,在食物条件差的冬春季节,则白天大部分时间在进行觅食活动。但活动范围不固定,经常到处游荡。在夏季,小群的藏羚羊将聚集成较大的羊群迁移到更高的牧场。工作人员在河流上游 16 号样方附近见到小规模藏原羚种群活动。

3.工程占地区(含淹没区)

工作人员在进行野外调查时在工程占地区发现有青海沙蜥蜴(见图 2-15)和白鹡鸰分

布,有动物蹄印,疑似骆驼、岩羊活动踪迹,无其他野生保护动物出现。对野生动物调查结果进行核实,特别是针对调查中发现坝下区域有骆驼、牦牛尸体情况进行访问核实,证实上述骆驼、牦牛系牧民养殖病死个体,非野生动物。同时,证实在评价区没有野生盘羊分布。

图 2-15　青海沙蜥

青海沙蜥(*Phrynocephalus vlangalii*):鬣蜥科、沙蜥属。主要分布在评价区域内荒漠和半荒漠地区,分布范围较广。工作人员野外调查过程中,在 10 号样方(那棱格勒河主河道拐弯处)附近处有发现。该动物生存在海拔 2 000~4 700 m 地带,植被稀疏的干燥砂砾地带是它们栖息的主要场所。营穴居生活,一般筑洞于较板结的砂砾地斜面、沙丘和土埂上,亦有在砾石下者,青海沙蜥白昼活动。青海沙蜥在砾石间、草丛、灌丛下觅食,以小形昆虫及其幼虫为食,其中又以鞘翅目的小形昆虫为主,未发现有饮水活动。

岩羊(*Pseudois nayaur*):国家Ⅱ级重点保护动物,又叫崖羊、石羊、青羊等,形态介于绵羊与山羊之间,雄雌兽都有角。栖息在海拔 2 100~6 300 m 的高山裸岩地带,不同地区栖息的高度有所变化,它有迁移习性,冬季生活在大约海拔 2 400 m 处,春夏常栖于海拔 3 500~6 000 m,冬季和夏季都不下降到林线以下的地方活动。性喜群居,常十多只或几十只在一起活动,有时也可结成数百只的大群。在 5 号、6 号、8 号、10 号、11 号样方(洪水河入那河河口拐弯处)附近均发现岩羊蹄印及行走活动留下的痕迹,但是未发现活体岩羊。

4. 中游坝下减水河段

调查时在中游坝下减水河段发现有鹅喉羚(见图 2-16)、岩羊、藏原羚等兽类,以及白鹡鸰、原鸽和渡鸦等鸟类分布,鸟类主要以河流边为栖息地,此外在河道两侧发现有岩羊活动,并且观察到有明显的驼蹄印。

图 2-16　鹅喉羚

鹅喉羚(*Gazella subgutturosa*)：国家Ⅱ级重点保护动物，属典型的荒漠、半荒漠区域性物种。体形似黄羊，因雄羚在发情期喉部肥大，状如鹅喉，故得名“鹅喉羚”。鹅喉羚栖息在干燥荒凉的沙漠和半沙漠地区。鹅喉羚白天常结成几只至几十只的小群活动，善于奔跑，以青草等植物为食。本次野外调查在评价区出山口处见到 6 只鹅喉羚，绿洲也有分布。

5. 下游绿洲区及盐化草甸区

绿洲区因为低洼处地下水的渗出和积水，保证了植物正常生长的生命活力，相对评价区其他区域，植被覆盖度较高，使得动物多样性也较荒漠地带高，绿洲区的植被为诸多兽类和鸟类提供了可食种子和果类，是野生动物的食源区和栖息地。调查时发现该区域有高原兔、灰雁、赤麻鸭、高山岭雀、雉鸡、欧斑鸠分布，无其他重点保护动物。另外根据访问，此区域还有国家Ⅱ级重点保护动物鹅喉羚、赤狐分布。绿洲区常见鸟类见表 2-13。

表 2-13　那河下游绿洲盐化草甸区鸟类信息

汉语名称	拉丁名	生活习性	活动区域
灰雁	*Anser anser*	3 月底 4 月初迁来青海，性机警不易接近，声音洪亮，以野草和作物种子为主要食物	栖息于水生植物丛的水边或沼泽地，有时也游荡在湖泊中。在评价区分布于绿洲芦苇湿地
赤麻鸭	*Tadorna ferruginea*	迁徙性鸟类，每年 3 月初至 3 月中旬从越冬地迁来，10 月末至 11 月初迁往越冬地，多呈直线或横排队列飞行前进	栖息于江河、湖泊、河口、水塘及其附近的草原、荒地、沼泽、沙滩、农田和平原疏林等各类生境中，尤喜平原上的湖泊地带
雉鸡	*Phasianus colchicus*	脚强健，善于奔跑，特别是在灌丛中奔走极快，也善于藏匿，杂食性	栖息于低山丘陵、农田、地边、沼泽草地，以及林缘灌丛和公路两边的灌丛与草地中
欧斑鸠	*streptopella turtur*	夏候鸟，春季于 3～4 月迁来；秋季于 9～10 月迁走。常单独或成对活动，很少成群	栖于农区绿洲附近

赤狐(*Vulpes vulpes*)：成兽体长 62～72 cm，肩高 40 cm，尾长 20～40 cm，体重 5～7 kg。毛色因季节和地区不同而有较大变异，一般背面棕灰或棕红色，腹部白色或黄白色，尾尖白色，耳背面黑色或黑褐色，四肢外侧黑色条纹延伸至足面。主要以旱獭及鼠类为食。评价区绿洲区域有分布。

2.3.5　景观优势度与多样性分析

2.3.5.1　景观优势度分析

景观优势度数学表达式：

密度
$$R_d = \frac{\text{拼块 } i \text{ 的数目}}{\text{拼块总数}} \times 100\% \tag{2-7}$$

景观比例
$$L_p = \frac{\text{拼块 } i \text{ 的面积}}{\text{样地的总面积}} \times 100\% \tag{2-8}$$

优势度　$$D_0 = \frac{R_d + L_p}{2} \times 100\% \tag{2-9}$$

根据评价区域景观类型分布图,运用 GIS 技术和景观格局软件获取了评价区的斑块密度和景观比例参数,并进行了相应优势度的计算,计算结果见表 2-14。

表 2-14　评价区域景观优势度计算结果

景观类型	密度(%)	景观比例(%)	优势度(%)	排序
荒漠	18.41	64.63	41.52	1
稀疏草地	25.02	23.36	24.19	2
草地	19.10	3.11	11.12	3
河流	16.05	2.31	9.18	4
灌丛	13.96	3.30	8.63	5
盐碱地	7.20	2.00	4.6	6
湖泊	0.26	1.29	0.78	7

结果表明,荒漠的景观比例及优势度均为最高水平,分别为 64.63%、41.52%;稀疏草地的优势度次之,为 24.19%。再次是草地、河流、灌丛、盐碱地和湖泊,湖泊的优势度最低,为 0.78%。其中,荒漠面积远远超过其他类型,在评价区大面积连续分布。稀疏草地为优势度仅次于荒漠的第二优势景观,其密度位居第一位,景观比例位居第二位,反映了稀疏草地斑块的完整性较好,主要分布在那河上游。草地优势度位居第三,在那河流域下游低洼地带广泛分布,是荒漠的基底景观。河流优势度位居第四。灌丛优势度位居第五,多分布在河流两侧。盐碱地优势度居第六。湖泊的优势度为 0.78%,优势度最低位居第七。

评价区草地、稀疏草地、灌丛植被总面积为 12 199.94 km^2,占评价区总面积的 29.77%,空间异质性不高。而评价区荒漠的面积达 26 478.60 km^2,占评价区面积的 64.63%,说明评价区域的生态环境质量不高,其生产能力较弱并具有一定的不稳定性。那河下游绿洲区草地、稀疏草地、灌丛属环境资源型斑块,在项目区具有重要的防风固沙作用。

2.3.5.2　景观多样性分析

采用景观多样性指数(Landscape Diversity Index)来衡量评价区景观体系的复杂程度。选取的评价指数有 Shannon 多样性指数(*SHDI*)和 Shannon 均匀度指数(*SHEI*)。Shannon 多样性指数能反映景观异质性,特别对景观中各拼块类型非均衡分布状况较为敏感,即强调稀有拼块类型对信息的贡献。景观生态学中的多样性与生态学中的物种多样性有紧密的联系,其数学表达式为

$$SHDI = -\sum_{i=1}^{m} (P_i \times \ln p_i) \tag{2-10}$$

式中:P_i为生态系统类型 i 在景观中的面积比例;m 为景观类型数。

Shannon 均匀度指数也是比较不同景观或同一景观不同时期多样性变化的一个有力手段。而且,*SHEI* 与优势度指标(Dominance)之间可以相互转换(即 evenness = 1 - dominance),即 *SHEI* 值较小时优势度一般较高,可以反映出景观受到一种或少数几种优势拼块类型所支配;*SHEI* 趋近 1 时优势度低,说明景观中没有明显的优势类型且各拼块类型

在景观中均匀分布。其数学表达式为

$$SHEI = -\sum_{i=1}^{m} P_i \times \ln p_i / \ln m \tag{2-11}$$

式中：P_i为生态系统类型 i 在景观中的面积比例；m 为景观类型数。

根据上述公式计算得出的评价区 Shannon 多样性指数值为 $SHDI$=1.063 9，说明评价区景观较单一，异质性程度较低高，可能含有较强的物种多样性；Shannon 均匀度指数值为 $SHEI$=0.546 7，说明评价区在景观多样性的基础上仍有一种或几种景观具有一定的优势度，对景观格局可起到一定的支配作用，结合景观优势度评价结果，该优势景观类型为荒漠。

2.3.6　生态完整性评价

生态系统的完整性反映了生态系统在外界干扰下维持自然状态、稳定性和自组织能力的程度。评价生态系统完整性对于保护敏感自然生态系统免受人类干扰的影响具有重要意义。生态完整性即生态系统结构和功能的完整性，生态完整性评价从生态系统的生产力和稳定性两个角度进行。

2.3.6.1　自然系统生产力和稳定状况

自然生产力采用 H.lieth 生物生产力经验公式计算，公式如下：

$$NPP_t = 3\,000/(1 + e^{1.315-0.119t}) \tag{2-12}$$

$$NPP_r = 3\,000/(1 + e^{-0.000\,664r}) \tag{2-13}$$

式中：NPP_t 及 NPP_r 分别根据年均温（t，℃）及年降水（r，mm）求得。根据 Liebig 最小因子定律，选择由温度和降水所计算出的自然植被 NPP 中的较低者即为某地的自然植被的 NPP。

格尔木气象站 1971～2000 年主要气象要素多年平均值统计见表 2-15。

表 2-15　格尔木气象站主要气象要素多年平均值

项目	月份												全年
	1	2	3	4	5	6	7	8	9	10	11	12	
平均气温(℃)	-9.1	-5	0.7	6.8	12.2	15.8	17.9	17.2	12.3	5.1	-2.6	-7.9	5.3
极端最高气温(℃)	9.1	16	23.4	31.3	31	31.7	33.6	35.5	30.2	24.1	16	10	35.5
极端最低气温(℃)	-26.9	-23.1	-20.3	-9.9	-5.1	0.3	3.5	2.3	-4.8	-12.4	-24.2	-24.7	-26.9
平均相对湿度(%)	3.9	3	2.7	2.4	2.7	3.3	3.7	3.4	3.3	2.9	3.2	3.8	3.2
降水量(mm)	0.6	0.4	1.1	1	3.7	8.5	13.6	8.1	3.5	0.9	0.7	0.7	42.8
最大日降水量(mm)	1.9	2.1	6.1	3.8	7.8	11.1	32	11.3	11	12.1	3.3	2.1	32
≥0.1 毫米日数(d)	1.3	0.9	1.1	1.1	2.6	5.1	6.5	4.1	2.5	0.8	0.9	1	27.9
≥10 毫米日数(d)	0	0	0	0	0	0	0.2	0.1	0	0	0	0	0.4
≥25 毫米日数(d)	0	0	0	0	0	0	0	0	0	0	0	0	0
≥50 毫米日数(d)	0	0	0	0	0	0	0	0	0	0	0	0	0
蒸发量(mm)	45.5	72.5	145.6	252.8	358.3	350.5	357.3	343.5	267	184.1	80.4	46.5	2 504.1
平均风速(m/s)	2.2	2.5	2.9	3.4	3.6	3.5	3.3	3.1	2.7	2.5	2.2	2	2.8

根据格尔木气象站多年实测的气象资料统计，通过采用H.lieth生物生产力经验公式计算出自然生产力的值，结果见表2-16。

表2-16　评价区土地自然生产力计算

多年平均气温(℃)	多年平均降水量(mm)	NPP_t [t/(hm^2·a)]	NPP_r [t/(hm^2·a)]	NPP [t/(hm^2·a)]
5.3	42.8	10.06	0.84	0.84

由表2-16可见，根据多年平均气温和平均降水量计算的评价区内自然净第一性生产力为0.84 t/(hm^2·a)。

Odum(1959年)将地球上生态系统按评价生产力由高到低，划分为4个等级(见表2-17)，该区域自然系统本底的生产力水平主要处于最低等级，为荒漠生态系统。

表2-17　地球上生态系统按生产力划分等级

等级名称		生产力[t/(hm^2·a)]	代表性生态系统
1	最高等级	36.5~73	农业高产田、河漫滩、三角洲、珊瑚礁、红树林
2	较高等级	10.95~36.5	热带雨林、温带阔叶林和浅湖
3	较低等级	1.82~10.95	北方针叶林疏林灌丛温带草原
4	最低等级	小于1.82	荒漠和深海

生态系统的稳定性包括两种特征，即恢复稳定性和阻抗稳定性。恢复稳定性是系统被改变后恢复到原来状态的能力。阻抗稳定性是系统在环境变化或潜在干扰时反抗或阻止变化的能力。

1.恢复稳定性

生态系统的恢复稳定性可通过植被的生产力去衡量。植被生产力越大，则生态系统受干扰后恢复到原状的能力就越强。评价区的自然生产力按地球生态系统生产力划分等级来看，处于最低等级，因此恢复能力非常弱。

2.阻抗稳定性

生态系统阻抗稳定性可通过植被的异质性衡量。由于异质性的组分具有不同的生态位，这给动植物的栖息、移动以及抵御内外干扰提供了可能。因此，植被的异质性决定了生态系统的阻抗稳定性。异质性越明显，物种多样性越高，阻抗稳定性越好。由于评价区所在的区域为荒漠生态系统，植被类型单一，结构简单，其阻抗稳定性也较弱。

2.3.6.2　背景生物量和生产力现状

生物量指某一时刻单位面积内实存生活的有机物质(干重)(包括生物体内所存食物的质量)总量，通常用kg/m或t/hm表示。根据陶冶等《中亚干旱荒漠区植被碳储量估算》(2013)和罗天祥等《青藏高原主要植被类型生物生产量的比较研究》(1999)以及李健《柴达木盆地格尔木河流域生态需水量》文献资料，参照植被生物量和净生产量估计模型，得出评价区域不同植被类型平均单位面积生物量指标，经计算得到评价区域的生物量，并通过类比获得评价区域不同植被类型的净第一性生产力，结果如表2-18所示。

表2-18　评价区植被净第一性生产力和生物量

植被类型	面积 (hm^2)	净第一性生产力 [t/(hm^2·a)]	单位面积生物量 (t/hm^2)	生物量 (万t)	占总生物量比例 (%)
草地	127 518.57	0.43	4.29	54.71	14.58
灌丛	135 370.08	0.14	4.13	55.91	14.90
稀疏草地	957 105.09	0.12	2.71	259.38	69.12
盐碱地	81 900.46	0.01	0.64	5.24	1.40
合计	1 301 894.2	0.72	—	375.24	100.00

评价区的净第一性生产力为0.72 t/(hm^2·a)，与本底的净第一性生产力0.84 t/(hm^2·a)相比，略有下降。根据Odum按生态系统总生产力的高低将生态系统划分为四个等级，该地区的生产力还处于较低等级。原因主要为研究区受强大陆性气候控制，且地形主要为高原和盆地，具有较高的海拔和相对高度差，植被较稀疏。其中，草地净第一性生产力最高，为0.43 t/(hm^2·a)；盐碱地最低，为0.01 t/(hm^2·a)。

评价区总生物量375.24万t，其中稀疏草地的生物量为259.38万t，占评价区域总生物量的69.12%；其次为灌丛55.91万t，占总生物量的14.90%；草地的生物量为54.71万t，占14.58%；盐碱地的生物量最小为5.24万t，占总生物量的1.40%。

2.3.6.3　评价区自然系统的稳定状况

1.恢复稳定性

在本评价区内，植被类型简单，草地、灌丛、稀疏草地共占研究区总面积的29.77%，且绿洲盐化草甸区为高植被覆盖区域，恢复稳定性较强。而评价区荒漠的面积较大，占评价区面积的64.63%，区域自然附着程度低，恢复稳定性较弱。总的来说，评价区域的自然植被较为稀疏，生态环境质量不高，生产能力较弱并具有一定的不稳定性，因此研究区景观生态系统的恢复稳定性较弱。

2.阻抗稳定性

评价区主要位于荒漠生态系统，植被主要为灌丛、稀疏草地和草地，植被类型单一，结构简单，且三种主要植被类型的优势度远远低于面积广大的荒漠地区。总体而言，仅评价区下游的绿洲区、盐化草甸区以及盐湖区生物组分的异质性程度高，其余地区如山前戈壁带、上游山区，异质化程度低，阻抗稳定性不均匀。因此，评价区工程建设后景观异质性处于较低水平，工程的进行对评价区的稳定性影响较大，阻抗稳定性较低。

通过分析可知，评价区荒漠生态系统的生态环境脆弱，自然生产力等级低，植被覆盖有限，系统的恢复稳定性与阻抗稳定性都较弱，破坏后还需通过草地生态系统恢复与保育来保障区域的生态功能。

2.3.7　荒漠化调查评价

评价区由于气候干燥，荒漠气候与含盐母质而形成的主要土壤有灰棕漠土、盐土和风沙土。其中，在灰棕漠土中的植物为耐旱根深和肉质的灌木和小灌木，呈丛状或团状分布，生物积累少，植物每年归还给土壤极有限的有机残体。岩石风化与成土过程中产生的碳酸钙积聚地表，在长期经受风蚀的地表，细土被强土吹走形成砾漠或砾石戈壁。而盐土的地下水位较高，土壤水分较充足，柽柳、白刺、芦苇等耐盐植物生长比较茂盛。风沙土分布没有地带性，主要以流动、半固定和固定沙丘分布。

根据相关普查数据，整个格尔木市除郭里木德沙漠化面积最大外，其次为乌图美仁，面积约 167.6 万 hm^2，占格尔木沙漠化土地总面积的 44.4%。从评价区沙漠化土地分布的地貌单元看，海拔 2 700 m 左右为盐湖、盐漠分布区；海拔 2 700~2 750 m 为沼泽草甸和重盐碱地分布区；海拔 2 750~2 800 m 为细土带及流动、固定、半固定沙丘（地）分布区；海拔 2 800~3 000 m 为戈壁区，间断亦有流动沙丘（地）分布；海拔 3 000~3 250 m 为昆仑山区。

2.3.8 下游绿洲区生态现状

那棱格勒河绿洲区位于柴达木盆地西南部，目前已分片承包给牧民。根据 2013 年遥感解译成果，绿洲区总面积为 2 180.77 km^2，植被盖度以 10%以下为主，植被种类主要为芦苇、柽柳、白刺等，区域也是野生动物的重要栖息地之一，具有重要的生态功能。

2.3.8.1 那河地表水与地下水的水力联系

那河水资源主要由山区的冰雪融水与降水补给形成。在自然状态下，那河自山区流入盆地的地表径流，其中 80%以上在流经山前戈壁带时渗入地下，转化为地下水，另外一部分形成地表径流汇集成河，并沿途接纳由降水补给的山区基岩裂隙水，直接流向下游；在戈壁带前缘，一部分地下水以泉的形式溢出地表，形成泉集河流入绿洲，成为绿洲的主要水源；其他的以地下径流形式进入下游低平原，并通过潜水蒸发排泄，最后都流入尾间湖泊。水资源进入湖区后，经蒸发浓缩，形成盐矿，完成了水文水资源的一个循环过程。从上到下分为四段：

（1）河流山区段。出山口以上为河流山区段，周围是降水与径流较多的高山和山地。在海拔 4 200 m 以上的山区，为高山寒冻荒漠，植被分布极为稀少，以耐寒的垫状植物和低等的苔藓类为主。4 200 m 以下山区，山势陡峻，岩石裸露。但由于气候寒冷干燥，植物生长较稀少，仅在山坡山脊生长有半灌木植物。在山区沟谷内，地形较缓和，土层较厚，水分也较充足，植物分布比较集中。由于地处山区，人类活动及水资源开发较少，河流水质也较好。

（2）河流下渗段。河流下渗段主要为出山口以下戈壁带，地下水埋深较深的洪积砾石戈壁及其以下沙漠带，透水性好，植物分布零星。此处地下水位在几十米以下，除河道两边可吸收利用地表水外，大都靠雨养。但此地较为荒芜，也不受人类水资源开发活动影响。河流水质除矿化度较山区段有所升高外，人为污染很少。

（3）河流出露段。河流出露段包括细土平原带及绿洲带，植被茂盛，素有“荒漠绿洲”之称，以耐寒、耐盐的柽柳、白刺、芦苇、罗布麻组合群落为主。由于地形坡降变小，含水介质变细，呈现多层结构含水层，地下水位埋藏浅，一般地下水埋深在 0~10 m 以内，多处泉水出露，是天然植被赖以生存的主要水源，区域一部分地下水因水位埋藏小于 3 m 而被大量的蒸发排泄，另一部分是植被叶面蒸腾垂直排泄。区域地表径流缓慢，一部分潜水溢出地表，形成沼泽、泉，汇泉成河补给地表水；另一部分则以地下径流的形式继续向北运移，补给下游地下水，当径流至东台吉乃尔河一线，由于受弯梁、那北隆起构造阻挡，其径流方向发生突变，由向北径流转为向东径流，并使水位急剧抬高，大量溢出地表，与东台吉乃尔河汇流后进入下游尾闾。

(4)河流入湖段。再往下是河流入湖段，土壤由草甸盐土变为盐土，植物密度大为减小，现状尾闾形成鸭湖，微咸湖，其周边主要为盐湖与盐壳区，多有盐矿资源开发。

2.3.8.2　绿洲植被现状

受区域地表水与地下水水力联系与相互转化的影响，在水平方向上，植被的分布受地下水和土壤盐分的影响。在冲洪积细土平原区，形成以乌图美仁为中心的大面积绿洲，其中低洼处有地下水渗出和积水，分布以芦苇、海乳草等为主的沼泽化盐生草甸，平原的下沿为芦苇、赖草为主的盐生草甸，在上部则以白刺、柽柳为优势种。在绿洲前缘，由于地下水的涌出，土壤地下水位较浅，在低洼处地表形成积水，发育有芦苇、圆囊苔草、海韭菜、蒲公英、海乳草、华扁穗草等为主的沼泽植被。在两侧平原上发育含白刺、柽柳的芦苇、大花野麻盐生草甸；随着泉集河的汇流和地下水向下游的移动，地表盐渍化加重，发育大面积的温带禾草、杂类草盐生草甸-芦苇盐生草甸，是当地牧民主要的放牧地。至细土平原后缘，土壤盐渍化更为严重，仅发育稀疏的盐化芦苇植被。

区域植被生长与地下水位埋深的关系较为密切，绝大多数为多年生植物类型，根系较深，其长势受水文年的影响较小。那河下游绿洲区的植被类型以芦苇为主，根据在该区大量的研究结果，其生长区域对应的地下水位埋深范围为 0.4～3.0 m，在水位埋深约为0.9 m的地方，植被长势最好。同时，受地下水矿化度的影响，植被生长也呈现一定的规律，当研究区的地下水位埋深小于 2 m，矿化度小于 3.5 g/L 时，植被发育良好。

那河下游绿洲区植被盖度见表 2-19，主要植被覆盖类型为<10%的低植被覆盖，覆盖面积为 1 834.07 km^2，占绿洲区植被覆盖度面积的 84.32%；其次为覆盖度在 10%～60%的中植被覆盖类型，共占绿洲区面积的 15.1%；覆盖度>60%的高植被覆盖区域最少，仅占绿洲区面积的 0.85%。

表 2-19　那河下游绿洲区植被覆盖现状

植被覆盖度	面积(km^2)	所占比例(%)
<10%	1 834.07	84.32
10%～20%	140.23	6.45
20%～30%	86.69	3.99
30%～45%	71.24	3.28
45%～60%	29.97	1.38
60%～75%	12.86	0.59
>75%	5.71	0.26
合计	2 180.77	100

2.3.8.3　绿洲野生动物现状

该绿洲生物多样性较为丰富，是我国西部鸟类迁徙路线的重要停歇地和夏候鸟繁殖地。根据调查和相关资料记载，绿洲区主要分布的鸟类有疣鼻天鹅、灰雁、赤麻鸭、雉鸡等。

绿洲区因为低洼处地下水的渗出和积水，保证了植物正常生长的生命力，相对于评价区其他区域，植被覆盖度较高，使得动物多样性也较荒漠地带高，绿洲区的植被为诸多兽类和鸟类提供了可食种子和果类，是野生动物的食源区和栖息地。调查人员在野外调查时发现该区域有灰雁、赤麻鸭等分布，以及猛禽如鸢的分布。另外通过访问，此区域还有赤狐等兽类的分布。

灰雁（*Anser anser*）：体大而肥胖。嘴、脚肉色，上体灰褐色，下体污白色，脖子较长。腿位于身体的中心支点，行走自如。有迁徙的习性，迁飞距离也较远。主要栖息在不同生境的淡水水域中，常见出入于富有芦苇和水草的湖泊、水库、河口、水淹平原、湿草原、沼泽和草地。食物为各种水生和陆生植物的叶、根、茎、嫩芽、果实和种子等植物性食物，有时也吃螺、虾、昆虫等动物性食物。灰雁 3 月末至 4 月初成群从南方越冬地迁到中国黑龙江、内蒙古、甘肃、青海、新疆等北部地区繁殖，9 月末开始成群迁往中国南方越冬。工作人员在野外调查时发现灰雁在绿洲芦苇湿地有分布。

赤麻鸭（*Tadorna ferruginea*）：体型较大，比家鸭稍大。全身赤黄褐色，雄鸟有一黑色颈环。飞翔时黑色的飞羽、尾、嘴和脚、黄褐色的体羽和白色的翼上和翼下覆羽形成鲜明的对照。栖息于开阔草原、湖泊、农田等环境中，以各种谷物、昆虫、甲壳动物、蛙、虾、水生植物为食。繁殖期 4~5 月，在草原和荒漠水域附近洞穴中营巢。在评价区分布于绿洲地表水出露的沼泽化草甸区域、鸭湖等地。

雉鸡（*Phasianus colchicus*）：又名环颈雉、野鸡，共有 31 个亚种。体形较家鸡略小，但尾巴却长得多。雄鸟羽色华丽，分布在中国东部的几个亚种，颈部都有白色颈圈，与金属绿色的颈部，形成显著的对比。栖息于低山丘陵、农田、地边、沼泽草地以及林缘灌丛和公路两边的灌丛与草地中，杂食性。所吃食物随地区和季节而不同。

赤狐（*Vulpes vulpes*）：成兽体长 62~72 cm，肩高 40 cm，尾长 20~40 cm，体重 5~7 kg。毛色因季节和地区不同而有较大变异，一般背面棕灰或棕红色，腹部白色或黄白色，尾尖白色，耳背面黑色或黑褐色，四肢外侧黑色条纹延伸至足面。雄性略大。主要以旱獭及鼠类为食，也吃野禽、蛙、鱼、昆虫等，还吃各种野果和农作物。分布于整个北半球，包含欧洲、北美洲、亚洲草原以及北非地区。是食肉目中分布最广者，在评价区绿洲区域有分布。

2.3.8.4 绿洲区主要生态功能

干旱内陆区平原绿洲是盆地生态系统重要的组成部分，也是该区域生物多样性集中分布和人类活动集中的区域，其上部与冲洪积扇的戈壁荒漠相连，下部为盐沼荒漠，因而在荒漠化控制、生物多样性维持和物质生产方面具有十分重要的生态功能。

2.3.8.5 影响绿洲天然植物生长的主要环境因子

影响天然植物生长的主要因素是水分和土壤盐分。干旱区干旱少雨，年降水量一般在 250 mm 以下，荒漠地带则在 150 mm 以下，局部地区只有 30~40 mm，降水不足以维持其生态系统特别是非地带性的中旱生植物组成的系统的正常运转，维持天然绿洲生态系统的水分主要来自地下水。土壤盐分对植物生长的影响也与地下水位高低有关。地下水位过高，溶于地下水中的盐分受蒸发的影响在土壤表层聚集，导致盐渍化，不利于植物的生长。地下水位过低,地下水不能通过毛细管上升到植物可以吸收利用的程度,导致土壤干化,植物衰败,发生土地荒漠化。因此,在降水稀少情况下,地下水埋深可作为干旱区植被生长的主要环境因子。根据郭占荣等对不同潜水埋深的潜水入渗补给和蒸发损耗研究,干旱区不同潜水埋深条件下,潜水入渗和蒸发表现出不同特点。包气带+潜水系统水分转化量均衡临界深度,即潜水零补耗差深度。当潜水埋深小于此深度时,潜水上渗转化为土壤水的量大于土壤下渗补充潜水的量。天然条件下粉质轻黏土的潜水零补耗差深度为 4.17 m。也就是说,当绿洲地下水埋深在 0~4 m 范围内时,潜水就能通过上渗形式补充土壤水分。因此,工程运行后只要保持绿洲地下潜水埋深不低于 4 m,即可维持绿洲植被的生存而不发生大规模的退化。

2.3.9　陆生调查评价小结

2.3.9.1　典型荒漠生态区,生态系统较为脆弱

评价区属典型的荒漠生态区,无人区,资料非常匮乏,现场调查工作十分艰辛。区域干旱、风沙、盐碱、贫瘠、植被稀疏,形成山地、绿洲和荒漠组成的区域景观特征,各类土地利用中荒漠面积最大,其中下游绿洲区是该区域重要的防风固沙区。工程占地区为峡谷地形,河谷深切,植被稀疏,生物量较小。评价区生态系统中水热因子极度不平衡,水分少而消耗多,夏季热量多而冬季严寒,生态系统较为脆弱。

2.3.9.2　评价区野生动物相对贫乏,景观类型相对单一

评价区地处内陆柴达木荒漠,干旱少雨、海拔较高,植被组成类群比较贫乏,景观类型相对单一,主要植被类型以荒漠类灌木、草原植被为主。由于地面生长发育的植被极为稀疏,生境条件差,属于野生动物种类和数量分布相对贫乏的区域之一。评价区适宜动物生存的环境类似,受到惊吓后能够迁徙到适宜生境生存。那河绿洲区有一定的野生动物(鸟类)分布,具有相对较高的生物多样性特征。

2.3.9.3　系统恢复稳定性和阻抗稳定性均较弱

评价区自然植被较为稀疏,种类少,生态环境质量不高,生产能力较弱并具有一定的不稳定性,因此评价区景观生态系统的恢复稳定性较弱。再加上工程建设后景观异质性处于较低水平,工程建设对评价区的稳定性产生一定影响,阻抗稳定性也较低,完整性较差。尤其是绿化区破坏后还需通过草地生态系统恢复与保育来保障区域的生态功能。

2.4　水生生态环境现状调查与评价

2.4.1　调查范围及内容

2.4.1.1　调查时间

实地调查时间:2015 年 5 月对那河进行了现场查勘,7~8 月进行了第 2 次调查,主要调查内容包括水生态环境和水生生物(鱼类、浮游、底栖、大型水生维管束植物)。

参考资料实地调查时间:梯级电站水生态影响调查时间为 2010 年 11 月初,规划环评水生态专题评价调查时间为 2013 年 10 月。

综合来看本专题参考、采用资料的调查时间为 5 月、7 月、8 月、10 月、11 月共 5 个月，包括了丰水期、平水期和枯水期，调查时间设置可满足该项目研究需要。

2.4.1.2 调查范围

那河流域、东台吉乃尔河、乌图美仁河。重点围绕淹没区、坝下减水河段、绿洲区、鸭湖等直接及间接影响区开展了调查，考虑区域已有调查资料匮乏，为更清晰地了解流域水生生境、水生生物及鱼类的资源情况，调查范围适当向上延伸到回水末端以上 20 km 左右。

2.4.1.3 调查内容

(1)水环境基本情况。包括各实地监测断面的经纬度、海拔、水温、透明度、流速、流量、底质等基本情况。

(2)水生植被。水生维管束植物和湿生植被种类及其分布特征，分析水生植被现状。

(3)水生生物。浮游植物、浮游动物(原生动物、轮虫、枝角类、桡足类)、底栖动物的种类、数量和时空变化分析等。

(4)两栖类。两栖类种类组成与分布。

(5)鱼类。①鱼类区系：种属名称、组成及分布等。②鱼类资源现状：鱼类群体结构(年龄、体长、体重、种类组成)、渔获物统计分析(群体结构组成，主要渔获对象的年龄、体长、体重)、渔业现状调查。③主要鱼类的繁殖特性：怀卵量、繁殖季节、产卵类型、产卵时间、繁殖规模以及繁殖所需的环境条件。④重要鱼类生境：重要鱼类的产卵场、索饵场、越冬场调查。

2.4.1.4 调查方法

水生生物：依据《内陆水域渔业自然资源调查试行规范》和中国科学院水生生物研究所制定的《淡水生物资源调查方法》进行水生生物样本的采集、定性、定量分析等。

鱼类资源：采取实地捕捞、走访了解和查阅资料相结合的方法进行。采用 1.2～4.5 cm 不同规格网目的单层和三层刺网进行捕捞，诱捕采用 1.5～2.5 m 长的密眼虾笼，放入诱饵进行诱捕，鱼苗采用 T 型网捕捞调查。部分河段采用电捕，单个电捕样点选取河道长度约 200 m，捕捞强度约 1 h。根据不同河段的生境特点，采用适宜的采样方法进行，生境特点和鱼类采样方法选用如表 2-20 所示。将所有的渔获物进行分类计数、称重。

表 2-20 生境特点和鱼类采集方法对照

生境特点	采集方法				代表生境
	刺网	笼网	电捕	抄网	
峡谷缓流深水区	√	√			梯级电站库尾、中、上游回水湾
河汊缓流浅水区			√	√	泉集河、中、上游河汊
宽谷急流浅水区			√		中、上游河汊
大水面静水区	√	√			鸭湖
沟渠缓流区			√	√	枯水沟、乌图美仁河
备注	刺网均留置过夜、笼网采用诱捕并留置过夜				

鱼类三场:产卵场调查采用实地捕捞仔鱼和水生态环境分析相结合的方法进行;索饵场和越冬场,通过实地勘察、走访了解和查询历史资料相结合的方法。

2.4.2　水域环境基本状况

本次在调查区域设置调查断面27个,每个调查断面均进行实地监测和水生生物取样调查。调查断面海拔2 666~3 691 m,调查河段水温12.6~26.1 ℃,河流底质以砾石和泥沙为主。具体采样断面设置和监测结果见表2-21。生态采样点位分布见附图2-2。

2.4.3　湿生植物

通过调查发现该河流上游流态较缓,两岸分布有部分湿生植物、无沉水和漂浮性水生植物;中游库区河道宽阔、流态相对稳定、但河流受季节洪水冲刷严重,两岸及河心滩无湿生和水生植被分布,岸边分布有低矮灌丛植被;库区以下河段地表裸露、底质为泥沙,河道不稳固,成游荡漫滩状蔓延而下,无植被分布;那棱格勒河水汇入近年形成的鸭湖,鸭湖为微咸水湖泊,湖区分布有部分沉水植物,岸边为荒漠无湿生植被。

2.4.4　浮游生物

2.4.4.1　浮游植物

1.浮游植物种类组成

通过对那河流域各河段采样断面的水样进行定性分析,共检出浮游植物5门37种属。其中硅藻门最多,20种属,占55.56%;绿藻门12种属,占33.33%;裸藻门2种属,占5.56%,蓝藻门和隐藻门各1种属,各占2.78%。那河流域浮游植物定性结果详见表2-22。

2.浮游植物定量结果

定量分析显示,在那河流域14个采样断面,浮游植物生物量在0.0~2.172 1 mg/L变化,平均0.661 6 mg/L;密度在0.00~153.40万个/L变化,平均密度为33.78万个/L,其中鸭湖三个断面密度和生物量都最高,最低断面为8号桥断面和梯级下游断面,未检测到浮游植物。详细分析结果见表2-23。

3.浮游植物现状评价

浮游植物的群落结构除受水温、光照等气候因子的影响外,还受水量、流速等水文情势以及面源污染等影响。那河流域浮游植物密度及生物量总体呈现出自上游至下游先增加后递减然后突然增加的态势,上游河段水温较低,浮游植物生物量较低,随着水体流动水温逐渐升高,浮游植物生物量也逐渐增大;在出山口以下河段,由于泥沙含量巨大,透明度为0,浮游植物无法生存,其生物量为0;在水体汇入鸭湖以后,泥沙沉降,水体清澈,为湖泊型生境,浮游植物生物量明显增加,为那河流域生物量最高水域。

总体可反映出受到水文情势的影响进入干流水体交换较快、水量大,以及泥沙含量大,透明度低的河段,浮游植物密度及生物量呈现降低的趋势,在水体交换慢,光照时间长的河段和库区水域浮游植物密度及生物量明显较高。

表 2-21　采样断面水域环境基本状况(2015 年 7~8 月)

序号	河流	坐标		海拔(m)	pH	溶氧(mg/L)	水温(℃)	流速(m/s)	透明度(cm)	河深	河宽(m)	河床底质	采样	备注
		北纬	东经											
1	清水河	36°2.714′	91°0.787′	3 691	8.5	6.23	19.1	0.389	>10	10 cm	<10	沙石、砾石	浮游生物、鱼类	水生植物、鱼无
2	未名支流 1	36°1.030′	91°8.479′	3 690	8.4	6.18	18.9	0.402	37	<1 m	约 40	泥沙、砾石	鱼类	
3	未名支流 2	36°7.884′	91°8.762′	3 564	8.3	6.44	19.3	0.419	35	<1 m	散漫 1 700	泥沙、砾石	鱼类	
4	那河上游 1	36°4.224′	91°6.444′	3 722	7.5	6.5	12.9	0.76/1.53	40	<2 m	280	泥沙、砾石	浮游生物、鱼类	水生植物无
5	那河上游 2	36°2.813′	91°1.602′	3 683	7.5	6.31	15.0	0.26/1.20	20	<1.5 m	1 100	泥沙、砾石	鱼类	水生植物无
6	库尾	36°7.404′	92°6.796′	3 502	8.3	6.13	19.3	0.3	>10	<1 m	1 700	沙石	浮游生物、鱼类	水生植物无
7	库中 1	36°5.600′	92°6.379′	3 276	8.1	7.59	15.5	0.441	7	<2 m	350	泥沙	浮游生物、鱼类	水生植物无
8	库中 2	36°6.367′	92°6.702′	3 263	8.0	5.9	17.4		5	<1.5 m	450	泥沙	浮游生物、鱼类	水丝蚓、水生生物无
9	坝址	36°8.245′	92°7.026′	3 276	8.4	6.17	14.7	0.562/2.22	0	<5 m	50	泥沙、砾石	浮游生物、鱼类	底栖、水生植物、鱼类无
10	梯级 3	36°0.886′	92°9.149′	3 242	8.4	6.53	14.5	1.15	3	>1 m	40	泥沙、砾石	鱼类	底栖、水生植物、鱼类无
11	梯级 2 上游	36°2.364′	92°1.786′	3 082	8.4	6.44	15.8	1.04	3	>1 m	20	泥沙	鱼类	
12	梯级 2 库区	36°3.728′	92°3.821′	3 141	7.8	6.79	16.8	0	65	>5 cm	25	泥沙	浮游生物、鱼类	底栖、水生植物无
13	梯级 1 下游	36°1.303′	92°4.063′	3 032	8.5	3.3	14.2	0.85	0	5~50 cm	600	泥沙、砾石	鱼类	底栖、水生植物、鱼类无
14	那河 8 号桥	36°8.179′	92°7.116′	2 940	8.3	3.87	26.1	1.2	0	5~25 cm	散漫	泥沙	浮游生物、鱼类	鱼类、底栖、水生植物无
15	那河 5 号桥下游	36°7.800′	92°9.602′	2 923	8.3	2.94	26.0	0.83	0	5~50 cm	散漫	泥沙		交通较差

续表 2-21

序号	河流	坐标		海拔（m）	pH	溶氧（mg/L）	水温（℃）	流速（m/s）	透明度（cm）	河深	河宽（m）	河床底质	采样	备注
		北纬	东经											
16	哈夏图泉集河	37°02.064′	93°01.917′	2 861	—	—	—	—	见底	<0.5 m	30	泥沙	鱼类	湿生植物丰富
17	东吉乃尔河	37°11.16′	93°11.92′	2 800	—	—	—	—	—	—	—	泥沙		交通较差
18	乌图美仁河 1 号	36°8.750′	93°1.866′	2 828	8.3	6.63	20.3	0.734	>50	50 cm	5	泥沙、砾石	浮游生物、鱼类	蜉蝣、芦苇、苔草、水蜡烛、眼子菜
19	乌图美仁河 2 号	37°1.912′	93°3.014′	2 766	8.3	6.72	21.5	0.41	>30	30 cm	7	泥沙	鱼类	
20	鸭湖 1 号	37°7.053′	93°6.060′	2 676	8.7	7.22	23.7	0	>1 m			泥沙	浮游生物、鱼类	钩虾、蟹、芦苇（46 公分，43 株）
21	鸭湖 2 号	37°40.42′	93°32.60′	2 688	8.7	7.48	22.5	0	>1.5 m	1.5		泥沙	浮游生物、鱼类	水草
22	鸭湖 3 号	37°8.407′	93°3.337′	2 686	8.8	7.61	22.7	0	>1.5 m	1.5 m		泥沙	浮游生物、鱼类	钩虾、浮游
23	枯水沟 1 号	37°2.073′	93°0.312′	2 673	9.1	6.63	21.8	0.10	40	1 m		泥沙	浮游生物、鱼类	钩虾
24	枯水沟 2 号	37°3.391′	93°3.620′	2 666	9.2	6.40	21.7	0.08	40	1 m		泥沙	鱼类	
25	一里坪	37°58.081′	93°11.707′	2 694	—	—	—	—	—	—	—	—	—	咸水
26	一里坪盐湖	38°0.764′	93°2.296′	2 723	—	—	—	—	—	—	—	—	—	干枯
27	东台盐湖	37°25.934′	94°01.333′	2 696	—	—	—	—	—	—	—	—	—	卤水

表 2-22　那河流域浮游植物定性结果

门类	种属	1	2	3	4	5	6	7	8	9	10	11	12
		清水河	那河上游 1	库尾	库中 1	库中 2	坝址	梯级 2 库区	乌图美仁河	鸭湖 1 号	鸭湖 2 号	鸭湖 3 号	枯水沟
硅藻门 Bacillariophyta	小环藻 *Cyclotella*		++	+		+			+	++	+++	++	+
	冠盘藻 *Stephanodiscus*										+	+++	
	羽纹藻 *Pinnularia*		++	++	+++	++			+++	+++	++	++	++
	直链藻 *Melosirs*		++										
	辐节藻 *Stauroneis*								++	+		++	
	平板藻 *Tabellaria*												
	弯楔藻 *Rhoicosphenia*		++	+					+	+++	+	+	+
	星杆藻 *Asterionella*					+							+
	针杆藻 *Synedra*	++	++	+	++	+++			++	++	++	++	++
	长篦藻 *Neidium*					+						+	
	菱形藻 *Nitzschia*		+	+					+	+	+	+	+
	舟形藻 *Navicula*		++		++	++			++	++	++	+++	++
	脆杆藻 *Fragilaria*		+		+++				++	++	++	++	++
	异极藻 *Gomphonema*		++		+	+			++				
	卵形藻 *Cocconeis*								+	++	+	++	+
	桥弯藻 *Cymbella*	++	++		++	+	+	+	+++	+		++	+
	双缝藻 *Gyrosigma*								+	+	++	+	+
	等片藻 *Diatoma*		+		+	+			+				
	美壁藻 *Caloneis*									+		++	
	双眉藻 *Amphora*	+				+			++	+			+

续表 2-22

门类	种属	1	2	3	4	5	6	7	8	9	10	11	12
		清水河	那河上游 1	库尾	库中 1	库中 2	坝址	梯级 2 库区	乌图美仁河	鸭湖 1 号	鸭湖 2 号	鸭湖 3 号	枯水沟
绿藻门 Chllorophyta	盘星藻 *Pediastrum*												
	栅藻 *Scenedesmus*		++	+			+	+	++				
	小球藻 *Chlorella*		++	+		+				+	+	+	
	蹄形藻 *Kirchneria*		++			+				++	+++	++	+
	浮球藻 *Planktotosphaeria*												
	卵囊藻 *Oocystis*		++	+						++		++	
	集星藻 *Actinastrum*												
	新月藻 *Closterium*												
	纤维藻 *Ankistrodesmus*							+		++	++	++	++
	水绵 *Spirogyra*	+		+	+				+	++	+		
	鼓藻 *Cosmarium*								+				
	微孢藻 *Microspora*	+		+					+++				
裸藻门 Eugleno-phyta	囊裸藻 *Trachelomonas*								+				
	裸藻 *Euglena*								+	+			
蓝藻门 Cyanophyta	微囊藻 *Microcystis*									+++	+++	+++	++
隐藻门 Cryptophyta	隐藻 *Cryptomonas*		+	+									

注：1.用符号表示分布状况："+"表示一般，"++"表示较多，"+++"表示很多。

2.梯级 1 下游、那河 8 号桥，浮游植物为 0，表中未列出，下同。

(1)清水河；(2)那河上游 1；(3)库尾；(4)库中 1；(5)库中 2；(6)坝址；(7)梯级 2 库区；(8)乌图美仁河；(9)鸭湖 1；(10)鸭湖 2；(11)鸭湖 3；(12)枯水沟；下同。

表 2-23　浮游植物密度及生物量

（单位：密度 万个/L，生物量 mg/L）

采样断面	浮游动物总量		各门浮游植物总量				
			硅藻门	绿藻门	蓝藻门	裸藻门	隐藻门
1	密度×(10^4cells/L)	5.50	5.05	0.45	0	0	0
	生物量(mg/L)	0.107 1	0.102 0	0.005 1	0	0	0
2	密度×(10^4cells/L)	18.20	14.00	4.20	0	0	0
	生物量(mg/L)	0.385 4	0.377 6	0.007 8	0	0	0
3	密度×(10^4cells/L)	2.95	1.55	1.00	0	0	0.40
	生物量(mg/L)	0.046 2	0.035 5	0.002 7	0	0	0.008 0
4	密度×(10^4cells/L)	29.60	29.40	0.10	0	0	0.10
	生物量(mg/L)	0.580 0	0.576 0	0.002 0	0	0	0.002 0
5	密度×(10^4cells/L)	17.65	17.20	0.45	0	0	0
	生物量(mg/L)	0.410 2	0.410 0	0.000 2	0	0	0
6	密度×(10^4cells/L)	0.40	0	0.40	0	0	0
	生物量(mg/L)	0.000 8	0	0.000 8	0	0	0
7	密度×(10^4cells/L)	0.30	0.05	0.25	0	0	0
	生物量(mg/L)	0.001 5	0.001 0	0.000 5	0	0	0
8	密度×(10^4cells/L)	31.50	22.10	9.10	0	0.30	0
	生物量(mg/L)	0.968 3	0.919 0	0.012 3	0	0.037 0	0
9	密度×(10^4cells/L)	153.40	82.80	10.30	59.90	0.40	0
	生物量(mg/L)	2.172 1	1.956 0	0.036 1	0.080 0	0.100 0	0
10	密度×(10^4cells/L)	61.45	12.20	26.65	22.60	0	0
	生物量(mg/L)	1.650 9	1.604 0	0.035 6	0.011 3	0	0
11	密度×(10^4cells/L)	75.80	34.60	6.80	34.40	0	0
	生物量(mg/L)	1.414 4	1.376 0	0.021 2	0.017 2	0	0
12	密度×(10^4cells/L)	8.60	7.50	1.00	0.10	0	0
	生物量(mg/L)	0.202 7	0.201 0	0.001 6	0.000 1	0	0
平均	密度×(10^4cells/L)	33.78	18.87	5.06	18.08	0.06	0.04
	生物量(mg/L)	0.661 6	0.629 8	0.010 5	0.009 1	0.011 4	0.000 8

2.4.4.2　浮游动物

1.浮游动物种类组成

通过对那河流域各采样断面水样的定性分析，共检出浮游动物 4 大类 22 种属，原生动物门最多,为 15 种属,占 68.18%,为主要优势门类;轮虫和桡足类各 3 种属,分别占 13. 64%;枝角类 1 种属,占 4.55%,见表 2-24。

表 2-24　调查那河流域浮游动物定性结果

门类	种属	1	2	3	4	5	6	7	8	9	10	11	12
原生动物门 Protozoa	沙壳虫 *Difflugia*	+	++	+	+	++	+	+	+	++	++	++	+
	筒壳虫 *Tintinnidium*					++				+		+	+
	扁壳虫 *Lesquereusia*									+	+	+	
	梨壳虫 *Nebela*									+			
	似铃壳虫 *Tintinnidium*		+	+		+		+	+	++	++	+	
	曲颈虫 *Cyphoderia*											+	
	匣壳虫 *Centropyxis*		+	+	+	+			+	+	+		+
	袋形虫 *Bursaria*					+							
	葫芦虫 *Cucurbitella*	+			+	+			+			+	
	法帽虫 *Phryganella*			+	+	+		+		+		+	
	变形虫 *Amoeba*									+	+	+	
	截口虫 *Heleopera*									+		+	
	栉毛虫 *Didinium*					+				+			
	三足虫 *Trinema*				+				+				
	前口虫 *Frontonia*								+				+
轮虫 Rotifera	晶囊轮虫 *Asplachna*										+		
	单趾轮虫 *Monostyla*										+		
	多枝轮虫 *Polyarthra*									+	+		
枝角类 Cladocera	异尖额蚤 *Disparalona*										+		
桡足类 Copepoda	猛水蚤 *Onychocamptus*									+	+		
	剑水蚤 *Cyclops*									+	++		
	桡足类幼虫								+		++		

注:用符号表示分布状况:“+”表示一般,“++”表示较多,“+++”表示很多。

2.浮游动物定量结果

通过对那河流域各采样调查断面浮游动物定量分析,干流 14 个采样断面的浮游动物密度的变化范围是 0~930 个/L,平均密度为 175.42 个/L;生物量的变化范围是 0.00~2. 617 5 mg/L,平均生物量为 0.252 3 mg/L。浮游动物以原生动物门为主,平均密度为 133.75 个/L,生物量平均为 0.006 7 mg/L,密度所占百分数达 76.25%。详细结果见表 2-25。

表 2-25 浮游动物定量结果表 (单位:密度个/L,生物量 mg/L)

采样点	浮游动物总量		各门浮游动物总量			
			原生动物门	轮虫类	枝角类	桡足类
1	密度(ind/L)	5	5	0	0	0
	生物量(mg/L)	0.000 3	0.000 3	0	0	0
2	密度(ind/L)	100	100	0	0	0
	生物量(mg/L)	0.005	0.005	0	0	0
3	密度(ind/L)	50	50	0	0	0
	生物量(mg/L)	0.002 5	0.002 5	0	0	0
4	密度(ind/L)	70	70	0	0	0
	生物量(mg/L)	0.003 5	0.003 5	0	0	0
5	密度(ind/L)	125	125	0	0	0
	生物量(mg/L)	0.006 3	0.006 3	0	0	0
6	密度(ind/L)	15	15	0	0	0
	生物量(mg/L)	0.000 8	0.000 8	0	0	0
7	密度(ind/L)	45	45	0	0	0
	生物量(mg/L)	0.002 3	0.002 3	0	0	0
8	密度(ind/L)	85	80	0	0	5
	生物量(mg/L)	0.054	0.004	0	0	0.05
9	密度(ind/L)	320	305	5	0	10
	生物量(mg/L)	0.317 3	0.015 3	0.002	0	0.3
10	密度(ind/L)	930	450	45	15	420
	生物量(mg/L)	2.617 5	0.022 5	0.315	0.6	1.68
11	密度(ind/L)	305	305	0	0	0
	生物量(mg/L)	0.015 3	0.015 3	0	0	0
12	密度(ind/L)	55	55	0	0	0
	生物量(mg/L)	0.002 8	0.002 8	0	0	0
平均	密度(ind/L)	175.42	133.75	4.17	1.25	36.25
	生物量(mg/L)	0.252 3	0.006 7	0.026 4	0.05	0.169 2

3.浮游动物现状评价

根据浮游动物定性对比分析,鸭湖采样断面的浮游动物种类组成远高于干流采样断面,表明干流河段浮游动物生物量较小,鸭湖为静水水域、水深较小,水体透明度较低,水温较高,生产力远高于干流河段。

根据浮游动物定量分析显示，那河流域浮游动物密度总体变化趋势明显，大致呈现出先上升后下降然后再回升的“V”字形态势，这种态势与各河段生境特点相吻合。

2.4.4.3　**浮游生物多样性**

多样性指数一般采用香农-威纳(Shannon-Wiener index 1949)物种多样性指数进行丰度评价，反映种类的多寡和各个种类数量分配的函数关系，均匀度则反映其种类数量的分配关系。它们都可以表明群落中水生生物与食物链结构、水质自动调节能力和群落稳定性的关系。多样性指数可作为水质监测的参数，一般多样性指数(H')值为 0~1 时，水体重污染；1~3 时，水体中污染；>3 时，水体为轻度污染或无污染。在这里生物多样性指数不能完全来反映水的污染情况，更多的是反映出该河段生物种群组成的丰度和种群结构的稳定性。

多样性指数(H')和均匀度(J)分别应用下列公式计算：

$$H' = -\sum_{i=1}^{n} P_i \lg 2P_i \tag{2-14}$$

$$J = H'/\lg 2n \tag{2-15}$$

式中：n 为种类数；P_i 为第 i 种个体数与总个体数的比值。

对比分析各个断面的浮游动植物多样性指数情况，分析发现乌图美仁河、鸭湖 3 个断面多样性指数相对较高；坝址、梯级下游、8 号桥断面多样性指数和均匀度指数最低，其中梯级下游和 8 号桥断面未检测到浮游生物。总体情况表明，除坝址河段、梯级电站下游、8 号桥、上游清水河支流和干流 1 号采样断面外，其他各采样断面浮游生物多样性指数均大于 1.0，其中主要支流乌图美仁河则达到 3 以上，说明该河段大部分河段物种多样性较好。分析发现该流域浮游生物均匀度指数除极端环境河段外，其他断面均大于 0.5，均匀度指数较高。综合分析认为那河流域、除出山口至鸭湖干流河段，浮游生物存量较小，种群不存在外，其他各河段物种多样性和均匀度指数均处于中等或以上状态，说明该河流浮游生物群落具有一定的稳定性，不易受到外界干扰而在短期内产生较大改变。其多样性指数及均匀度指数计算见表 2-26。

表 2-26　多样性指数及均匀度指数计算

采样点	浮游植物		浮游动物	
	多样性	均匀度	多样性	均匀度
1	1.008 4	0.434 3	0.591 7	0.591 7
2	3.481 1	0.891 0	0.884 2	0.557 9
3	3.005 5	0.904 7	1.356 8	0.678 4
4	1.982 4	0.660 8	1.753 4	0.755 2
5	1.647 7	0.476 3	2.191 7	0.730 6
6	0	0	0	0
7	1.251 6	0.789 7	1.224 4	0.772 5
8	3.328 3	0.770 1	2.483 5	0.960 7
9	1.749 2	0.404 7	2.419 1	0.653 7
10	2.205 3	0.564 5	2.296 7	0.663 9
11	2.854 6	0.672 0	1.595 0	0.503 2
12	2.986 6	0.863 3	1.685 8	0.842 5

2.4.5 底栖生物

2.4.5.1 底栖生物种类组成与分布

由于那河多数河段为砾石和砂质沉积地貌。那河主河道水温较低,丰水期水量较大,水流湍急,河床冲刷严重,河道多为砂砾石底质,底栖动物无适宜生境,该河段未采集到底栖动物。下游鸭湖为静水湖泊、水温相对较高,水体含盐量较低、为微咸水,通过调查发现该河段分布有钩虾、中华绒螯蟹、蜉蝣和摇蚊类4种底栖动物。主要支流则采集到钩虾、圆田螺、椭圆萝卜螺、蜉蝣和摇蚊类5种底栖生物。详细分析结果见表2-27。

表2-27 那河流域底栖生物定性结果

种类拉丁文	种类拉丁文
钩虾 *A. Gammarus*	摇蚊类 *Chironomidae*
椭圆萝卜螺 *Radix swinhoei*	蜉蝣 *Ephemeroptera*
圆田螺 *Cipangopaludina*	中华绒螯蟹 *Eriocheir sinensis*

2.4.5.2 底栖动物现状评价

调查区域底栖动物共采集到6种,水生甲壳类占绝对优势,以钩虾为主要优势种,在鸭湖和乌图美仁河均有一定的资源量,那河干流及其上游支流则未采集到;其次是摇蚊类,分布范围较广,下游区域广泛分布。总体来看,该河段底栖生物种类不多,分布不均匀。

2.4.6 鱼类资源

2.4.6.1 区域鱼类种类组成

1.历史资料

那河位于柴达木盆地西南部,发源于昆仑山脉阿尔泰山的雪莲山,流经河谷草甸、深切大峡谷、荒漠区戈壁滩、沼泽地最后汇入尾闾湖泊。该区域交通不便、人烟稀少、环境恶劣。通过查阅《青海省渔业资源与渔业区划》(1988年青海省人民出版社出版,青海省水产研究所蒋卓群等主编)等历史资料及走访青海省参与渔业资源调查的相关部门和海西州、格尔木市渔业部门,2010年以前那河未开展过水生生物资源调查监测,无水生生物历史资料,鱼类资源状况为空白。

2011年随着那河水资源开发利用的推进,西北高原生物研究所、甘肃丰源生态体系咨询中心和青海省格尔木市环境监测站分别进行了那河流域生态环境调查评价专题研究、水生生物调查与评价及规划区环境现状监测工作。其中水生生态调查在冬季完成,调查区域主要在那河水库下游河段(未涉及尾闾和上游河段),未捕获到裂腹鱼类,仅调查到短尾高原鳅一种。2014年10月中旬中国水产科学研究院黄河水产研究所开展了那河流域规划环评水生态专项评价工作,调查水域为那河水库坝下至公路桥河段(未涉及上游河段和尾闾湖泊),仅采集到少量小眼高原鳅。

2.实地调查

本次调查共捕获鱼类1科4种,均为鳅科高原鳅属鱼类,未调查到其他科鱼类。本次调查范围较大，涉及了那河水库中上游、下游漫滩、泉水汇集河、尾闾湖泊、枯水沟等中下游水域。该河段鱼类种类组成名录见表 2-28。

表 2-28　那河鱼类种类组成名录

目	科	属	种	那河上游	梯级至坝址	鸭湖至梯级	鸭湖	枯水沟	乌图美仁河
鲤形目 Cypriniformes	鳅科 Cobitidae	高原鳅 Triplophysa	斯氏高原鳅 *Triplophysa stoliczkae*				+	+	
			修长高原鳅 *Triplophysa leptosome*				+	+	
			小眼高原鳅 *Triplophysa microps*	+	+		+	+	
			细尾高原鳅 *Triplophysa stenura*	+	+		+	+	+

3. 鱼类种类组成分析

结合近年来有关单位已取得调查成果与本次调查实际情况，认为那河中下游水域仅分布有条鳅亚科的鱼类，均为高原鳅属鱼类，本次调查可确认种类有 4 种：斯氏高原鳅、修长高原鳅、小眼高原鳅和细尾高原鳅，在柴达木盆地均有分布记载，多为青藏高原广布种。该河段鱼类区系组成简单，无裂腹鱼类和外来物种。

2.4.6.2　渔获物分布

调查结果表明，上游河段高于中游峡谷河段、中游漫滩河段资源量极其稀少（未捕获到），泉水出入汇流河段洪水季节资源量较少（退入鸭湖），枯水季节资源量较大（鸭湖上溯索饵、繁殖），鸭湖资源量较大。调查发现全流域生境条件差异较大，上游河道位于宽谷，多数河段河宽大于 100 m，河流流经草甸、水深较浅，水流平缓，适宜生境较多；中游库区峡谷河段支流增多，水量增大，水流湍急，水深较大，两岸为沉积沙土，河道被水流冲刷深切，形成峡谷，河段河宽多不超过 20 m，适宜生境较少；出山口至泉水涌出段，那河出山口后河流快速发散并深入地下，无明显河道，丰水期最大河宽可达 10 km，枯水期明流较小，洪水期为泥浆水，生境极其恶劣；那河在 S303 以北开始有泉水渗出，并逐渐汇集形成河流，该河段地下水丰富、形成了草甸和绿洲，枯水期水量较小，河道水流平缓、水深不超过 1 m，饵料丰富、鸭湖鱼类在枯水期会上溯索饵、繁殖，洪水期中游来水较大、多泥沙，潜流河段形成明流洪水，鱼类随着洪水的到来退回鸭湖，其生境的适宜性随季节而变化，枯水期较适宜，丰水期生境恶化；鸭湖水为微咸水，盐度在高原鳅耐受范围内，是下游河段高原鳅的避难所和索饵场，生境适宜度较高，资源量较大；鸭湖水位上升会通过枯水沟排入一里坪，枯水沟至一里坪水体盐度逐渐增大，枯水沟末端已达到高原鳅耐受极限（可发现死鱼），高原鳅受盐度胁迫主要集中于鸭湖出水口，资源量较大。那河生境的多样性和鱼类适应性的较大差异导致上下游河段鱼类资源量变化较大，从中上游至下游资源量先减少再增加，呈“V”形态势。

采样断面由于水文情势的不同渔获物组成具有一定的差异，鸭湖分布有 4 种，上游则仅有 2 种分布，优势种为细尾高原鳅。各河段鱼类分布情况见表 2-29、图 2-17。

表 2-29 各河段鱼类分布情况

采样断面	生境状况	主要渔获物	备注
坝址以上	河道较宽、水深较小、水流平缓、砾石底质	细尾高原鳅、小眼高原鳅	细尾高原鳅、资源量较大、个体较小
梯级电站至出山口	两岸切割形成峡谷、河道较窄、水流湍急、存在梯级电站库区、底质泥沙	细尾高原鳅	资源量不大、个体相对较大
出山口至泉水涌出段	河道较宽、河流游荡、河流泥沙含量较大、底质为泥沙	无	生境恶劣
泉水汇集河乌图美仁河	河道流经草场、水质清澈、河道多湾、水流较浅、水温相对较高、水体中分布有一定量的水生植物	斯氏高原鳅、修长高原鳅、小眼高原鳅、细尾高原鳅	资源量季节变化
鸭湖	微咸水、面积较大、水体平静、底质泥沙	斯氏高原鳅、修长高原鳅、小眼高原鳅、细尾高原鳅	细尾高原鳅为优势种、资源量较大
枯水沟	河道渠化、含盐量较高	斯氏高原鳅、修长高原鳅、小眼高原鳅、细尾高原鳅	水量减少、含盐量增加、鱼类无法适应、大量死亡

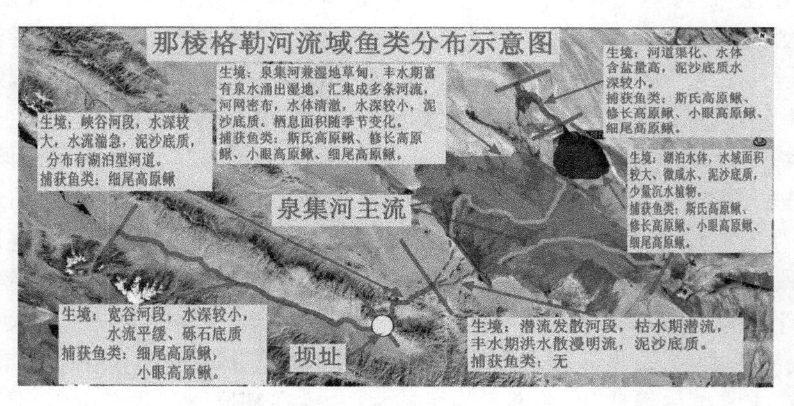

图 2-17 渔获物分布示意图

2.4.6.3 渔获物组成及分布情况分析

1.渔获物组成分析

本次调查实地捕获各类鱼 1 561 尾，重 5 495.99 g。其中细尾高原鳅最多，达 796 尾，占 50.99%；其次是修长高原鳅，有 401 尾，占 25.69%；小眼高原鳅有 183 尾，占 11.72%；斯氏高原鳅有 181 尾，占 11.60%。见表 2-30，图 2-18、图 2-19。

表 2-30　渔获物种类组成及分布

种类	尾数	总重(g)	体重(g)	体长(cm)	平均体重(g)	尾数(%)	重量(%)
斯氏高原鳅	181	1 018.44	1.41~15.71	5.4~11.4	5.63	11.60%	18.53%
修长高原鳅	401	1 370.28	0.74~8.5	4.7~10	3.42	25.69%	24.93%
小眼高原鳅	183	592.8	0.89~8.42	4.5~10.4	3.24	11.72%	10.79%
细尾高原鳅	796	2 514.47	0.23~13.25	2.8~12.3	3.16	50.99%	45.75%
总计	1 561	5 495.99			3.52		

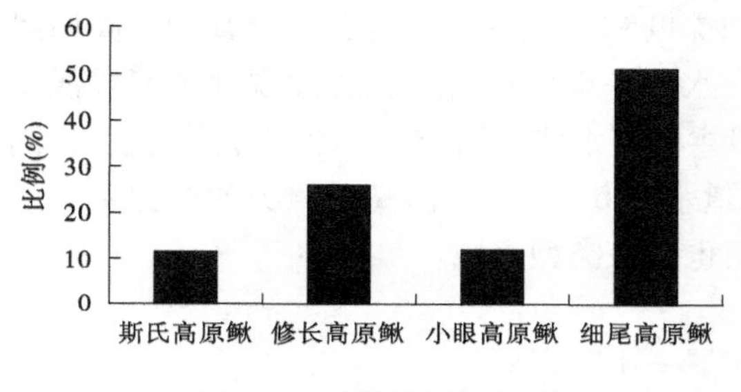

图 2-18　渔获物数量比例

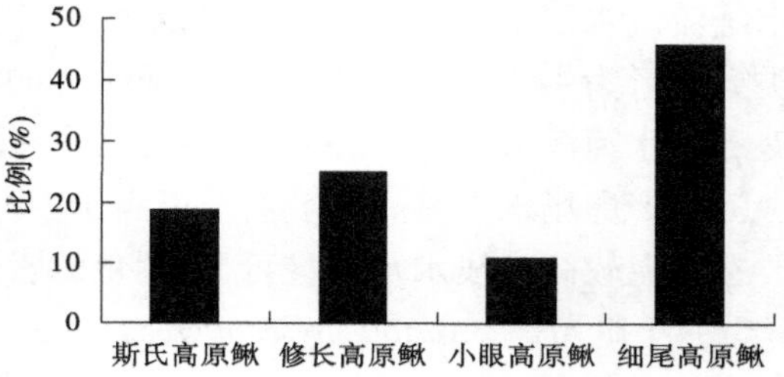

图 2-19　渔获物质量比例

2.渔获物分布状况分析

本次调查发现，该河段鱼类资源相对较少，物种多样性极差，仅分布有高原鳅属鱼类 4 种，各河段种群规模差异较大，无大型经济鱼类。鳅科鱼类为小型鱼类，在中上游多集中于回水湾、河汊和漫滩等缓流水体，下游则分布于泉水汇集河及鸭湖，枯水沟也有分布，峡谷激流河段则几乎无分布。本次调查在上游河段仅发现细尾高原鳅、小眼高原鳅 2 种，下游发现有斯氏高原鳅、修长高原鳅、小眼高原鳅和细尾高原鳅 4 种，下游物种多样性优于上游河段；总之，那河流域鱼类资源贫乏、物种多样性欠丰富，物种分布不均匀。

2.4.6.4　鱼类区系组成分析

(1)按其起源分析发现该河段鱼类均属于中亚高山复合体鱼类，均为高原鳅属等鱼类，该复合体的总体变化趋势是：鱼类生存能力较强，为调查河段的优势种群。

(2)按其食性分析发现该河段鱼类均为以底栖水生无脊椎动物为主同时兼食部分着生藻类的鱼类等。该类群实行相对较广、采食能力较强。

(3)按其产卵类型分析发现该河段鱼类均为产黏性卵鱼类，该类群对繁殖生境要求相对较低、具有较强的繁殖适应能力。

2.4.6.5　经济鱼类及保护性鱼类

经过查阅资料发现那河流域鱼类分布资料极为贫乏，物种分布无记录。本次调查发现仅分布有土著鱼类 4 种，均为高原鳅属鱼类，均未列入国家和地方保护鱼类名录。

2.4.6.6　主要鱼类生态习性分析

那棱格勒河流域仅分布有高原鳅类，该类群为小型底层鱼类，喜生活于静水和缓流水体，多砂砾及水草处，杂食性，其繁殖无须水流刺激，无洄游习性。该类群的繁殖习性为：

每年的4~6月进行产卵繁殖(不同年份稍有改变),受精卵发育约需要1周左右,其产卵繁殖主要影响因素为水温。那河地处高寒,多年平均水温为3.4 ℃,最高水温10.2 ℃出现在7月,冬季11、12、1、2月为冰冻期,水体结冰,逐月多年平均水温情况见表2-31。

表2-31　那河各月份多年平均水温情况

月份	1	2	3	4	5	6	7	8	9	10	11	12
水温(℃)	—	—	0.13	1.6	3.9	7.8	10.2	9.4	6.4	1.1	—	—

总体来看,那河上游水温随季节变化不大,中下游水温受气候环境和水文情势影响,河道内微生境单元和主河道水体温度差别较大。如中下游河段主河道水温和回水湾、静水缓流浅水区水温差别较大,这与水体流速和深度和接受日光量有关。调查发现高原鳅类繁殖行为主要在水深较浅,静止或缓流的高水温环境中进行。调查发现评价河段浅水区和静水河汊水温为12.6~26.1 ℃,同一河段主河道水体水温与边滩水温差别也较大,同一河段产卵场水体日间温度甚至可高于主河道水温6 ℃以上,而高原鳅类的产卵繁殖主要在水温较高的浅水水域进行,仔幼鱼的索饵也在该类型水域。

1.小眼高原鳅 *Triplophysa microps*

分类:鲤形目—鳅科—条鳅亚科—高原鳅属—小眼高原鳅。

识别特征:体延长,前躯呈圆筒状,背鳍后稍侧扁。头圆锥状。吻钝,口下位,亚弧形;须3对,口角须达眼后缘,第2对吻须达眼前缘。前后两鼻孔相邻较近,前鼻孔开门于短管上,距眼较距吻端为近。眼中大,侧上位;侧线不完全,终止于背鳍后下方,但绝不延及尾柄。背鳍前距为体长的55.5%。体色沙灰黄褐,背鳍前后有4~5个褐色横斑,侧线上下有许多不规则的大个不等的褐色斑点;偶鳍淡灰色;背鳍末端平截或稍凹陷;尾鳍平截或微凹,顺凹势有3~4行由黑色沾褐的短条纹所组成的点列。

生态环境与生活习性:较多地栖居沙泥底河床,能在水质较混浊的环境生活,食水生昆虫、底栖无脊椎动物和落入水中的陆生昆虫,偶食高等植物碎屑。

经济意义:小型鱼,经济意义不大。

2.斯氏高原鳅 *Triplophysa stoliczkae*

分类地位:鲤形目—鲤科—条鳅亚科—高原鳅属—斯氏高原鳅。

形态特征:体长形,前部略扁,后部略侧扁,头稍平扁,吻钝,口下位,呈弧形;下唇较厚,唇后沟中断。具须3对;其中吻须2对,外侧1对较长;颌须1对。眼适中,居头之侧上方。眼间较宽。前后鼻孔相邻,前后鼻孔为一皮膜瓣分隔。体无鳞,侧线平直。背鳍起点约位于吻端至尾鳍基部至中点或稍近尾鳍基。胸鳍不达腹鳍。腹鳍始于背鳍起点后下方,其末端达到肛门,单但不达臀鳍起点。尾鳍截形,其中央为凹。

体浅黄色,体侧及背中有黑褐色杂斑,腹部黄色。背鳍前、后各有3~5个鞍状黑斑。背尾鳍有黑色斑纹,其余各鳍浅黄色。

栖息习性:栖息于河流的砾石缝隙中。

摄食习性:主要以藻类植物和底栖动物为食。

经济意义:小型鱼,经济意义不大。

3.修长高原鳅 *Triplophysa leptosome*

分类地位:硬骨鱼纲—鲤形目—鳅科—条鳅亚科—高原鳅属—修长高原鳅。

形态特征:体延长,体躯略呈圆形。眼侧上位。须 3 对。口下位,口裂深弧形。唇肉质,具少数皱褶。尾鳍的游离缘微凹。繁殖季节雄鱼的胸鳍呈卵圆形,变硬,有数根鳍条的背侧显厚。

摄食习性:主要以水生昆虫和端足类为主,其次为硅藻和绿藻。

栖息习性:小型鱼类,生活于河流、沟渠及湖泊多水草浅滩处。主要以昆虫幼虫为食。在河道融冰时即开始繁殖。

繁殖习性:卵浅紫红色,圆而小,直径约 1 mm。

经济价值:小型鱼,经济价值不大。

4.细尾高原鳅 *Triplophysa stenura*

分类地位:硬骨鱼纲—鲤形目—鳅科—条鳅亚科—高原鳅属—细尾高原鳅。

形态特征:体延长,呈圆筒形,仅在尾鳍基附近略侧扁。背缘轮廓线弧形,自吻端至背鳍起点逐渐隆起,往后逐渐下降。腹缘轮廓线较直,腹部圆。头大,略平扁。吻略呈锥形,吻长略大于眼后头长。眼较小,位于头背面,腹视不可见。眼间隔宽平,明显大于眼径。口下位,浅弧形。上下唇厚,有较深的皱褶。上颌弧形,下颌匙状,边缘不锐利。须 3 对,较长。内侧吻须后伸接近前鼻孔,外侧吻须伸达前、后鼻孔间的垂直线,口角须伸达眼中央至眼后缘的两垂直线之间。尾柄细长。其起点处的宽约等于该处的高。

生活习性:生活于海拔 3 000~5 100 m 处,常见于水深流急的大河岸边。

繁殖习性:每年 7 月产卵,圆而小,直径约 1 mm。

摄食习性:以摇蚊小虫和其他昆虫为食。

经济价值:小型鱼,经济价值不大。

捕获鱼类见图 2-20。

2.4.7　鱼类栖息地

2.4.7.1　那河干流鱼类生境

评价区域为那河水域生态系统,调查河道长约 290 km(不包括东西台吉乃尔湖和一里坪),其中坝址以上仍保持为天然河道生境,人迹罕至,生境仍保持其天然性,该河段水质清澈、水深较小、河道多分叉、蜿蜒曲折,水流平缓,形成了良好的鳅科鱼类适宜生境。上游河段生境见图 2-21。

坝址以下至山口已开发河段建有电站两座,已运营一座,为人工改造河段,生境出现片段化,局部河段湖泊化,库区湖泊化,区域水生生态环境稳定,库尾河段为鳅科鱼类适宜生境,饵料资源较丰富。峡谷河段生境状况见图 2-22。

那河出山口以后进入荒漠区,河道在荒漠区蔓延、发散,为漫滩游荡性河道,最宽处可到 10 km,水体含沙量较大,水体透明度较低(洪水期为 0 cm),并逐渐深入地下,枯水期几乎无明流,洪水期为洪泛区,水生生态环境极为恶劣,无水生生物分布。荒漠区河段生境状况见图 2-23。

小眼高原鳅*Triplophysa microps*

斯氏高原鳅*Triplophysa stoliczkae*

修长高原鳅*Triplophysa leptosome*

细尾高原鳅*Triplophysa stenura*

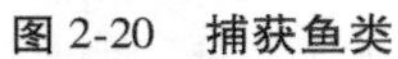

图 2-20　捕获鱼类

图 2-21　上游河段生境

图 2-22　峡谷河段生境状况

图 2-23　荒漠区河段生境状况

那河水经潜流河段(漫滩河段)后在 S303 省道以北渗出,逐渐汇集成河,最终汇入鸭湖和西达布逊湖,该河段为地下水出入区,属于沼泽湿地,植被较好。泉水汇集河流水深较小,水体清澈、河床地质为泥沙、经日照作用,日间水温较高,水生生态环境良好,为高原鳅类适宜生境,种群规模较大,泉水出露汇集河段生境状况见图 2-24。

图 2-24　泉水出露汇集河段生境状况

那河尾闾包括东、西台吉乃尔湖和鸭湖等区域。其中,鸭湖为人工湖,位于东、西台吉乃尔湖之间的平坦洼地,原鸭湖面积很小,仅几平方千米,主要为台吉乃尔河的散流补给;自开发企业入驻后,为开采东、西台吉乃尔湖盐矿,有关企业修筑了防洪堤,阻挡上游来水进入东、西台吉乃尔湖,上游来水在东、西台吉乃尔湖之间逐渐汇集形成面积 200~300 km^2的鸭湖。目前,鸭湖已成为台吉乃尔河及那河的主要蓄洪水库,承担了东、西台吉乃尔湖盐矿开采区的重要防洪任务。

初期鸭湖为淡水湖,目前已演变成微咸水湖。鸭湖盐度相对较低,水深较小,水体清澈、河床地质为泥沙、水生生态环境良好,为高原鳅类适宜生境,种群规模较大。见图 2-25。

图 2-25　鸭湖生境状况

2.4.7.2 那河流域鱼类产卵繁殖区域

从所捕获的渔获物来看，该河段的鱼类主要是高原鳅属鱼类，均产沉黏性卵，多喜缓流、静水生境。该类群鱼类繁殖期对河道水文条件要求较低，不需要较大的流量刺激，一般水深大于体长即可满足繁殖需求，产卵场多分布于回水湾、河汊处和漫滩分布河段，产卵场应满足流速较小、水体流动平缓或静止，砂砾或砾石底质河段，繁殖期水浅甚至河床部分裸露，以便于鱼卵附着。多年调查发现产卵场周边一般需要有一定的深水区，供亲鱼活动和藏身。在产卵场附近一般都会有索饵场。在那河流域，上游宽谷河段和下游泉集河以及鸭湖水域，均零星分布有适宜产卵繁殖水域，通过实地调查发现，那河流域鱼类产卵场呈"点"状分布，但繁殖区域分布不均匀，较集中的适宜繁殖河段和水域有 8 个。产卵场集中分布河段见表 2-32、表 2-33 和图 2-26～图 2-29。

表 2-32 渔获物产卵习性

种类	产卵类型	繁殖时段	生态水文需求	备注
斯氏高原鳅	沉黏性卵	4～6 月	缓流水体、有水草或底质为砂石河段	
修长高原鳅	沉黏性卵	4～6 月	缓流水体、有水草或底质为砂石河段	
小眼高原鳅	沉黏性卵	4～6 月	缓流水体、有水草或底质为砂石河段	上游稍推迟
细尾高原鳅	沉黏性卵	4～6 月	缓流水体、有水草或底质为砂石河段	上游稍推迟

表 2-33 调查河段鱼类产卵场集中分布河段情况

产卵场	中心坐标		海拔(m)	面积(m^2)	捕获鱼苗数量及长度	生境特点
	北纬	东经				
那河上游	36°44.224′	91°36.444′	3 722	500	鱼苗 37 尾，0.6～3.4 cm	主要分布于主河道以外的河道漫滩、大型回水湾，水流平缓，泥沙或砾石底质水域，水体交换较慢，受高原强日照照射水体升温较快，水温明显高于主河道水温，其产卵繁殖集中在 6～7 月，在 7 月中下旬可采集到大量仔鱼
库区上游	36°37.441′	92°07.659′	3 501	5 000	仔幼鱼多，2.0～4.0 cm	
库区	36°35.223′	92°35.811′	3 276	1 600	鱼苗 61 尾，1.1～4.0 cm	
二级电站库区	36°43.728′	92°43.821′	3 141	500	鱼苗 64 尾，0.5～2 cm	该段河流处于那河水利枢纽坝下，为峡谷河段，河宽约 20 m，水深较大，少浅湾，水流湍急，主河道流速常年维持在 1.0 m/s 左右，坝址处丰水期流速可达 2.0 m/s 以上，至出山口全长约 20 km，非高原鳅类适宜生境。在那河梯级建库后，水面抬升，库尾河段和库区浅水区域形成小型产卵场，其生境特点为：位于库尾、库区浅水区域，水流静止或平缓，水温相对较高，其产卵繁殖集中在 6 月，在 7 月中下旬可采集到少量仔鱼
三级电站库尾	36°42.181′	92°41.402′	3 198	500	鱼苗 32 尾，2.4～3.5 cm	

续表 2-33

产卵场	中心坐标		海拔（m）	面积（m^2）	捕获鱼苗数量及长度	生境特点
	北纬	东经				
哈夏图	37°02.064′	93°01.917′	2 861	区域分散	仔幼鱼较多，0.5~3.0 cm	该区域地下水丰富，地下水渗出汇集成多股小型河流，流经草甸，水流平缓，泥沙底质，水深较浅，均在 50 cm 以下，受日照影响水温较高。繁殖季节高原鳅类在该水域缓流水体中均可繁殖，该河段鱼类繁殖区域较大，泉水汇集缓流水河道均可见仔幼鱼。受地下水出入区域地形条件影响，该区域被分割为西达布逊湖水源乌图美仁河和鸭湖水源河流（哈夏图区域），大致形成了两个繁殖集中水域，该繁殖场所适宜度较高，在 6 月可见到大量亲鱼，7 月可调查到大量仔鱼，此外该河段分布有沉水植物眼子菜和大量钩虾
乌图美仁河	36°58.750′	93°11.866′	2 828	区域分散	鱼苗 41 尾，2~3.4 cm	
鸭湖	37°38.407′	93°33.337′	2 686	浅水区域	鱼苗 17 尾，1.2~4 cm	该人工湖为微咸水湖，其盐度在高原鳅的耐受范围内，湖区水体较浅，上游来水湖区水深在 2 m 以下，盐度较低，几乎为淡水，入水湖区及其上游来水河流形成了鱼类产卵场，该产卵场主要服务于湖区高原鳅类，具有一定的规模，产卵水域较分散，面积较大

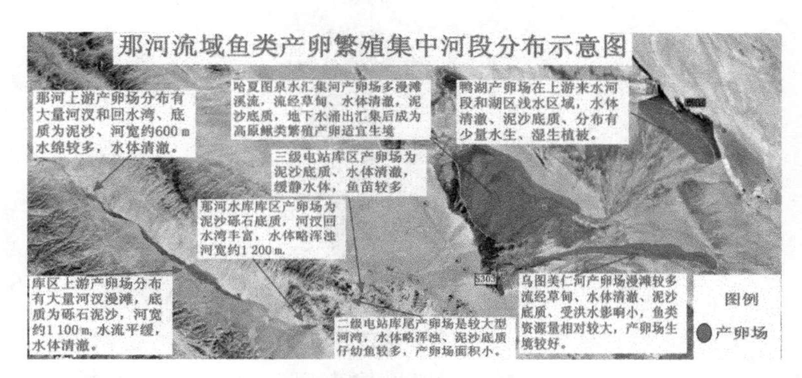

图 2-26　那河流域集中分布繁殖区域分布

2.4.7.3　索饵场

（1）大坝上游河段。为河流型生境，丰水期上游河段水量较大（约占全年来水量的 70%），易形成山洪，河道冲刷严重，河床边滩极不稳定，不适宜底栖动物、浮游生物和水生植物的生存，导致鱼类饵料资源较少，但部分河段岸边存在浅滩和回水湾，在该区域，水流较缓、水温高于干流主河道，存在有一定量的底栖生物和相对丰富的浮游生物，成为了部分喜缓流水鱼类的索饵场，主要种类为高原鳅。该河段鱼类索饵场所呈点状分布，无较集中大型索饵场。

图 2-27　库区上游集中分布产卵繁殖区域河段现状

图 2-28　乌图美仁河集中分布产卵繁殖区域河段现状

图 2-29　鸭湖产卵繁殖区域生境现状

(2)坝后梯级电站开发河段。坝后河段形成小型湖泊、底质为泥沙、水体清澈、饵料相对丰富,为高原鳅类提供了一定的索饵场,该河段产卵场较集中,主要为库区和库尾河段。

(3)出山口以下至 S303 河段。河流生态环境极为恶劣,无水生生物分布,无法形成鱼类索饵场所。

(4)泉集河河段。S303 以北地下水涌出汇集形成河流,地下水渗出后流经草甸,水流平缓、水体清澈、两岸遍布绿洲、草甸,河道水温较高,河流生产力较高(非洪水期),形成了良好的鱼类索饵场。

(5)尾闾鸭湖。水体清澈、部分湖区存在有一定量的沉水植物,浮游生物和底栖生物较为丰富,是该流域鱼类资源的主要分布区域,库区是主要的索饵场。

总之,在该河段水生态环境多变,有流水型河段、平缓的水库回水河段、平静的湖泊水体等不同的生态类型,不同的生态类型河段,形成了特有的鱼类索饵场。各河段鱼类受那河潜流和恶劣生境阻隔,形成相对隔离的生境单元,但各单元群体均可获得维持种群稳定的饵料资源,比较而言,梯级电站库区鱼类和鸭湖鱼类丰满度高于上游河段鱼类,体现出其饵料资源相对丰富。

2.4.7.4　越冬场

那河上、中、下游受地形条件影响较大,河宽、流速、流量差异较大。上游干流河段河势曲折,多浅湾,无湖泊存在,但河道中存在部分深水区域,可为该河段鱼类资源提供越冬场所,越冬场所呈点状分布,无较集中深水区域。中游梯级电站河段库区形成湖泊型水体、水深较大,水量水深较为稳定,在冬季可提供良好的越冬场所。梯级电站下游至鸭湖河段河流依次呈漫滩、潜流、溪流状,水深较浅,冬季多为冰封河段、无法形成越冬场。下游鸭湖部分湖区水深尚可,可为鱼类资源提供良好的越冬场所。

2.4.8　鱼类洄游通道状况

调查发现该河段无大型洄游性鱼类,均为定居型小型鱼类。已有阻隔为:中下游修建的梯级电站大坝和出山口以下潜流、漫滩河段。既有人工建筑物阻隔也有天然河流生境阻隔,潜流河段阻隔效应在丰水期会减弱或消除;大坝阻隔已形成横断,无连通,为鱼类无法通过的人工屏障。但研究发现该河段鱼类均为定居型鱼类,该河段虽被阻隔,但并不影响各河段鱼类繁殖行为的完成,各河段鱼类种群均有一定的规模,群落结构稳定,虽有物理阻隔,但并未产生明显的阻隔效应。综合看来,该河段上下游连通性虽较差,但阻隔效应未显现。

2.4.9　渔业调查现状评价

经过实地调查分析发现该河段鱼类资源较为贫乏,无经济鱼类,主要分布物种为高原鳅属鱼类,物种较少,群落结构简单。由于水利开发和河流形态的限制土著鱼类正在经历被割裂成小的群体过程。其分布区域将进一步被分割。

2.4.9.1　土著鱼类资源状况与种群区系分布

参考历史资料记载和本次调查结果来看,该河段地处高原,鱼类多样性较差,是一个水生物种欠丰富、生态敏感的河段。由于物种组成简单,均为定居型鱼类,所以水库建设形成的阻隔效应主要对坝上坝下基因交换产生一定的影响,对该流域鱼类区系组成不会造成影响。

2.4.9.2　流域内鱼类种群状况和特点

由于生态环境较为恶劣,大型经济鱼类和外来物种无法生存,导致该流域仅分布有4种高原鳅属鱼类,该流域上游河段高原鳅具有一定的种群规模,个体较小;梯级电站河段高原鳅种群较小,但个体较大;下游鸭湖河段鳅科鱼类种群较大,个体较大。流域仅有小型鱼类,均属高原鳅类,物种多样性欠丰富、群落结构简单,各物种在不同河段分布不均。

那河流域地处高寒区域,冰封期长达 150~180 d,其中河道封冻在 49~87 d;一般初冰在 10 月中旬,而终冰在 4 月中旬。上游河道冬季越冬场所较差,基本不具备越冬条件,仅峡谷河段存在深水区域,冬季也会封冻。裂腹鱼类为高耗氧鱼类,在封冻水面下无法存活,而高原鳅可耐低氧,在冰面下仍可存活过冬,分析认为该河段仅分布有高原鳅类的原因主要为该河段鱼类冬季无法越冬。

2.4.10　格尔木河类比调查分析

2.4.10.1　生境类比调查

那河与格尔木河同属柴达木水系,均位于中国青海省柴达木盆地南部,两河中下游距离不超过 200 km,流域自然气候、水系特征和环境相似性较高。格尔木河上游有两大支流,其中左支奈金河(奈齐格勒河),发源于昆仑山脉的博卡雷克塔克山的冰川,是格尔木河的主源。右支郭勒河(舒尔干河),发源于唐格乌拉山。两河在纳赤台以下汇合后始称格尔木河,经格尔木市,北流分支注入达布逊湖。格尔木河干流长 215 km,落差 1 440 m。多年平均径流量(格尔木站)2.42 m^3/s。由于地下水补给量占 66%以上,径流的年内分配比较均匀,径流年际变化较小,是一条水量变化小而稳定的河流。

格尔木河在 2011 年之前已建有梯级电站 4 座,现状开发利用率约为 28.6%,那河现状开发利用率为 0.56%,那河枢纽工程建成并考虑流域内需水后开发利用率为 25. 8%,与格尔木河现状开发利用状况基本一致。黄河水产所于 2015 年对格尔木河电站(运行 5 年后)峡谷河段和中下游漫滩河段(渠化)进行了调查,其中下断面调查捕获到大量高原鳅,河流水深较小,未捕获到裂腹鱼类。峡谷断面,水流湍急,水深较大,捕获花斑裸鲤和高原鳅,其中高原鳅数量较小,花斑裸鲤资源量大。分析认为:高原鳅类适宜水深较浅,水流平缓水域、裂腹鱼类适应水深较大,具有一定流速的水体。调查发现那河仅分布有高原鳅属鱼类,适应流速不大,水深较小的水域。类比分析认为:那河开发规模小于格尔木河,那河工程建设后对坝下河段影响主要是减水影响,减水后峡谷河段和泉集河不断流,而该河段鱼类对水深、流速要求低,减水后原有“三场”功能性可维持,鱼类可维持其生活史。柴达木盆地水系水温均较低,调查发现该区域水生生物多样性和生物量与水温正相关,下游减水,水深变小,流速减缓,有助于河道水深的升高,其他水生生物多样性和生物量将会增高,有利于河流水生态系统的稳定。

综合分析认为,本工程实施后那河出山口下泄水量减少,坝下河段和尾闾水量会减少,但该区域水生生物生态需水量较低,对水深、流速要求不高,减水后河流自然状态可维持,鱼类和其他水生生物区系组成不会改变,对生态环境影响不大,考虑社会经济效益和生态影响,认为该水生态影响是可接受。

2.4.10.2　格尔木河鱼类资源类比调查

2015 年对格尔木河开展了类比调查,选取类似那河缓流生境和峡谷生境特点共设置 2 个断面,分别是格尔木市公路桥上游 3 km 断面、中游电站下游断面。通过采取同样的采集方式进行了采样调查,网具数量缩减 1/2,采集时间由隔夜缩短至 2 h。调查结果表明,缓流水体断面可采集到大量高原鳅类,峡谷断面可采集到裂腹鱼类和高原鳅类。

通过对渔获物分析发现,本次类比调查共调查到鱼类 7 种属,其中高原鳅类 5 种属、鲤科鱼类 2 种属,其中裂腹鱼亚科鱼类 1 种属、鲤亚科 1 种属,分别是花斑裸鲤和鲫鱼(外来种)。本次调查共获鱼 145 尾,其中花斑裸鲤为 24 尾,其他均为高原鳅类。格尔木河鱼类物种及渔获物见表 2-34。

表 2-34　格尔木河鱼类物种及渔获物

	科	种名	数量
目	鲤科	花斑裸鲤 *Gymnocypris eckloni Herzensten*	24
		鲫鱼 *Carassius auratus*	1
	鳅科	细尾高原鳅 *Triplophysa stenura*(*Herzenstein*)	23
		小眼高原鳅 *Triplophysa microps*	11
		隆头高原鳅 *Triplophysa alticeps*	5
		茶卡高原鳅 *Triplophysa cakaensis*	13
		硬刺高原鳅 *Triplophysa scleroptera*	68
合计	2	7	145

对类比调查结果进行分析,在同样的采集方式,较弱的采集强度、类似的水文情势河段,格尔木河可采集到大量的裂腹鱼类,基本可排除由于我们选采样断面设置或采集方式造成的结果偏差。通过实地高强度调查和类比调查结果分析认为,那河分布有裂腹鱼类的概率较低。那河为柴达木盆地内流水体、水环境具有密闭性,与青藏高原各水系互不相通,且水生态环境相对恶劣,鱼类资源物种丰富度较低符合鱼类分布规律和高原河流鱼类分布特点。

2.4.11　那河物种组成特点及形成原因分析

在那河流域仅调查到 4 种高原鳅,通过走访了解、实地调查、类比调查,基本可确定那棱格勒河无裂腹鱼类分布。调查发现:那河地处高原,冬季气温极低,水资源量年内分布不均,冬季枯水期河道被冰封,冰封期较长,冰盖下河流水体溶解氧较低,无法满足裂腹鱼类的高溶氧要求,不具备越冬条件。高原鳅类个体较小 ,对溶解氧要求稍低,河道冰封后深水区仍可满足高原鳅越冬条件,由于该河流生境条件恶劣,导致能够在该河流完成生活史的鱼类物种比较单一,仅存 1 科 1 属 4 种,鱼类物种多样性较差,群落结构简单。

2.5　流域生态环境演变状况分析

2.5.1　尾闾湖泊生态演替变化分析

2.5.1.1　尾闾湖泊水力联系情况

尾闾湖泊目前初步形成 4 个,分别为鸭湖、东台吉乃尔湖、西台吉乃尔湖和一里坪湖。分析湖泊水面面积、水深及水生生物等关键指标变化情况,阐明生态演变过程。

在2004年企业入驻之前,那河及东台吉乃尔河在绿洲带汇合后,主水流先进入东台吉乃尔湖,在水量大时中间支流汇入鸭湖,西侧支流汇入西台吉乃尔湖;天然状态下鸭湖面积很小,仅几平方千米。东台吉乃尔湖和西台吉乃尔湖企业入驻之后,两湖逐步作为盐湖进行开发,受到洪水威胁和盐湖开采需要。2008年,两湖企业修筑防洪堤,减少进入两湖的水量。同时,鸭湖逐步续水,扩大水面面积并抬高水位,上游那河与东台吉乃尔河来水先汇入鸭湖,鸭湖水面面积已形成一定规模,鸭湖通过下渗补给东、西台吉乃尔湖企业采卤用水,超过防洪堤防洪水位要求时经过西台吉乃尔湖北坝下泄入苦水沟,最终流入一里坪湖。尾闾湖区四湖分布见附图2-6。

(1)西台吉乃尔湖。大致呈三角形,西距一里坪约10 km,东距东台吉乃尔湖约30 km。据1959年调查资料,湖水面高程2 682 m,面积82.4 km^2,最大深度0.85 m,一般为0. 3~0.4 m。1988年枯水期调查时湖水基本干涸,面积不足1.0 km^2,湖水矿化度347.03 g/L,比重1. 23,主要为台吉乃尔河的间歇性补给。

(2)东台吉乃尔湖。该湖近似斜三角形,为一封闭无外泄的化学沉积平原,呈北西—南东向展布,长约30 km,宽约12 km。1959年枯水期湖水面积为116 km^2,水深一般为0.60 m,丰水期面积达173 km^2。2000年丰水期湖水面积为201.64 km^2,平均水深0.81 m,2001年枯水期湖水面积191.76 km^2,平均水深0.78 m,1989年特大洪水期湖面积曾达到310 km^2。东台吉乃尔湖主要接受台吉乃尔河及那河的补给。

(3)鸭湖。位于东、西台吉乃尔湖之间的平坦洼地,原鸭湖面积很小,仅几平方千米,主要为台吉乃尔河的散流补给,2004年企业入驻东、西台吉乃尔湖后,由于企业对两湖盐矿资源的开发,以及晶间采卤平衡需要,入尾闾湖前的河道出现改道,鸭湖逐渐蓄水形成常年湖;2008年东、西台吉乃尔湖为了开采盐矿资源,青海锂业有限公司在东台吉乃尔湖西南一侧修筑拦河堤坝,西台吉乃尔湖分别在东南及北部各修筑拦河堤坝一座,现今台吉乃尔河及那河河水都汇入至鸭湖内,面积倍增了几十倍,为200~300 km^2,已成为台吉乃尔河及那河的主要蓄洪水库,承担了东、西台吉乃尔湖盐矿开采区的重要防洪任务。

(4)一里坪湖。位于西台吉乃尔湖西北部,地形平坦低洼,原湖区内没有湖水存入,或入水较少,且很快蒸发,由于东、西台吉乃尔湖修筑了拦河堤坝,控制了台吉乃尔河及那河河水进入,都汇入至鸭湖内,特别是丰水年或洪水期,鸭湖湖水位较高,拦河堤坝高水位运行时,堤坝抗冲刷能力差,威胁着堤坝安全,其部分水量由西台吉乃尔湖北坝引排至一里坪湖区,形成了如今的一里坪湖,目前确定为中国五矿集团开发,基础设施正在建设中。现状一里坪水面面积为150~200 km^2,已成为台吉乃尔河及那河的主要蓄洪区。

2.5.1.2　尾闾湖泊生态演变过程分析

1.尾闾湖泊变化过程

根据美国USGS网站上获取1988年、1996年、2000年、2005年、2010年、2013年遥感图像处理结果统计了各年湖泊面积变化状况,具体见表2-35、图2-30。

根据坝址断面58年长系列水文资料分析,1984~1987年为连续枯水年,1988年接近平水年,1988年湖泊处于平均水平;1989~1995年为平偏枯水年,1996年为丰水年,由于滞后效应,湖泊面积较1988年略下降,和来水条件有一定相关关系,不十分紧密;1997~1999年为平偏丰水年,2000年为丰水年,较1989~1995年间来水量明显增加,湖泊面积较1996年增加1倍，有一定相关关系；2001年到2004年持续平偏丰水年，2005年为丰水年，湖泊面积较2000年略有下降，尽管来水条件较1997~1999年基本一致，但该时间段内2003年受到企业入驻、人工干扰影响，湖泊面积有一定减少；2006年到2013年为丰水年，企业入驻、人工干扰处于稳定状态，湖泊面积较2005年持续稳定。

表2-35 1988~2013年尾闾湖泊面积变化

时间	湖泊面积（km^2）
1988年	197.91
1996年	136.40
2000年	282.97
2005年	198.11
2010年	224.53
2013年	219.63

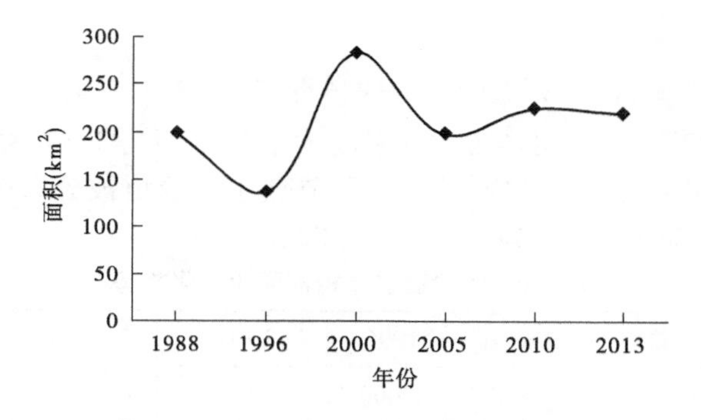

图2-30 1988~2013年尾闾湖泊面积变化

2.东、西台吉乃尔湖变化及影响分析

根据《那棱格勒河出山口径流转化和消耗专题报告》（中国水利科学研究院）研究成果，1988~2014年历年研究区TM、ETM+、TML1T影像，在人工目视解译的东台吉乃尔湖和西台吉乃尔湖湖区面积。人工解译的图像更清晰地显示出近年来那河尾闾盐湖水体面积的演化。2004年的图像显示，在西台吉乃尔湖有少量的盐田开发出现，随后开发面积逐年扩大。2007年因为矿产资源的开发，西台吉乃尔湖水体面积急剧萎缩。2008年的图像显示，西台吉乃尔湖水面积几乎完全消失。2009年、2010年的图像均显示西台吉乃尔湖水体近乎完全消失。2011年，西台吉乃尔湖重新被注入淡水。东台吉乃尔湖的水体面积从2011年开始逐渐萎缩。东台吉乃尔湖在2013年彻底的消失。尾闾东西台湖面积变化见图2-31，东台吉乃尔湖、西台吉乃尔湖水面面积演化如附图2-7所示。

随着柴达木盆地循环经济试验区的实施，青海锂业、青海中信国安、中国五矿集团等尾闾开发企业的陆续入驻，那河尾闾盐田开发面积逐年扩大，东、西台吉乃尔湖的面积逐渐出现萎缩，尾闾湖泊水面面积的变化对盐湖原有生态系统造成了一定的影响；尾闾企业进行盐矿资源开发的同时也改变了那河尾闾原有的水力联系，位于两湖中间洼地的鸭湖面积显著增加并形成了新的水生生态系统。

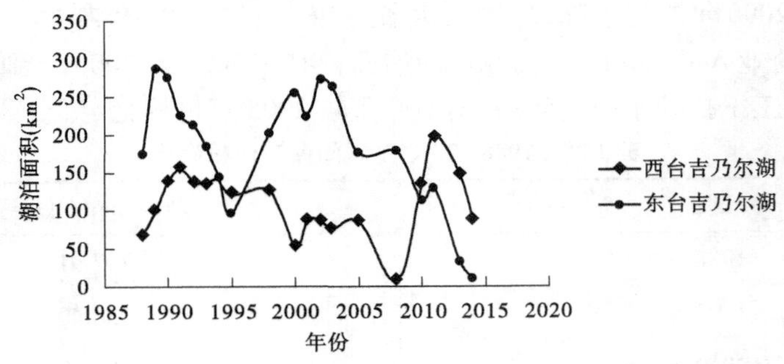

图 2-31　东台吉乃尔湖和西台吉乃尔湖水面面积变化曲线

综上分析，那河尾闾生态应立足于盐湖生态和盐湖资源保护，在保护生态环境的前提下搞好盐湖资源开发利用。建议下一步对那河尾闾盐湖生态保护、盐湖资源开发和保护等开展专题研究。

2.5.2　流域植被变化分析

以 2013 年、2010 年、2005 年、2000 年、1996 年及 1988 年为主要的时间节点回顾分析那河流域植被变化过程。研究区所处地质环境为干旱、半干旱地带，受气候、雨量、供水条件影响较大，其变化趋势呈现非匀速性。主要节点年份的植被分布图见附图 2-8。具体植被变化数据如表 2-36 所示，趋势变化见图 2-32、图 2-33。

表 2-36　评价区多年植被面积变化趋势　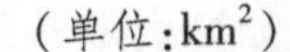（单位：km^2）

分区	植被类型	1988 年	1996 年	2000 年	2005 年	2010 年	2013 年
绿洲区	草地	1 281.37	1 000.41	961.55	1 403.51	1 518.03	1 437.04
绿洲区	灌丛	96.63	50.56	235.76	105.88	342.76	213.98
盐化草甸区	草地	311.05	376.04	146.75	421.38	521.56	375.68
盐化草甸区	灌丛	5.73	2.75	76.09	9.96	85.05	9.78
总面积		1 694.84	1 429.77	1 420.15	1 940.85	2 467.4	2 036.47

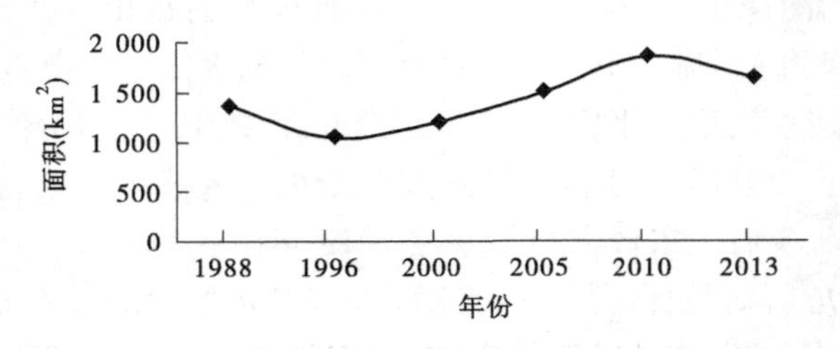

图 2-32　评价区绿洲区草地及灌丛面积变化趋势

根据长系列天然来水过程，1988~2013 年水资源量由枯—平—丰变化，绿洲盐化草甸区的植被面积总体呈增加趋势，该区域水分对植物生长的影响十分明显，通过对比该区主

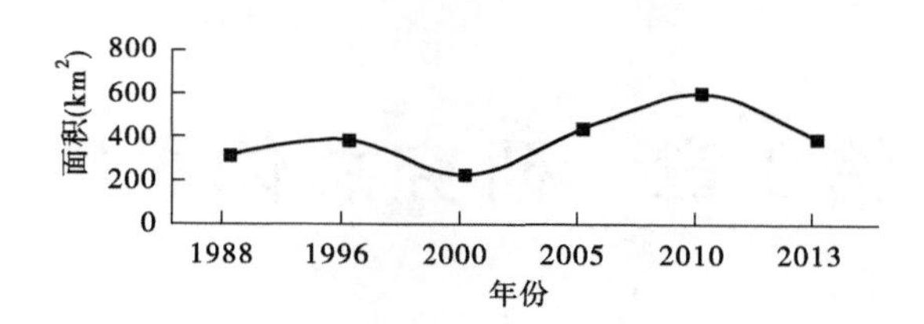

图 2-33　评价区盐化草甸区草地及灌丛面积变化趋势

要节点年的径流特征显示，1998～2000 年绿洲区面积先减小后增加，盐化草甸区先增加后减小，而 1996～2000 年天然来水条件基本不变，绿洲区与盐化草甸区总面积基本持平，说明时间段内两者之间有一定演变。2000 年后，天然来水量逐步增加，绿洲区面积持续增长，到 2010 年特大洪水期面积达到最大，之后面积略有下降。

第3章 研究总体思路

3.1 研究目的及意义

柴达木盆地是我国重要的防风固沙生态功能区,生态系统脆弱,生态环境战略地位重要,尤其是冲洪积扇细土绿洲带。中国工程院重大咨询项目《西北地区水资源配置生态环境建设和可持续发展战略研究》明确指出保护细土带的天然植被基本不退化成为流域的保护目标。其中,格尔木的冲洪积扇细土绿洲带和尾闾生态环境作为流域保护目标;那棱格勒河冲洪积扇细土绿洲带作为流域的保护目标,下游尾闾东西台湖是盐矿资源区,目前已开发为盐湖化工区。

那棱格勒河水利枢纽是柴达木盆地重要的水资源配置工程。根据全国水土保持规划(2015),项目区属于青藏高原—柴达木盆地及昆仑山北麓高原区—柴达木盆地农田防护防沙区。《西部大开发重点区域和行业发展战略环境评价》指出柴达木盆地经济发展的用水需求总体上在水资源可承载范围,应将柴达木盆地水资源作为产业布局和经济社会发展的战略性资源进行管理,要重视水资源的合理配置、高效利用,加快建设一批保护生态和支撑新型工业化发展的引水工程,缓解部分地区水资源严重短缺对经济增长的刚性制约。因此,平衡协调区域经济发展和生态环境保护的关系,统筹格尔木市周边的水资源开发利用,在确保那河流域生态安全的前提下,适度从那河引水,可以有效缓解格尔木、茫崖和冷湖等地区的经济发展用水与生态环境保护的矛盾。

鉴于工程建设的必要性和引水区生态环境的敏感性,引水规模与生态环境的协调平衡至关重要。本研究首次系统调查与分析了那棱格勒河流域水生生态和陆生生态现状,根据那棱格勒河的水资源条件、生态功能定位以及生态环境特征,从生态保护优先的角度深入论证了那棱格勒河的生态保护目标及其生态需水量,以那棱格勒河生态保护和柴达木循环经济试验区经济发展相协调的原则,从生态环境影响的角度深入论证了工程引水方案的环境合理性。

本书旨在研究那棱格勒河水利枢纽工程实施对环境尤其是生态环境产生的影响,并提出绿洲区生态减缓及补偿措施、水生生态调度及栖息地保护、生态流量泄放及生态流量监控等工程和非工程措施,保证了那棱格勒河流域绿洲区植被需水高峰期和鱼类繁殖期、生长期的基本需水要求,以做到开发与保护并重,正确处理工程建设与环境保护的关系,促进工程建设与社会、经济、环境效益协调发展。

3.2 研究对象

本书研究对象为青海省海西州那棱格勒河水利枢纽工程,该工程主要包括主体工程、辅助工程和公用工程三部分。其中,那河水利枢纽主体工程由沥青混凝土心墙堆石坝(主坝)、混凝土重力坝(副坝)、溢洪道、泄洪洞、供水洞、引水发电系统等组成;辅助工程包括施工导流、渣料场、施工营地等;公用工程包括水、电、风系统及施工交通等。

本书重点对上述工程实施产生的生态环境影响开展研究。

3.3 研究范围

根据建设项目规模、特点和区域环境特点,拟定研究范围见表 3-1。

表 3-1 研究范围

序号	环境要素	研究范围
1	地表水环境	那河水库回水末端(坝址上游 11.68 km)至下游尾闾湖区约 250 km
2	地下水环境	包括那河水利枢纽蓄水回水影响范围、山前冲洪积和冲湖积平原以及供水影响范围。重点对山前冲洪积和冲湖积平原区域进行影响分析,具体评价范围为:南部大部取山体为界、局部取那河出山口段为边界;东部取开木棋河与小灶火河分水岭为边界延伸至西达布逊湖;北部以西达布逊湖、东台吉乃尔湖、西台吉乃尔湖为界;西部边界取第三系隐伏隆起的隔水泥岩接触带,为隔水边界。评价区为一边界可控、相对独立的水文地质单元
3	陆生生态	那河源头区至尾闾湖区,河流两侧第一个分水岭的范围,即西南至工程回水末端,东至西达布逊湖,北至那河尾闾一里坪,包括东台吉乃尔河和乌图美仁河区域;重点围绕淹没库区、施工区、道路、坝下减水区、绿洲区开展评价;该评价区总面积确定为 40 971.86 km^2。重点围绕那河干流,从回水末端以上 20 km 处至尾闾湖区,即回水末端以上河段、工程占地区、坝下减水河段、山前戈壁带、绿洲及盐化草甸区和尾闾湖区
4	水生生态	那河中下游干支流河段,共计约 275 km,包括回水末端上游约 45 km、坝下至尾闾湖区约 230 km 以及东台吉乃尔河、乌图美仁河。其中,重点研究区域为库区、坝址下游至出山口区域、鸭湖

3.4 工程环境影响分析

3.4.1 运行期环境影响因素分析

工程运行期主要是那河水库供水运行导致河道下泄水量及水量过程改变,坝址下游河段的水文泥沙情势改变,使得坝址至尾闾湖区的地表水资源量和地下水补给量减少,地下水的补给过程变化,进而引起区域水生、陆生生态环境变化;库区较天然河道水深增加,下泄水流水温较天然状态有所改变;库区水面面积增加导致蒸发加剧,库区、下游河道、尾闾湖区地表水体盐分可能升高;此外,水库管理人员的生活污水排放及生活垃圾堆放可能对周边水域产生一定影响。工程运行期环境影响具体见表 3-2。

表 3-2　工程运行期环境影响初步分析

区域	源强	环境现状		环境影响		
		现状	敏感点	要素		影响分析
坝上河段库区	水库蓄水、供水、蒸发、渗漏等导致水位上升、淹没区增加、河道受阻、水文情势改变	峡谷河段，河流连通	—	水文泥沙情势		①水库正常运行期间，一般年份水位在死水位和正常蓄水位之间变动，遇超过下游防洪标准洪水，最高水位可达设计洪水位和校核洪水位；②河流变成水库，水位、流速均发生变化，泥沙淤积
				水环境	地表	①管理人员生活污水及水文情势变化对那河水环境造成影响；②由于枢纽下游水文情势变化，可能造成枢纽下游水环境质量发生变化，水温、矿化度等；③运行期受水区工业园区新增供水可能带来的水污染负荷影响
					地下	水库蓄水运行，可能造成库区地下水环境发生变化
				生态环境	陆生	①水库淹没将造成一定的植被损失；②原有陆生生境变成水生生境；③淹没占地对当地土地资源造成一定影响，土地利用性质发生改变；④此外，水库面积增加，也能改善区域局地气候，库周也将形成新的生态系统，生态环境明显改善
					水生	①大坝阻隔作用，可能引起那河水生生物尤其是鱼类生境发生变化及鱼类资源量和分布的变化；②水文情势变化对坝址下游河道生态环境用水、河流水生生物及河谷植被产生影响
坝址至出山口	水库调度运行，多年平均情况下供水量 2.63 亿 m³，下游水量减少，水位频变	峡谷河段，无植被生长	—	水文泥沙情势		进入坝址下游河道的水量较现状减少，流量过程改变，水位、流速发生变化；泥沙量减少
				水环境		①水库调度运行导致进入下游河道的总水量减少，下泄水温较天然状态改变；②水文情势改变造成该区域地表水环境和地下水环境均发生变化，地下水位下降
				生态环境		进入坝址下游河道量减少，河道水温变化和阻隔作用导致地表水环境和地下水环境改变，进而引起水生生态环境变化，对水生生物造成不利影响，生物量减少、多样性降低

续表 3-2

区域	源强	环境现状		环境影响	
		现状	敏感点	要素	影响分析
出山口至绿洲带	水库调度运行导致下游水量减少、地下水位下降、地下水出露区域后移	山前戈壁带，细土绿洲带	绿洲	水文情势	进入出山口下游河道的水量较现状减少，流量过程改变，水位、流速发生变化
				水环境	水库调度运行导致进入下游河道的总水量减少，下泄水温较天然状态改变，水文情势改变造成该区域地表水环境和地下水环境均发生变化，地下水位下降
				生态环境	进入下游河道总水量减少，地表水环境和地下水环境改变，地下水位下降，进而引起下游绿洲生态环境变化
尾闾湖区	水库调度运行导致水量减少，水位频变	盐化草甸、盐化荒漠、盐湖	—	水文情势	进入尾闾的水量较现状减少，尾闾的水面面积相应减小
				水环境	进入尾闾的总水量减少，蒸发强烈，水体盐分会发生变化
				生态环境	进入尾闾总水量减少，盐分变化导致水生生物的生态环境有所改变，对水生生物造成不利影响，生物量可能减少

3.4.1.1　工程运行

1. 水文泥沙及洪水情势

水库运行后，库区水域面积、水位、流量、流速、泥沙等较建库前有所明显变化，进而会对库区的水环境、水生态、库区陆生生态等产生影响。

根据水库运行方式，工程运行后，水库下泄水量由原天然径流状态转变为水库调节后的径流状态，坝址下游形成减水河段，坝址下游河道的径流、泥沙等水文情势发生改变，进而影响坝址下游河道水环境、水生态及河道沿岸绿洲植被和尾闾湖泊等。

此外，水库具有防洪作用，在汛期会拦蓄一定量的洪水，天然洪水过程将发生改变。

2. 地表水环境

1) 水质

水库蓄水后由于流速变缓，水体在水库的滞留时间延长，污染物容易富集，物质腐烂会释放出有机物质，其库底遗留的植被、土地、河流的漂浮物、悬浮物等会对水体水质产生一定影响。坝址下游水文情势的变化将会使得坝址下游河道的水环境，尤其是河道及尾闾的矿化度产生影响。

水库向格尔木市、茫崖和冷湖工业园区供水后，工业园区废污水量将有所增加，可能对周边地表水体产生一定影响。

2）水温

那河水库总库容 5.88 亿 m^3，坝高 78 m，水库水体可能会出现分层现象，从而导致坝址下游河段水体水温与建库前相比会出现一定的变化，对坝下生态环境产生影响。

3. 地下水环境

1）对库区地下水环境的影响

工程所在区为那河山区峡谷河段，枢纽工程的建设与运行可能对周边地下水径流补给与排泄通道产生影响；工程运行期间，坝基、坝肩渗漏对下游地下水也会产生一定程度的影响；同时，由于受水库蓄水的影响，库区近岸地段地下水位明显抬升，也可能带来沼泽化等环境水文地质问题。

2）对坝址下游地下水环境的影响

工程建成后，进入那河水利枢纽下游河道的总水量减少，河流水文情势将发生变化，可能使荒漠河岸林草分布区地表水、地下水补给量发生变化，下游那河绿洲地下水位下降，从而对区域地下水环境产生影响。

4. 生态环境

1）陆生生态环境影响

那河水利枢纽建成后，由于防洪、供水、发电等综合影响引发下游河道洪水过程、径流过程发生变化，进而造成近岸植被及下游绿洲带的供水条件发生变化，地下水位下降，绿洲植被可能会出现生态演替现象。同时，由于水库建设形成较大水面，产生局部阻隔效应，可能导致陆栖野生动物栖息、觅食场所改变；库周区域也会形成新的生态系统，植被萌发，生态环境和局地小气候都将有所改善。

2）对水生生态的影响分析

那河水利枢纽建成后，将对坝址河段水生生境形成阻隔，致使水生生境片段化，对水生生物产生一定影响。坝上河流生境由流水型变为湖泊型，流速减缓，水面面积增大，可能引起水生生物、鱼类种群及数量发生变化；水库供水运行后，坝下减水河段水生生物生境将会发生变化，进而对水生生物产生一定影响。尾闾湖区水资源量减少引起水面面积减少后，矿化度变化对鱼类生境产生一定影响。

3.4.1.2　工程管理

水库运行后，管理人员入住、电站定时检修，产生生活垃圾、废气、生活污水及生产废水可能对周边环境产生一定的影响。

电站运行发电机、水轮机等机械运转噪声可能对区域环境产生一定影响。

3.4.2　运行期源强分析

3.4.2.1　水文情势变化

运行期水库供水运行是造成区域生态环境发生重大变化的主要原因，格尔木、茫崖、冷湖工业园区排水变化是重要源强。

那河水库坝址多年平均径流量为 12.43 亿 m^3，水库调水流量 8.53 m^3/s，水库建设后，坝址多年平均下泄径流量为9.51亿m^3，较建库前减少径流2.92亿m^3（包括水库引水量2.63亿m^3，水库蒸发渗漏损失量0.29亿m^3），减少幅度为23.5%。其中，受水库供水影响最大的是4月、6月和11月，径流量分别减少天然径流量的69.89%、50.40%和49.85%，对应流量分别减少14.86 m^3/s、24.49 m^3/s和6.36 m^3/s，水位相应降低0.06 m、0.10 m和0.03 m。

那河水库设计引水规模2.69亿m^3，多年平均引水量2.63亿m^3。工程建成引水并考虑10%的水量损失后，可以为格尔木市、茫崖和冷湖地区分别增加1.38亿m^3、0.51亿m^3和0.49亿m^3的水资源量。

3.4.2.2　污染源强分析

1. 水污染源

电站装备2台发电机组，机组定期进行检修，主要产生含油废水，废水量小，主要污染物为油类。

工程设管理机构，生产管理人数74人，按照生活用水70 L/(人·d)，污水排放系数0.8计算，生活污水排放量为4.14 m^3/d，主要污染物为COD_{Cr}、BOD_5、氨氮、SS，浓度分别为300 mg/L、200 mg/L、50 mg/L和250 mg/L。

2. 大气污染源

管理站以电暖方式取暖，无大气污染物排放。

3. 噪声污染源

电站运行产生噪声可能会对周围环境产生一定影响，主要机械水轮机、发电机等噪声值为80~90 dB。

4. 固体废物

生产管理人员生活垃圾按照0.5 kg/(人·d)计算，根据管理人员人数，确定产生生活垃圾37 kg/d。

3.5　研究总体思路及研究内容

3.5.1　环境保护目标识别

3.5.1.1　地表水环境

那河楚拉克阿干段至格芒公路桥河段满足Ⅱ类水要求，格芒公路桥至东台吉乃尔河河段满足Ⅲ类水要求，东台吉乃尔河源头至东台吉乃尔湖入湖口河段满足Ⅱ类水要求，乌图美仁河源头至西达布逊湖河段、鸭湖满足Ⅲ类水要求，格尔木河自起点52道班至青新公路段满足Ⅱ类水要求，格尔木西河青新公路至下游5 km段满足Ⅳ类水要求。即确保那河干流及尾闾、乌图美仁河、格尔木河工业园区地表水环境质量状况不低于现状质量水平。

3.5.1.2　地下水环境

地下水水质目标满足《地下水质量标准》(GB/T 14848—93)Ⅲ类水要求；项目影响区域能维持合理的地下水位，那河下游地下水资源量不因水库调度而产生重大变化，仍能维持下游生态系统基本稳定。

3.5.1.3 陆生生态

根据现场调查数据以及历史资料的分析，最终确定本次生态环境评价主要保护目标为以下几个方面：一是维持下游荒漠生态系统的连续性、完整性；二是保护荒漠地区河流廊道生态系统，使生态系统的基本功能协调发展；三是保证下游绿洲、盐化草甸等区域生态系统稳定；四是国家Ⅰ级、Ⅱ级重点保护动物。具体如下。

坝下地区：维护下游绿洲、盐化草甸、尾闾湖区等区域生态系统稳定性及生物多样性，保护荒漠区域植被、沙质和砾质覆盖层，通过植被结构的稳定以维持动物的适宜生境，确保绿洲带的防风固沙功能不受影响，区域整体生态服务功能不受影响。

重点保护动物：国家Ⅰ级保护动物藏野驴（*Equidae kiang holdereri*）；国家Ⅱ级保护动物藏原羚（*Procapra picticaudata*）、藏雪鸡（*Tetraogallus tibetanus*）、高山雪鸡（*Tetraogallus himalayensis*）、棕熊（*Ursus arctos*）、荒漠猫（*Felis bieti*）、兔狲（*Felis manul*）、鹅喉羚（*Gazella subgutturosa*）、岩羊（*Pseudois nayaur*）、赤狐（*Vulpes vulpes*）、疣鼻天鹅（*Cygnus olor*）。

3.5.1.4 水生生态

建设工程地处那河中游峡谷河段，地处青藏高原，海拔较高，气候干燥，生境脆弱，属于我国生态环境重点保护地区。那河水生生态保护目标为：维护河流生境质量，保障河道内生态基流、坝址下游河段水生生物生长及繁殖关键期所需的生态需水，维持淹没区至下游梯级电站、尾闾湖区的水生生物多样性，保护重要水生生境的连通性与生态系统功能的完整性，维持鱼类区系组成和种群稳定性。

3.5.2 环境敏感点识别

根据《全国主体功能区规划》《青海省主体功能区规划》《青海省生态功能区划》等相关资料，结合现场调查，工程建设区域不涉及自然保护区、风景名胜区及集中式地表水饮用水源保护区等环境敏感点。

经调查，结合工程布置、区域环境特征和主要调查结果，识别坝址下游鱼类“三场”、那河绿洲区为主要环境敏感点。

3.5.3 研究内容

那河水利枢纽工程的建设运行在保障园区供水安全的同时，势必对那河流域脆弱的生态环境造成一定的影响。本次评价在识别区域环境特点、工程特点的基础上，重点评价由于水资源开发利用及水文情势时空变化对区域生态环境产生的影响，平衡协调区域经济发展与生态环境保护的关系，将生态环境流量做为工程规模确定的前置条件，合理确定水库规模与运行方式、引水规模与过程，制订切实可行的生态环境保护方案，解决柴达木区域关键环境问题。根据以上特点并结合研究工作程序，确定本次研究工作内容如下。

3.5.3.1 那棱格勒河流域生态环境现状调查

2015 年 5 月、7 ~ 8 月通过现场调查、走访、查阅文献等方法对那棱格勒河上游河段、淹没区、主体工程区、坝下减水河段、绿洲盐化草甸区、尾闾湖区等区域的陆生及水生生态现状进行了全面调查和评价，其中以流域陆生生态环境（尤其是下游细土绿洲带）、水生生态环境为重点，详细调查了野生动植资源、鱼类及其他水生生物资源、鱼类“三场”分布等情况。同时，在深入研究流域地表水与地下水转换关系（《那棱格勒河出山口径流转化和消耗专题报告》）的基础上，确定了地表水、地下水资源量变化与绿洲植被演替关系。在此基础上，综合现场调查评价结果，全面分析了区域主要生态系统类型及其特点、生态完整性、鱼类种群类别等，确定了流域环境保护目标和主要环境敏感点，为研究工程对生态环境的影响奠定了基础。

3.5.3.2　流域生态环境需水量及生态用水评估研究

采用多种方法综合分析，以那棱格勒河水库下游鱼类生长关键期、细土绿洲带植被需水高峰期等对水量的需求为重点，研究确定河道内生态需水量及需水过程；根据工程运行后河道关键断面的下泄水量及水量过程，对建库前后流域生态用水情况进行评估，主要包括坝址断面生态基流、鱼类及植被敏感期生态需水保障程度、绿洲及尾闾湖生态用水影响等。生态用水评估结果也是验证工程引水规模环境合理性的重要依据。

3.5.3.3　工程对那棱格勒河流域水环境的影响研究

研究根据那棱格勒河水库建设运行方式，重点分析工程建设运行造成的坝址下游水资源及水文情势时空变化，主要包括坝址、出山口、尾闾湖泊等关键节点水资源量、开发利用程度、流量、水位等水文要素及过程的变化。

进而分析由于工程建设运行引起的坝址下游水资源及水文情势时空变化对下游细土绿洲带生态系统及地下水资源量影响，以出山口以下区间为对象搭建地下水模型，开展地下水位等影响分析，尤其是细土绿洲带地下水位的变化。

开展运行期水环境影响预测。主要分析运行期水文情势变化对库区及坝址下游水质、水温影响。

3.5.3.4　工程对那棱格勒河流域生态环境的影响研究

分析工程运行对河道内生态基流、关键期生态用水的影响，对库区、坝下减水河段、绿洲区、尾闾湖区水生生境及鱼类和其他水生生物的影响。

在水文情势、地下水影响分析的基础上，对运行期区域陆生生态环境开展影响分析，主要包括库区、坝下减水河段、下游绿洲区及盐化草甸区、下游尾闾区等。重点是工程运行后下游细土绿洲带植被演替状况、植被生长状态，以及依赖于绿洲生存的动物等。

3.5.3.5　工程对区域水环境、生态环境影响的对策措施研究

结合工程特点、区域环境特征，根据环境影响评价结论，对工程造成的不利环境影响提出切实有效的水环境防治措施及生态环境保护措施，重点包括水资源管控对策、生态流量泄放措施、鱼类保护措施、细土绿洲带保护和恢复措施等。

此外，为更好地跟踪了解工程运行过程中对区域生态环境的影响，尤其是运行后的影响，本研究提出工程运行后监测方案，重点对运行后影响区域尤其是细土绿洲带的地表水、地下水、生态环境状况等开展持续监测，加强环境影响后评估，为进一步减缓工程环境影响提供技术支持。

研究技术思路如图3-1所示。

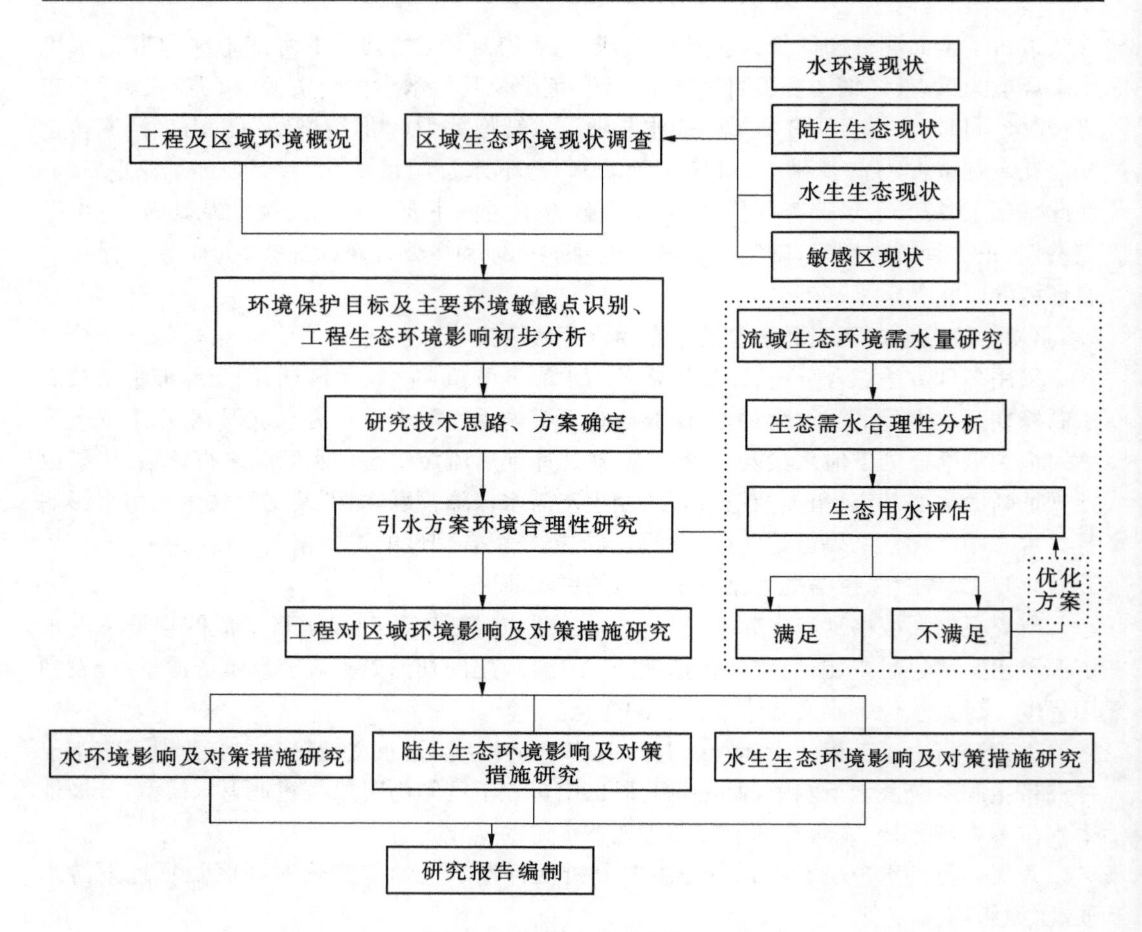

图3-1　研究技术思路框图

第4章 工程方案环境合理性分析

4.1 引水规模环境合理性分析

4.1.1 "三先三后"协调性分析

4.1.1.1 项目区工业园区发展现状及发展方向

2013年格尔木市三次产业所占GDP的比重为1.08:78.04:20.88,第二产业占比过高的问题更趋突出。从工业内部结构看,资源性产业比重偏高、新兴产业发展不足,重工业化倾向更趋明显,2013年重工业增加值占全部工业增加值的95%,产品结构单一,发展方式仍然较为粗放。

根据循环经济区的要求,未来格尔木的工业发展方向是坚持低碳、循环、生态、绿色的发展方向,以发展园区经济为载体,以发展循环经济为主要途径,加快结构调整和产业升级步伐,做大做强传统优势产业,包括:①盐湖化工。以钾资源开发为核心,根据不同盐湖类型,确定不同的开发方案,大力发展盐湖综合利用梯级产品及其深加工产品。②油气化工。提高原油产量及甲醇规模,加快油气化工与盐湖化工、有色金属工业的融合发展,着力构建石油烯烃、乙烯及其下游制品、合成氨及其下游制品、多聚甲醛、甲醇蛋白等循环经济产业链条,实现综合利用、循环发展。③冶金工业。加快钢铁工业发展,加快发展铅、锌、铜等有色金属冶炼产业,延伸产品链加快布局建设格尔木藏青工业园,将格尔木建设成为西藏矿产资源的加工转换中心。加快培育战略新兴产业,包括新能源、新材料和装备制造业;着力培育一批产业集群和工业基地,建立完善地方特色工业体系。

受水区主要工业园区基本情况如下。

昆仑重大产业基地:现有企业共52家,主要为石化、化学原料及化学品制造、油气存储、金属冶炼、化肥、电力及热力生产等。基地内现有企业产生的污水除格尔木炼油厂建有氧化塘,个别企业建有蒸发池外,其余企业产生的废水经处理后一部分回用,另一部分排入市政排水管网。

察尔汗重大产业基地:基地内全部为盐湖集团的全资、控股和参股企业,如盐湖发展有限公司、盐湖钾肥股份有限公司、三元钾肥有限公司、元通钾肥、海虹化工和化工一期、化工二期、青海盐云钾盐有限公司等。基地内现有企业产生污水处理后均不外排。每个企业均建有污水收集池和蒸发池。生产排水中清净下水,回注于盐田;其余生产生活废污水收集于各自企业污水收集池,处理后排入蒸发池自然蒸发处理。

藏青工业园区:以资源加工转换产业为主导、循环经济产业和物流商贸产业为支撑的"一体两翼"产业体系。其中,资源加工转换产业为藏青工业园的主导产业,主要包括有色金属产业、盐湖化工产业,其中以铜为代表的有色金属产业占据核心地位。园区采用雨污分流制，污水通过管道收集后，根据污水类型分别排入生活污水和工业污水处理厂处理。生活污水处理厂布置位于园区西北角，规模1.5万m^3/d。工业污水处理厂位于园区西侧中部地段，采用预处理+二级生化处理工艺，处理规模7.5万m^3/d。工业污水经各工厂处理达标后大部分回用，不能回用的排入园区工业污水处理厂，经处理后部分直接回用于生产。生活污水经生活污水处理厂处理，与雨水、融雪及山洪水均排入蓄水库，无外排。

茫崖大浪滩工业园区、冷湖大盐滩工业园区：主要以钾肥开发为主的盐化工，现状年两工业园区的钾肥企业生产总规模为155.8万t/a。其中，茫崖钾肥企业生产规模为85万t/a，占总规模的54.6%；冷湖钾肥企业生产规模为70.8万t/a，占总规模的45.4%。

4.1.1.2 项目区节水水平分析

按照青海省和海西州最严格水资源管理制度的要求，受水区相关行业用水指标按流域节水水平进行设计与控制。

1. 生活用水水平

2030年格尔木城镇和农村生活用水定额分别为125 L/(人·d)和70 L/(人·d)；茫崖、冷湖地区城镇生活用水定额为112 L/(人·d)。根据《青海省用水定额》，格尔木城镇生活用水定额为75~125 L/(人·d)，其他城镇生活用水定额为65~100 L/(人·d)，农村生活用水定额为40~70 L/(人·d)。

综上，格尔木、茫崖和冷湖地区生活用水水平符合青海省用水定额及节水型社会的要求。

2. 第一产业和城市生态林

根据《柴达木循环经济区水资源综合规划》，未来格尔木河流域灌溉面积将维持不变，逐步进行灌区续建与节水改造，以农业节水支持工业的发展，优化水资源的配置。规划年，农业用水量和城市生态林用水量分别为0.62亿m^3、0.38亿m^3，较现状共节水0.83亿m^3。灌溉水利用系数由0.30提高到0.55。2030年，茫崖和冷湖地区农田灌溉用水和林地用水定额分别为600 m^3/亩、300 m^3/亩。

综上，格尔木、茫崖和冷湖的农业用水趋势符合柴达木水资源配置的总体思路，用水定额和用水效率基本符合西北流域节水水平的要求。

3. 工业用水水平

参考《柴达木循环经济区水资源综合规划》，2030年格尔木、茫崖、冷湖万元工业增加值用水量分别为34.0 m^3/万元、9 m^3/万元和30 m^3/万元。由于该区域工业用水水平远高于国家和青海省的要求，随着技术的发展及生产工艺的进步，万元工业增加值用水定额有所降低，但工业结构中重工业比例较大，降低幅度不大。格尔木、茫崖和冷湖地区的万元工业增加值用水定额均低于青海省及全国平均水平，处于国内同类用水工艺的先进水平。基准年格尔木河流域万元GDP用水量为88.3 m^3/万元，到2030年万元GDP用水量降到33.0 m^3/万元，17年降低了65.4%，低于全国平均水平万元GDP用水量69 m^3/万元，也低于西北诸河万元GDP用水量299 m^3/万元。总体来看，2030年格尔木、茫崖和冷湖地区工业用水水平达到国内先进水平。

受水区节水指标比较分析见表4-1。

表 4-1　受水区节水指标与相邻区域比较

省(区)	城镇生活用水 [L/(人·d)]		万元工业增加值用水量 (m^3/万元)		灌溉水利用系数		农田灌溉亩均用水量 (m^3/亩)	
	现状	节水标准	现状	节水标准	现状	节水标准	现状	节水标准
全国	—	—	154	40	0.45	0.58	431	390
西北诸河	—	—	146	47	0.48	0.54	684	602
青海省	159	125	312	69	0.38	0.54	639	421
格尔木	117	125	35	34	0.30	0.55	1 563	279.2
茫崖	60	112	16	9	—	—	820	600
冷湖	60	112	38	30	—	—	820	600

根据相关指标的合理性分析,受水区相关行业用水的定额按流域节水用水水平进行设计与控制。满足柴达木盆地水资源综合规划及最严格水资源管理制度的要求,符合青海省用水定额及节水型社会的要求。

4.1.1.3　项目区治污水平分析

格尔木市污水处理厂已建成运行,其中污水处理厂一期工程设计日污水处理能力 10 万 m^3,集中处理城区污水,处理后的再生水用于北部察尔汗地区工业生产或综合用水,污水处理后出水水质达到一级 A 标准。

格尔木工业园区污水处理厂总规模为 10.0 万 m^3/d,首期实施 2.5 万 m^3/d,污水处理厂出水排至昆仑片区东侧红柳沟。再生水回用规模为 1.5 万 m^3/d,处理后的污水经中水回用系统处理后主要用于工业区内的生产用水。

昆仑重大产业基地:昆仑片区设 1 座大型中水回用设施,该系统将与规划区东侧的工业污水处理厂结合布置,设计规模 6 万 m^3/d。昆仑片区内南海路北侧、金川路东侧、东海路东侧城市污水管网覆盖区内,部分工业企业废水经内部预处理后,进入现有污水处理厂与城市生活污水混合处理。基地内现有企业产生的污水除格尔木炼油厂建有氧化塘,个别企业建有蒸发池外,其余企业产生的废水经处理后一部分回用,另一部分排入市政排水管网。

察尔汗重大产业基地:察尔汗片区设 4 座污水处理,每座设计规模 4 万 m^3/d,居住小区设置小型生活污水成套处理设备,处理规模 300 m^3/d。察尔汗片区现状已建成一座污水处理及中水回用设施。基地内现有企业产生污水处理后均不外排。每个企业均建有污水收集池和蒸发池。生产排水中清净下水,回注于盐田;其余生产生活废污水收集于各自企业污水收集池,处理后排入蒸发池自然蒸发处理。

藏青工业园区:园区采用雨污分流制,污水通过管道收集后,根据污水类型分别排入生活污水和工业污水处理厂处理。生活污水处理厂布置位于园区西北角,规模为 1.5 万 m^3/d。工业污水处理厂位于园区西侧中部地段,采用预处理 + 二级生化处理工艺,处理规模为 7.5 万 m^3/d。工业污水经各工厂处理达标后大部分回用,不能回用的排入园区工业污水处理厂,经处理后部分直接回用于生产。生活污水经生活污水处理厂处理,与雨水、融雪及山洪水均排入蓄水库,无外排。

茫崖和冷湖将在冷湖镇和花土沟镇建设污水处理厂,其规模分别为0.02万m^3/d和0.51万m^3/d,中水回用规模为8.37万m^3/a、61.75万m^3/a。该园区废水经污水处理厂处理后回用。

4.1.1.4 节水减污措施分析

1.农业节水措施

农业节水措施主要包括工程措施和非工程措施。工程措施包括进行灌区续建配套与节水改造工程,在支、斗渠之上修建量水设施,提高灌溉水利用效率;非工程措施包括调整用水结构,改革农业水费制度,建立节水激励制度,加强宣传教育措施,增强全社会的节水意识。

2.工业节水减污措施

《青海省水污染防治工作方案》(青政〔2015〕100号)要求结合柴达木循环经济试验区建设,重点实施地下水保护、工业园区(集中区)废水集中处理设施建设、企业废水深度治理回用等工程,最大程度减少废水排放,推进水资源的节约保护。

(1)各工业园区(工业集聚区)内的工业废水必须经预处理达到纳管要求和标准后,方可进入园区废水集中处理设施处理。新建、升级工业集聚区应同步规划、建设污水、垃圾集中处理等污染治理设施。2017年底前,园区(工业集聚区)工业废水集中处理设施建成运行,并安装自动在线监控装置。逾期未完成的,一律暂停审批和核准其增加水污染物排放的建设项目。

(2)建立万元国内生产总值水耗指标等用水效率评估体系,到2020年,全青海省万元国内生产总值用水量、万元工业增加值用水量比2013年均下降10%。

(3)在柴达木内陆河流域加快实施再生水工程建设,完善再生水利用设施,在工业生产、城市绿化、道路清扫、车辆冲洗、建筑施工以及生态景观等方面优先使用再生水。到2020年,格尔木市再生水利用率达到20%以上。

(4)推进工业节水。根据国家鼓励和淘汰的用水技术、工艺、产品和设备目录,以及高耗水行业取用水定额标准,开展节水诊断、水平衡测试、用水效率评估,严格用水定额管理。到2020年,石油石化、化工等高耗水行业达到先进定额标准。石油石化、钢铁、化工等高耗水企业应采取措施实现废水深度处理回用。否则,不予批准新增取水许可。

(5)其他具体工程措施包括建设格尔木市第二污水处理厂项目、格尔木市察尔汗盐湖再生水回用项目、格尔木市城东工业区再生水回用项目、格尔木市一、二级污水管网项目等。

3.城镇生活节水措施

城镇生活节水措施主要包括建设一批节水骨干示范工程,对城市自来水水表和收费系统进行改造更新,建立节水激励制度和阶梯形水价制度,在全市范围内开展节水器具的推广使用,充分利用媒体宣传节水观念,提高全社会的节水意识。

4.1.1.5 协调性分析

格尔木、茫崖和冷湖在需水预测中,根据自身用水现状、流域水资源条件以及未来水资源的供需发展趋势，在采取上述节水指标、节水措施加大节水力度后，以及采取加污水再生利用、挖掘当地水资源利用潜力等措施后，2030 年格尔木市、芒崖、冷湖地区仍缺水 1.40 亿 m^3、0.68 亿 m^3 和 0.65 亿 m^3。项目通过从那河外调水量，优化区域水资源配置，基本符合先节水后调水原则。

项目受水区建设格尔木市第二污水处理厂项目、格尔木市察尔汗盐湖再生水回用项目、格尔木市城东工业区再生水回用项目、格尔木市一、二级污水管网项目，污水处理厂和中水回用等治污措施的实施，提高污水处理率和污水回用率，符合先治污后通水原则。

工程设计充分考虑了那河流域自身生态环境的用水需求，在水库建设及运行期间，分别实施渣料场迹地恢复、库周及下游细土绿洲带生态恢复工程等生态补偿措施，尽量降低对减水区域的生态影响，项目符合先环保后用水原则。

综上，评价认为，项目调水规模的确定过程贯彻了国家法律法规和政策对节水、减污、环保的要求，基本符合相关规划，符合国家“三先三后”和“节约优先、保护优先”的调水原则。

4.1.2 生态需水满足程度分析

4.1.2.1 生态基流

分析 1957～2014 年那河坝址断面天然月均流量可知，典型年及多年平均流量条件下，本次确定的逐月生态基流汛期 11.82 m^3/s、非汛期 5.48 m^3/s 均能得到满足，58 年长系列资料中仅 2 月有两年不能满足生态基流要求；建库后典型年、多年平均及长系列调算成果均能满足各月生态基流要求。详见第 5 章 5.3.1。

4.1.2.2 鱼类生长关键期需水

经分析，5～9 月鱼类产卵繁殖期均有流量需求，其中 5 月、6 月流量需求不低于 11.82 m^3/s，7～9 月流量需求不低于 7.88 m^3/s。天然状态下 58 年长系列均能满足鱼类所需水量；建库后 58 年仅有一年的 5 月不能完全满足鱼类需水要求。水库按照现有运行方式及调度运行原则，基本能够满足鱼类所需流量。详见第 5 章 5.3.2。

4.1.2.3 陆生植被需水高峰期需水

流域陆生植被生长期为 4～10 月，其中 6～8 月是植被需水的高峰期。4 月至 5 月上旬，由于冬季积雪和冻土消融带来大量水分补给土壤，可以保障这一时期植物的需求。5 月中下旬，为保障汛期蓄水，水库通过调度将水位降至死水位，其下泄水量能够满足补充土壤水分的需要。6 月植物生长旺盛期，水库运行调度过程中，视来水情况，适时创造一次仿自然的下泄过程；7～9 月植物生长旺盛期，当水库水位超过正常蓄水位后弃水，除调水流量 8.53 m^3/s 外，15 年一遇以下洪水基本按照自然过程下泄，能够进一步补充绿洲所需的生态水量。详见第 5 章 5.3.3。

综上分析，水库运行期间，那河河道内生态基流、鱼类及陆生植被需水高峰期的生态需水要求基本可以得到满足。

4.1.3 生态环境影响分析

那河下游区域地下水位达到新的平衡状态后，绿洲前缘 1～2 km 水位下降 0～3 m、水位埋深增大到 0 ~ 3.5 m，绿洲中缘及后缘水位几乎无变化。结合植被根系有效吸水深度可知，地下水位下降 2 m 以上的区域为绿洲植被的受影响区域，草本植被芦苇等的生长会受到限值，柽柳等灌木短时间内生长停滞，逐渐适应水分条件后即可恢复到原有的生长状态。绿洲区实际受到影响的草地面积为 27.51 km^2，占绿洲区总面积的 1.26%，以芦苇为优势种并逐渐被柽柳、白刺等灌木取代，高盖度逐渐转变为低盖度。详见第 7 章 7.1。

那河流域现场调查共采集到鳅科鱼类 4 种，鱼类物种多样性较差，分析认为工程建设前后，该河段鱼类种类组成不会发生变化，但局部河段种群规模会发生变化。那河水利枢纽在初期蓄水和工程运行期间仍能保证生态流量下泄，结合鱼类重要生境基本情况和工程特性，分析认为工程运行导致的下游水量减少对鱼类造成的影响不大。详见第 7 章 7.2。

综上分析，工程建设运行对区域生态环境的影响程度和影响范围有限，基本不会改变区域原有的生态功能。

4.1.4　工程规模环境合理性分析

4.1.4.1　受水区需水规模及供需分析

1. 格尔木流域需水规模及供需分析

根据可研报告，2013 年格尔木河流域国民经济总需水量为 2.78 亿 m^3，2030 年需水量为 5.61 亿 m^3。第一产业需水由现状年的 1.15 亿 m^3 下降到 2030 年的 0.61 亿 m^3，17 年间需水量减少了 0.54 亿 m^3；工业需水量由 2013 年的 0.74 亿 m^3，逐渐提高到 2030 年的 4.18 亿 m^3，工业需水量增加较快，17 年间增加了 3.44 亿 m^3。现状年生活、第一产业、第二产业、第三产业及城镇生态环境需水量占总需水量的比例为 3.2∶40.8∶26.8∶3.1∶26.1，逐渐调整到 2030 年的 2.5∶10.9∶75.5∶4.0∶7.1，第二产业和第三产业需水量占的比重逐渐提高，城镇生态和农业需水量占的比重逐渐减少。见表 4-2。

表 4-2　格尔木河流域国民经济各部门需水量汇总　（单位：万 m^3）

水平年	生活	第一产业	第二产业			第三产业	城镇生态	小计
			工业	建筑业	小计			
现状年	903	11 484	7 350	211	7 561	871	7 348	28 166
2030 年	1 391	6 131	41 808	511	42 319	2 218	4 007	56 064

注：1. 生活需水包括城镇居民生活、农村居民生活。
2. 第一产业需水包括农田、林、草、牲畜。
3. 城镇生态环境需水包括城镇生态林、公共绿化、河湖补水、环境卫生。

根据可研报告，规划 2030 年，格尔木流域总需水量为 56 064 万 m^3，来水保证率 50% 和 95% 年份流域的供水量分别为 42 031 万 m^3 和 40 015 万 m^3。供需平衡分析表明，规划年来水保证率 50% 和 95% 年份缺水量分别为 14 034 万 m^3、16 049 万 m^3。

来水保证率 50% 年份主要为工业缺水。工业需水量 41 808 万 m^3，供水量 42 031 万 m^3，其中地表水供水量 21 115 万 m^3，地下水供水量 5 839 万 m^3，中水回用量 820 万 m^3。

来水保证率95%年份工业缺水量为14 034万m^3,农林草和城市生态缺水量2 034万m^3。其中,农林牧和城镇生态供水量8 122万m^3,主要依靠格尔木河地表水利用工程灌溉,地下水源供水量143万m^3,中水回用量1 000万m^3。

2030年格尔木河流域分部门不同频率水资源供需平衡如表4-3所示。

表4-3 2030年格尔木河流域分部门不同频率水资源供需平衡 (单位:万m^3)

频率	项目	生活	第一产业	工业	建筑业	第三产业	城镇生态	合计
50%	需水量	1 391	6 131	41 808	511	2 218	4 007	56 064
	供水量	1 391	6 131	27 774	511	2 218	4 007	42 031
	缺水量	0	0	14 034	0	0	0	14 034
95%	需水量	1 391	6 131	41 808	511	2 218	4 007	56 064
	供水量	1 391	4 917	27 774	511	2 218	3 205	40 015
	缺水量	0	1 214	14 034	0	0	802	16 049

2. 茫崖、冷湖需水规模及供需分析

茫崖、冷湖属于水资源严重短缺地区,需采取强化节水措施控制用水快速增长。根据可研报告,考虑人口数量、农田灌溉面积、工业增加值等保持适度增长(方案Ⅰ)和高速增长(方案Ⅱ)两种方式。其中该区域对于未来工业发展速度设置情况为:方案Ⅰ,2013~2030年工业增加值年增长率为6%;方案Ⅱ,2013~2020年、2020~2030年工业增加值年增长率为9%、6%。

茫崖和冷湖的需水量预测结果(见表4-4):

方案Ⅰ:2030年茫崖冷湖地区需水总量为20 199.8万m^3,其中茫崖需水量为12 885万m^3,冷湖需水量为7 314.8万m^3。

方案Ⅱ:2030年茫崖冷湖地区需水总量为25 485.0万m^3,其中茫崖需水量为13 276.1万m^3,冷湖需水量为12 208.9万m^3。

根据供需平衡:规划年方案Ⅰ和方案Ⅱ中茫崖和冷湖总缺水量分别为13 190万m^3、18 476万m^3。见表4-5。

4.1.4.2 不同工程规模方案

由于茫崖、冷湖地区属于水资源严重短缺地区,必须采取节水措施控制用水效率,在节水的基础上通过外调水来缓解水资源短缺对社会经济发展的制约作用。茫崖、冷湖若按高速增长模式,2030年需外调水量为3.61亿m^3,超过那河实际可调水量,明显不合理,因此对此规模不再进行论证。

表 4-4　茫崖和冷湖国民经济各部门需水量汇总　　(单位:万 m^3)

用水户		现状年	方案Ⅰ(2030 年)	方案Ⅱ(2030 年)
生活	小计	78.8	153.8	159.6
第一产业	农田	1.2	1.5	2.1
	林地	24	30.9	41.1
	牲畜	14.4	15.4	15.9
	小计	39.7	47.8	59
第二产业	一般工业	1 332.8	2 421.7	3 018.3
	钾肥原料需水	0	17 347.6	21 966.7
	建筑业	21.6	77.7	100.4
	小计	1 354.4	19 847.4	25 085.3
第三产业		92.2	89.8	120
城市生态环境		61	61	61
需水总量		1 625.9	20 199.8	25 485

表 4-5　2030 年水资源供需平衡分析结果　　(单位:万 m^3)

方案	分区	需水量	供水量			缺水量	缺水率
			地表水	地下水	合计		
方案Ⅰ	茫崖	12 885	0	6 166	6 166	6 719	52.15
	冷湖	7 314.8	0	843	843	6 472	88.48
	合计	20 199.8	0	7 009	7 009	13 190	65.30
方案Ⅱ	茫崖	13 276.1	0	6 166	6 166	7 110	53.56
	冷湖	12 208.9	0	843	843	11 366	93.10
	合计	25 485	0	7 009	7 009	18 476	72.50

按照那河流域和格尔木、茫崖、冷湖地区的水资源供需分析,可研报告先后提出了适度发展模式的两种方案。

方案一:2030 年那河水库调水规模 3.04 亿 m^3,其中,向格尔木调水 1.56 亿 m^3,向茫崖、冷湖地区调水 1.48 亿 m^3。考虑 10% 的输水损失,格尔木、茫崖冷湖地区的供水量分别为 1.40 亿 m^3、1.32 亿 m^3。

方案二:2030 年那河水库调水规模 2.69 亿 m^3。其中,向格尔木调水 1.53 亿 m^3,向茫崖冷湖地区调水 1.11 亿 m^3。考虑 10% 的输水损失,格尔木、茫崖冷湖地区的供水量分别为 1.37 亿 m^3、1.0 亿 m^3。受水区详细供水过程见表 4-6。

表 4-6　受水区供水过程　（单位：万 m^3）

受水区	1 月	2 月	3 月	4 月	5 月	6 月	7 月	8 月	9 月	10 月	11 月	12 月	合计
格尔木	1 323	1 195	1 323	1 280	1 323	1 280	1 323	1 323	1 280	1 323	1 280	1 323	15 579
茫崖	490	443	490	474	490	474	490	490	474	490	474	490	5 771
冷湖	471	426	471	456	471	456	471	471	456	471	456	471	5 550
合计	2 285	2 064	2 285	2 211	2 285	2 211	2 285	2 285	2 211	2 285	2 211	2 285	26 900

4.1.4.3　工程规模环境合理性分析

（1）根据《可行性研究》报告那河水资源供需分析，那河理论上可调水量为 3.43 亿 m^3，考虑水库蒸发渗漏等损失后，实际可调水量为 3.13 亿 m^3。从那河水资源可利用量角度分析，两种方案均可行。

（2）随着外调水量的增加，导致水库下泄水量减小，入湖水量相应减少，对坝址下游生态用水量影响逐步增加。其中方案一的非汛期坝址下泄生态流量为 3.9 m^3/s。本次评价在生态基流的基础上，综合考虑了鱼类及植被特殊敏感期的需水要求，评价确定非汛期（除 5 月外）坝址下泄生态流量为 5.48 m^3/s，同时考虑 5 月鱼类需水要求 11.82 m^3/s 和汛期下游绿洲区植被关键期（6～9 月）的大流量需求。方案一工程调水规模 3.04 亿 m^3 情况下，不能满足环评确定的非汛期下泄生态流量及敏感期需水要求。经与可研单位多次沟通、协调后，可研单位将环评确定的生态流量及敏感期需水要求作为工程调水规模确定的前置条件之一，对工程调水规模进行了调整。

（3）工程规模在满足非汛期下泄生态流量 5.48 m^3/s 及鱼类、植被关键期需水要求的基础上，鉴于那河地处柴达木生态环境脆弱区，充分考虑下游生态安全，按照“调入区从紧、调出区从宽”的原则，受水区需进一步强化节水，压减需水。因此，本次那河调水规模缩减为 2.69 亿 m^3。

（4）根据本次评价结果，因上游水量减少、区域地下水位下降而实际受到影响的绿洲前缘的面积仅占绿洲区总面积的 1.26%，且该部分影响还可以通过生态补偿等工程措施加以修复，工程建设对区域生态环境造成的影响较小，不会影响区域防风固沙生态功能的发挥；工程运行导致的下游水量减少对鱼类造成的影响不大，鱼类种类组成不会发生变化（详见第 7 章）。

综上，从环境角度分析，工程 2.69 亿 m^3 引水规模基本合理。

4.2　水库运行方式环境合理性分析

水库采用汛期蓄水、相机排沙运行方式，蓄丰补枯（拦蓄汛期洪水以备枯水期水库供水之用），同时考虑下游尾闾湖区的防洪需求，当鸭湖水位超过警戒水位 2 687.5 m 后采取那河水库和鸭湖联合防洪调度，拦蓄 50 年一遇标准洪水；当入库水量高于 50 年一遇标准时，水库水位超过防洪高水位，水库敞泄运用，直至水位回落到防洪高水位。

那河流域地表水、地下水转换频繁，地表水与地下水重复量占那河流域水资源总量的

61.5%，地表径流量年内分布不均、变化较大，汛期（6～9月）径流量占年径流量的70%以上，月最大径流量多在7月，可占到年径流量的25.6%。那河流域植被主要分布在绿洲区与盐化草甸区，由于那河水循环模式比较复杂，自上游到下游地表水、地下水多次相互转化，绿洲区与盐化草甸区植被受地表和地下水双重补给，其蒸发消耗由潜水和地表径流共同支撑。6～9月是植被生长旺盛期，会大量消耗水分，为保障植被的正常生长，考虑7～9月下泄过程线与天然下泄过程线基本一致，多年平均情况下坝址断面下泄水量减少比例介于10%～20%，影响比例有限，不改变天然下泄过程线趋势，因此能够满足植被需水；而6月由于天然来水量有限，且工程供水、蓄水运行，因此需要在蓄水期下泄洪水过程增加绿洲区地下水补给量，以补充土壤水分和泉集河涌水的需要。

本次研究将"生态优先"即保障生态基流、鱼类及下游绿洲植被正常生存作为水库调度运行的前提条件，并作为项目供水任务协调和调整的主要依据。可研单位在水库运行方式中充分考虑了那河下游的生态需水要求，将多年平均下泄水量增加为9.51亿m^3，那河水库多年平均供水量减少为2.63亿m^3，那河水库坝址逐月下泄水量均有不同程度的减少，现有运行方式下，多年平均汛期6～9月水量减少了20%，仍有80%的水量下泄进入下游河道，对下游水文情势影响有限，那河流域汛期11.82 m^3/s、非汛期5.48 m^3/s的河道内生态基流、鱼类及植被敏感期需水要求均能得到满足。

那河泥沙集中在汛期，6～9月沙量占全年的94.6%，汛期来水量也占到全年水量的70%以上。本次水库运行采取相机排沙方案，水库来水流量大于160 m^3/s且下游鸭湖月初水位不高于2 687.5 m时，水库水位维持死水位，相机排沙运用，该方案能够更好地满足汛期下游绿洲植被生长关键期的需水要求。此外，由于项目建设区位于无人区，无重大淹没对象，泥沙运用不存在制约条件。

综上，从环境角度分析，水库采用汛期蓄水、相机排沙运用方式是合理的。

4.3 工程布置环境合理性分析

4.3.1 工程坝址比选

那河中游从多喀克河口至出山口处为峡谷河段，长约40.5 km，工程拟定上、下两个坝址，其中上坝址位于多喀克河口下游4 km处，下坝址距离上坝址约2.5 km。两坝址详细情况比较见表4-7。

从环境角度分析，两坝址均无环境制约因素，也无环境优先意见。两方案工程占地性质、陆生生态环境背景及影响基本相同，对水生生物的影响基本相同；移民安置方面，两方案工程影响区域都属于无人居住区，均不涉及生产安置和生活安置任务；两方案工程地质条件无明显差异；上坝址施工工期相对较短且运距相对较近，围堰工程量相对较小，对陆生生境、水生生境扰动时间和范围相对较小；工程属于蒙新荒漠—柴达木荒漠地区，该区生态环境较为恶劣，植被稀少，土地风化、沙化较为严重，上坝址淹没影响面积虽然较下坝址略大，但水库淹没及施工占地造成的生物量损失有限。经综合比较，确定上坝址方案为环境可行方案。

表 4-7　那河水利枢纽上、下坝址方案环境比选

项目	上坝址	下坝址
方案布置	主坝为沥青混凝土心墙坝，最大坝高 78 m；副坝为混凝土重力坝，最大坝高 21 m；正常蓄水位为 3 297 m，下游电站装机容量 24 MW，总库容 5.88 亿 m^3。主要建筑物：溢洪道、泄洪洞（明流洞）和发电洞在右岸集中布置，厂房位于坝后河床。工程静态总投资 231 982.24 万元	大坝为沥青混凝土心墙堆石坝，最大坝高 89.0 m；水库正常蓄水位为 3 293.00 m，电站装机容量为 30 MW；主要建筑物：泄洪洞、发电洞布置在左岸，溢洪道布置在右岸，厂房布置在坝后左岸滩地，为地面式厂房。工程静态总投资 268 119.37 万元
环境概况	属于蒙新荒漠—柴达木荒漠地区，该区生态环境较为恶劣，植被稀少，土地风化、沙化较为严重。植被类型属于高山草甸植被区，主要有紫花针茅、高山蒿草、驼绒藜、苔草等多种植物，植被多以单丛状生长，很少能集中连片。无濒危植物和保护植物种类分布。野生动物种类和数量分布相对贫乏，历史记载有藏野驴、鹅喉羚等，分别属于国家一、二级保护动物，实际考察在那河坝址附近仅发现野骆驼和黄羊活动痕迹。枢纽区无人居住	下坝址位于上坝址下游 2.5 km 处，环境条件基本相同
地形地质条件	两岸山体地形较缓，自然岸坡坡度一般 35°～45°。坝址左岸可见Ⅰ级和Ⅱ级阶地，右岸可见Ⅰ级阶地。Ⅰ级阶地高程 3 250～3 254 m，阶面最宽处约 180 m，拔河约 10 m 左右，组成物质为砂卵砾石层，有弱胶结现象；Ⅱ级阶地拔河约 25 m，阶面宽度在坝轴线约 300 m，最宽约 800 m，组成物质为含碎、砾石砂层。发现断层 16 条，以陡倾角为主，断层带物质以钙质胶结的构造岩和钾长石花岗岩为主，个别为泥夹岩屑。距离区域上的活断层——那棱格勒半隐伏断裂约 8 km	两岸山体地形较缓，自然岸坡坡度一般 35°～45°。坝址左、右岸均可见Ⅰ级和Ⅱ级阶地。Ⅰ级阶地高程 3 240～3 246 m，阶面最宽处达 350 m，拔河约 15 m 左右，组成物质为砂卵砾石层，有弱胶结现象；Ⅱ级阶地拔河 21～23 m，阶面最宽约 300 m，组成物质为砂卵砾石层夹砂层。发现断层 23 条，以陡倾角为主，断层带物质以方解石脉和花岗岩脉为主，少数为断层泥夹岩屑。距离区域上的活断层——那棱格勒半隐伏断裂约 10 km。左岸 F4、F6 断层和右岸 F32、F33 断层贯穿上、下游，且距离大坝两岸端点仅 100 m 左右，F4 和 F6 断层间的岩体较破碎，F32 断层带宽度较大，为潜在的渗漏通道，需采取一定的处理措施
敏感目标	工程河段高原鳅 1 种土著鱼类	工程河段高原鳅 1 种土著鱼类
淹没、占地影响	水库淹没影响总土地面积 34 061.14 亩。大坝工程建设区征占土地总面积 1 972.80 亩。其中永久征收 1 198.20 亩，临时征用 774.60 亩。水库淹没处理投资估算为 41 821.93 万元，建设区占压处理投资估算 1 408.56 万元	水库淹没影响总土地面积 32 460.90 亩。大坝工程建设区征占土地总面积 2 262.75 亩。其中永久征收 1 165.35 亩，临时征用 1 097.40 亩。水库淹没处理投资估算为 35 949.62 万元，建设区占压处理投资估算 496.99 万元

续表 4-7

项目	上坝址	下坝址
供水条件	上坝址死水位 3 286 m,距离下坝址约 2.5 m。进水口位于大坝右岸,洞径 3 m	下坝址死水位 3 282 m,进水口位于大坝左岸,洞径 3 m
建筑材料	天然建筑材料:上坝址距堆石料场仅 2 km,筑坝黏土料较下坝址少 25 万 m^3。混凝土骨料:上坝址利用石料场大理岩破碎加工,运至各施工点的平均运距为 2 km。水泥、钢材等外运材料方面,上坝址比下坝址运距多 2 km	天然建筑材料:下坝址距堆石料场约 7 km,运距较远,堆石填筑量大,且筑坝黏土料较上坝址多 25 万 m^3。混凝土骨料:下坝址是由下游的人工骨料场加工,运至施工点的平均运距为 7.5 km,运距较远
施工条件	左岸滩地地形开阔,地势较高,便于施工场地布置、且填筑料上坝运输方便,施工条件较好,另因泄洪、发电建筑物布置集中,故施工工厂设施集中布置,但坝址下游右岸,由于厂房开挖范围较大,施工场地相对狭窄。导流方式采用河床一次拦断、隧洞泄流,坝轴线上游附近滩面较窄,上游围堰轴线布置于坝轴线上游约 360 m 处,堰顶高程 3 269.5 m,最大堰高约 30 m,围堰轴线长 172 m。因此,围堰工程量小,且防渗难度较小	坝轴线处两岸地形陡峻,坝体填筑施工相对困难,左岸下游较远处地形开阔,因泄洪、发电建筑物沿两岸布置,施工工厂设施布置分散,距建筑物相对较远。导流方式采用河床一次拦断、隧洞泄流,坝轴线上游附近滩面较宽,泄洪洞布置在左岸,进口底板高程为 3 243 m,低于滩面约 20 m,需要在进口前开挖出宽槽,以利于泄流。上游围堰与坝体结合布置,堰顶高程 3 263 m,最大堰高约 42 m,围堰轴线长 620 m,其中河床部位 230 m 长度范围内因影响大坝心墙施工,此处围堰轴线需前移 35 m。因此,围堰工程量大,且防渗难度较大
移民安置	无人居住区,不涉及生产、生活安置	无人居住区,不涉及生产、生活安置
工程量与工期	总工期为 4 年 6 个月	总工期为 4 年 9 个月
生态影响	工程占地不涉及自然保护区、风景名胜区、饮用水水源保护区等敏感区域,因占地和淹没产生一定的生物量损失和植物损失;对鱼类形成阻隔影响;坝址下游河段内无特殊生态保护需求	与上坝址生态影响相同
环境影响比选结果	从环境影响方面比较,两方案均无环境制约因素,也无环境优先意见。其中:①两方案工程占地性质、陆生生态环境背景及影响基本相同,对水生生物的影响基本相同;移民安置方面,两方案工程影响区域都属于无人居住区,均不涉及生产安置和生活安置任务;两方案工程地质条件无明显差异;②上坝址施工工期相对较短且运距相对较近,围堰工程量相对较小,对陆生生境、水生生境扰动时间和范围相对较小;③工程属于蒙新荒漠—柴达木荒漠地区,该区生态环境较为恶劣,植被稀少,土地风化、沙化较为严重,上坝址淹没影响面积虽然较下坝址略大,但水库淹没及施工占地造成的生物量损失有限。经综合比较,同意主体工程设计推荐的上坝址方案为环境可行方案	

4.3.2　枢纽布置方案比选

可研阶段，坝址枢纽布置共考虑三种方案。从环境影响方面比较，三种方案均无环境制约性因素。在工程地质条件、占地区环境现状、工程占地和淹没对植被的影响等方面，三方案基本相同；均不涉及生产和生活安置；电站下游至尾闾湖区总的水文情势变化河段基本相同，水环境及生态环境影响基本相同；方案一电站厂房紧邻坝后布设，方案二、方案三的坝址至厂房之间分别有400 m和100 m的距离，可能存在脱流河段，对生态环境产生不利影响；方案一枢纽布置方案安全性高、便于后期管理且工程投资相对较小。综合来看，推荐方案一为环境可行方案。

那河枢纽布置方案环境比选分析结果见表4-8。

表4-8　那河枢纽布置方案环境比选表

序号	方案一	方案二	方案三
布置特点	将溢洪道、发电洞和泄洪洞集中布置在大坝右岸，由岸边向山体内侧依次布置，溢洪道、泄洪洞的泄流出口均位于右岸山脊临河侧，厂房位于坝后主河槽	将溢洪道、泄洪洞和发电洞集中布置在大坝右岸，由岸边向山体内侧依次布置，溢洪道、泄洪洞的泄流出口均位于右岸山脊临河侧，厂房位于大坝下游约400 m的滩地上	利用左岸垭口布置溢流坝，将副坝和溢洪道结合，泄洪洞（压力洞）和发电洞集中布置在右岸，厂房位于坝下100 m处
土石方和弃渣	大坝（含副坝）、溢洪道、泄洪洞等水利枢纽共计覆盖层开挖82.02万m^3、岩石开挖82.68万m^3，厂房回填9.06万m^3，弃渣量共计155.64万m^3	大坝（含副坝）、溢洪道、泄洪洞等水利枢纽共计覆盖层开挖141.37万m^3、岩石开挖62.23万m^3，厂房回填4.45万m^3，弃渣量共计199.15万m^3	大坝（含副坝）、溢洪道、泄洪洞等水利枢纽共计覆盖层开挖72.8万m^3、岩石开挖46.94万m^3，厂房回填3.47万m^3，弃渣量共计116.27万m^3
环境概况	属于高山草甸植被区，植被多以单丛状生长，很少能集中连片。无濒危植物和保护植物种类分布。野生动物种类和数量分布相对贫乏	与方案一环境条件基本相同	与方案一环境条件基本相同

续表 4-8

序号	方案一	方案二	方案三
主要优点	(1)溢洪道沿右岸山脊临河侧布置,基岩条件较好,泄槽顺直、开挖量较小。 (2)泄洪洞采用直线布置明流洞型式,洞轴线与溢洪道泄槽轴线平行,两建筑物出口挑流鼻坎末端位置一致,鼻坎高程和挑角相同,运行期单宽泄量基本相同,下游出口共用一条泄水渠,节省工程量,建筑物安全性高。 (3)泄洪洞、发电洞和供水洞采用联合进水塔型式,泄洪排沙可确保发电洞进口“门前清”,不必单独设置取水建筑物,节省工程投资。 (4)引、泄水建筑物集中布置,临建工程量小,且运行管理方便	(1)溢洪道沿右岸山脊临河侧布置,基岩条件较好,泄槽顺直、开挖量小,避免了高边坡。 (2)泄洪洞采用有弯道的压力洞型式,泄洪洞出口泄槽与溢洪道泄槽轴线平行,泄洪洞洞线最短,且两座建筑物挑流鼻坎位置基本一致,共用一条泄水渠,减少了泄水渠的工程量。 (3)泄洪洞、发电洞和供水洞采用联合进水塔型式,节省工程投资。 (4)引、泄水建筑物集中布置,临建工程量小,且运行管理方便	(1)溢流坝布置在左岸,泄洪洞出口位于厂房下游侧,水库泄洪排沙对电站发电没有影响。 (2)厂房位于右岸山脊上游侧,紧邻主河槽,尾水渠较短,开挖工程量较小
主要缺点		(1)泄洪洞采用有弯道的压力洞型式,出口设置工作闸门,建筑物结构安全性不如直线布置明流洞方案。 (2)泄洪建筑物出口距离厂房尾水渠约300 m,在水库泄洪排沙期间可能会对发电造成一定影响。 (3)发电洞长度超过600 m,机组运行甩负荷时安全性不如方案一	(1)左岸滩地宽阔,在垭口处布置溢流坝,下游泄水渠长度约为1.2 km,工程量大。 (2)泄洪洞位于发电洞下游侧,洞身较长,且出口距离主河槽较远,需修建较长的泄水渠,工程量较大。 (3)泄水建筑物分散布置,临建工程量较大,后期运行管理较为不便
工程静态总投资(万元)	188 628.04	191 095.69	203 222.94

续表 4-8

序号	方案一	方案二	方案三
环境比选结果	从环境影响方面比较,三种方案均无环境制约性因素。工程地质条件、占地区环境现状、工程占地和淹没对植被的影响基本相同,均不涉及生产和生活安置。方案二坝址至厂房间的河道有 400 m,可能存在脱流河段,对生态环境产生不利影响;方案一、三是紧邻坝址在右岸布设泄洪洞和发电洞,近坝段水文情势变化河道长度近乎忽略;三种方案电站厂房下游总的水文情势变化河段基本相同,因该河段内无特殊生态保护需求,工程调度运行仍能保证该河段生态用水,不会造成严重的环境损失。综合来看,推荐方案一为环境可行方案		

第 5 章　流域生态环境需水研究

5.1　那棱格勒河流域保护目标

那河流域生态系统非常脆弱，自身的恢复能力比较差。根据那河的水资源条件、功能定位，结合生态环境特征识别，确定那河生态需水评估的生态保护目标涉及地表河流、陆生植被和水生生物。具体保护目标是：

(1)维持那河河道内一定的地表径流量。

出山口以上的河流山区段，保持现有自然生态；自出山口以下的河流下渗段，维持河道下渗水量；河流出露段，维持绿洲区生态耗水。

(2)基本维持绿洲区现状，维持绿洲区的基本生态结构和功能。

(3)维持那河、鸭湖水体中鱼类及水生生物的基本生存。

5.2　生态需水量确定

5.2.1　生态基流

选择 Q_p法、Tennant 法计算断面的生态基流，并对计算结果进行比较分析。选择那河水库坝址断面为控制断面，现状坝址断面多年平均流量为 39.4 m^3/s。

5.2.1.1　Q_p法

1957～2014 年那河坝址断面 90% 频率下的最枯月平均流量为 5.48 m^3/s，即采用 Q_{90}法计算的生态基流为 5.48 m^3/s。

5.2.1.2　Tennant 法

非汛期(10 月至翌年 5 月)采用多年平均流量的 10% 作为河道内最小生态环境流量，汛期(6～9 月)采用多年平均流量的 30% 作为河道内最小生态环境流量。经计算，那河河道内汛期生态基流为 11.82 m^3/s，生态环境需水量为 1.25 亿 m^3，非汛期生态基流为 3.94 m^3/s，生态环境需水量为 0.83 亿 m^3，总计 2.07 亿 m^3。

5.2.1.3　生态基流确定

对比 Tennant 法计算的非汛期生态基流(3.94 m^3/s)与 Q_{90}法计算的生态基流(5.48 m^3/s)，选择 5.48 m^3/s 作为非汛期的生态基流，用 Tennant 法的汛期计算成果(11.82 m^3/s)作为汛期的生态基流。确定坝址断面的生态基流为汛期 11.82 m^3/s、非汛期 5.48 m^3/s。见表 5-1。经计算，全年生态基流需水量为 2.40 亿 m^3，占多年平均径流量的 19.3%。

表5-1 不同方法生态基流对比及生态基流确定 (单位:m^3/s)

时期	月份	Q_{90}法	Tennant 法	本次采用的成果
汛期	6~9月	5.48	11.82	11.82
非汛期	10月至翌年5月		3.94	5.48
全年生态需水量(亿 m^3)		1.73	2.07	2.40
占多年平均径流量的比例		13.9%	16.6%	19.3%

5.2.2 鱼类生长关键期及生态需水

5.2.2.1 那河鱼类生长及繁殖期的需水要求

(1)那河鱼类的主要需水期为每年5~6月。需保证河道内相对稳定的水量和饵料资源的充足,需要维持一定的河床水位,有利于维持产卵场的面积和功能完整性和有效保证高原鳅顺利产卵繁殖和仔幼鱼索饵。每年5~6月鱼类所需生态流量建议维持多年平均流量的30%,即11.82 m^3/s。

(2)7~9月是高原鳅重要生长期,是鱼类的另一个重要需水期,该时期高原鳅采食旺盛,需保证河道水体中饵料资源如浮游动植物、着生藻类。河道浅水水域和过水面积的增加,可使河道浅水水域水温快速升高,促进浮游动植物、着生藻类大量增殖,保证鱼类饵料资源充足、幼鱼的生长发育和亲鱼的育肥恢复。每年7~9月鱼类所需生态流量建议维持多年平均流量的20%,即7.88 m^3/s。

5.2.2.2 对坝址断面下泄生态需水的要求

那河鱼类生长及繁殖期对坝址断面下泄生态需水的具体要求为:

(1)鱼类主要繁殖期(5~6月),下泄流量不低于多年平均流量的30%,即11.82 m^3/s。

(2)鱼类生长期(7~9月),下泄水量不低于多年平均流量的20%,即7.88 m^3/s。

5.2.3 陆生植被需水高峰期及生态需水

5.2.3.1 陆生植被需水高峰期

流域陆生植被生长期为4~10月,其中6~9月是植被需水的高峰期。

根据大量在干旱区绿洲对天然盐生草甸植被和灌木的研究结果,旱生植物不同生长阶段的耗水量不同,期间土壤水分状况对生长尤为重要。因此,陆生植被需水高峰期间需要保证土壤水分,以保证植被生态需水。

植被需水高峰期土壤水分状况及需求如下:4~5月植物开始生长,耗水增加;但因冬季积雪和冻土消融,大量水分补给土壤,可以保障这一时期植物的需求。至5月中旬土壤水分已被大量消耗,需及时补充。6~8月及9月是植物第1个、第2个生长旺盛期,大量消耗水分;需及时补充绿洲区地下水补给量,以补充土壤水分和泉集河涌水的需要。

5.2.3.2 植被需水高峰期6~9月的水文情势

那河水库为不完全年调节型水库,水库的兴利库容为8 300万 m^3。根据可研的防洪调度运行方式，水库自 6 月 1 日开始蓄水，当水库水位超过正常蓄水位后弃水。由那河水库建库前后出山口断面不同典型年逐月径流量过程（见第 6 章 6.1.3）可知，那河水库建成后、多年平均条件下：

（1）6 ~ 9 月出山口断面共下泄水量 7.98 亿 m^3，占该断面全年总水资源量的 78.26%；其中 7 ~ 8 月共下泄水量 6.12 亿 m^3，占出山口断面全年总水资源量的 60.00%。

（2）6 ~ 9 月出山口下泄水量分别为 0.69 亿 m^3、2.91 亿 m^3、3.21 亿 m^3、1.17 亿 m^3，分别占出山口断面全年总水资源量的 6.81%、28.50%、31.50%、11.45%。

（3）6 ~ 9 月出山口的月均流量分别为 26.80 m^3/s、108.51 m^3/s、119.92 m^3/s、45.03 m^3/s，分别比建库前减少了 47.73%、16.76%、9.90%、19.52%；受影响最大的是 6 月，主要是水库自 6 月 1 日开始蓄水造成的。

（4）出山口断面 6 ~ 9 月流量的变化趋势与建库前基本一致。

建库后多年平均情况下出山口断面逐月下泄水量过程如图 5-1 所示。

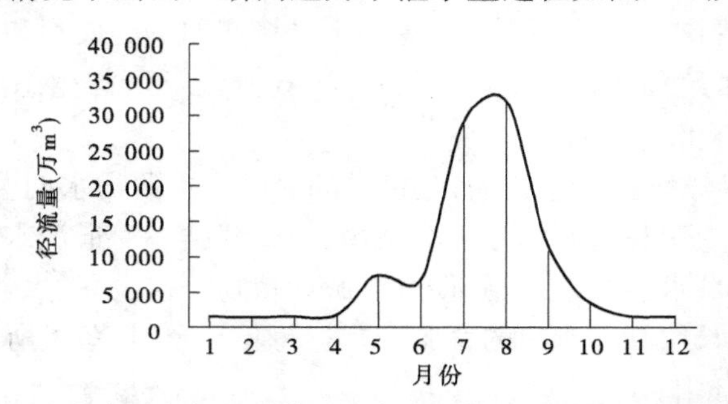

图 5-1　建库后多年平均情况下出山口断面逐月下泄水量过程

5.2.3.3　对植被需水高峰期 6 ~ 9 月生态用水的影响

流域绝大部分面积仍处于未开发状态，流域的国民经济用水量占比小（现状国民经济用水量 783 万 m^3，那河水库运行后国民经济用水量 9 400 万 m^3，分别占那河流域多年平均水资源总量 13.86 亿 m^3 的 0.56%、6.78%），因此出山口下泄的水量基本被天然生态系统消耗，出山口下泄的水量基本都是生态用水。

如前所述，根据目前的水库调度运行方式，出山口断面全年约 80% 的水量在 6 ~ 9 月下泄，其中：

（1）水库自 6 月开始蓄水，根据建库前后水库调算成果，该月份出山口断面下泄的径流量比建库前减少了 47.73%，水量减少比例较大，故需要在 6 月水库运行调度过程中，结合天然洪水情况，适时调控一次仿自然的下泄过程。

（2）水库建成后，根据上游来水条件和水库现有运行方式分析，下泄水量完全能够满足 7 ~ 8 月生态需水的水量及过程要求，故不需要再提具体的生态流量要求。具体原因如下：

①全年 60% 的水量在 7 ~ 8 月下泄，7 ~ 8 月出山口断面下泄水量共 6.12 亿 m^3，下泄水量足够大，可以满足 7 ~ 8 月绿洲区植被生长的需求。

②那河水库为不完全年调节型水库。根据可研的调度运行方式，水库自 6 月 1 日开始蓄水，水库的兴利库容为 8 300 万 m^3，当水库水位超过正常蓄水位后弃水。结合那河水

库建成后、多年平均条件下 6、7 月蓄水量(分别为 6 348 万 m^3、5 851 万 m^3)可知:水库水位在 7 月初即可达到正常蓄水位,此后水库维持正常蓄水位,来水扣除调水流量 8.53 m^3/s 后全部下泄。出山口断面 7、8 月月均流量(108.51 m^3/s、119.92 m^3/s)减少 7.1% ~ 7.8%,影响较小。故自 7 月初水库蓄满后的弃水基本按照自然过程下泄,可以满足 7 ~ 8 月绿洲区植被生长所需的来水过程。

③那河水库运行后,多年平均条件下,7 ~ 8 月绿洲带前缘地下水位为年内最高值(详见第 6 章 6.3.3),地下水较充足,土壤含水量较多,可以满足 7 ~ 8 月绿洲区植被生长对土壤水分的要求。

(3)9 月出山口的月均径流量较建库前减少了 19.52%,该月份为汛期末,来水开始逐渐减少并过渡到非汛期,为更好地满足绿洲植被非汛期的水量需求、缓解 9 月水量减少的影响,在水库运行调度过程中,需要结合 9 月天然洪水情况,适时创造一次仿自然的下泄过程。

5.2.3.4　陆生植被需水高峰期(6 月及 9 月)对坝址断面下泄生态需水的具体要求

由上述分析可知,陆生植被对生态需水的要求是植被需水高峰期 6 月和 9 月每月一次短期泄放大流量过程。

通过统计那棱格勒水文站仅有的 7 年(1959 ~ 1963 年、2013 ~ 2014 年)实测资料,得到 6、9 月最大洪峰流量多年均值分别为 117 m^3/s 和 112 m^3/s。分别选取与均值最接近的 1961 年 6 月、1963 年 9 月作为相应月份的典型洪水过程,并根据 6、9 月实测最大洪峰流量多年均值进行同倍比缩放,分别得到 6、9 月的典型洪水过程线,进而求得 6、9 月典型场次洪水均值分别为 80.0 m^3/s 和 82.5 m^3/s。由实测洪水资料可知,场次洪水一般历时为 5 d,且相对集中在 6 月中上旬和 9 月中下旬。由此提出,在植被需水高峰期(6 月及 9 月)坝址断面至少下泄 1 次大流量过程,单次历时 5 d 左右(即 6 月 11 ~ 15 号下泄一次大流量过程,下泄流量不低于 80 m^3/s;9 月 16 ~ 20 号下泄一次大流量过程,下泄流量不低于 82.5 m^3/s),以保证绿洲区植被需水高峰期生态需水,减缓对植被的影响。

经计算,6、9 月植被生态需水量分别为 6 009.12 万 m^3 和 6 117.12 万 m^3。计算详细结果见表 5-2。

表 5-2　那棱格勒河植被需水高峰期生态需水一览表

时间	河道内生态流量(m^3/s)	陆生需求	植被需水高峰期生态需水量(万 m^3)
6 月	11.82	一次短期泄放大流量过程,历时 5 d,下泄流量不低于 80 m^3/s	6 009.12
9 月	11.82	一次短期泄放大流量过程,历时 5 d,下泄流量不低于 82.5 m^3/s	6 117.12

5.2.4　绿洲生态耗水

绿洲生态耗水是那棱格勒河绿洲区的陆面和植被叶面蒸散发所需水量。按照面积定额法，植被生态耗水是各类植被的面积乘以该类植被的蒸发定额之和。由于那河人口极少，监测和研究基础异常薄弱，无各类植被面积及蒸发定额的配套资料，无法通过常规方法进行确切合理的计算。因此，本书根据绿洲水量的进出平衡来推算绿洲的水资源消耗量。

那棱格勒绿洲植被的蒸发消耗由潜水和地表径流共同支撑。根据那河绿洲区的水资源转化关系，将"由南盆地进入绿洲区的水资源量"加"台吉乃尔河汇流量"，扣除"补西达布逊湖量"和"出绿洲区的水资源量"，可得到绿洲区的消耗量（相关数据见第2章2.2.4）。经计算，建库前多年平均情况下，那河绿洲区的水资源消耗量为4.54亿 m^3。因此，本评价认为绿洲区耗水量由潜水蒸发量和水面蒸发组成，那河绿洲区多年平均耗水量4.54亿 m^3。根据绿洲植被的生长需水习性和水库的调度运行方式，为了满足绿洲区植被生长高峰期需水要求，水库调度运行还应保证6、9月的植被生态需水。

5.2.5 尾闾湖（鸭湖）生态需水

尾闾湖区是局部地区地势最低处，那河尾闾洪水最终蓄积于此。目前，东、西台吉乃尔湖及一里坪已形成盐湖化工产业小区，人为干扰严重，基本无自然生态，已经失去湖泊的自然功能。故不再考虑东、西台吉乃尔湖的生态水量需求。考虑尾闾在那河整个生态系统中的作用，本书提出通过保障鸭湖生态需水来维持尾闾湖泊的部分自然功能和生态功能。

天然状态下鸭湖面积很小，仅几平方千米。2008年，东、西台吉乃尔湖的企业因生产及防洪需要修筑堤防，造成鸭湖逐步蓄水，水面面积逐步扩大，形成一定规模，目前具有蓄洪作用。那河水库建成后，鸭湖与那河水库联合调度进行防洪运用，可将尾闾的防洪标准提高到50年一遇。

《河湖生态需水评估导则》中给出了三种湖泊生态需水计算方法。由于尾闾鸭湖的大水面形成至今才4、5年时间，未进行过任何观测，无实测湖泊水位和湖泊面积资料，无法采用天然水位资料法（统计系列长度需20年以上）和湖泊形态分析法（需湖泊水位和面积资料）计算生态需水。由于鸭湖中鱼类为高原鳅，其生存所需最小水深极小，故不宜采用最小生物空间法计算生态需水。

进入鸭湖的水量，是反映那河流域开发利用程度的关键性指标。因此，为尽量减少那河水库运行的影响、保护区域大环境，本评价根据《西部大开发重点区域和行业发展战略环境评价》提出的"西北内陆河流域生态用水达到水资源总量的50%～70%，才能保证生态环境现状"，取50%～70%的高限，以鸭湖多年平均径流量的70%为鸭湖的生态需水。入鸭湖多年平均流量18.6 m^3/s，多年平均径流量5.76亿 m^3，即尾闾鸭湖的生态需水量为4.03亿 m^3。

5.2.6 小结

本次评价在采用Tennant法、90%频率最枯月平均流量法计算生态基流的基础上，综合考虑了鱼类产卵繁殖期（5～9月）和植被需水高峰期（6月及9月）的需水要求，最终确定生态需水为：10月至翌年4月5.48 m^3/s、5～9月11.82 m^3/s（其中，6月一次5 d的大流量下泄过程,期间下泄流量不低于 80 m^3/s;9 月一次 5 d 的大流量下泄过程,期间下泄流量不低于 82.5 m^3/s),生态需水量为 3.17 亿 m^3。另计算绿洲区多年平均耗水量为 4.54 亿 m^3,尾闾鸭湖生态需水 4.03 亿 m^3。那棱格勒河生态流量见表 5-3。

表 5-3　那棱格勒河生态流量一览表　(单位:m^3/s)

时期	月份	生态流量（基流与鱼类、植被所需生态流量）			
		生态基流	水生生长关键期需求	植被需水高峰期需求	综合确定
非汛期	5 月	5.48	11.82	—	11.82
汛期	6 月	11.82	11.82	一次短期泄放大流量过程,历时 5 d,期间下泄流量不低于 80 m^3/s	11.82,以及一次历时 5 d、下泄流量不低于 80 m^3/s 的大流量下泄过程
汛期	9 月	11.82	8.22	一次短期泄放大流量过程,历时 5 d,期间下泄流量不低于 82.5 m^3/s	11.82,以及一次历时 5 d、下泄流量不低于 82.5 m^3/s 的大流量下泄过程
非汛期	10 月至翌年 4 月	5.48	5.48	—	5.48
全年生态需水量(亿 m^3)		2.4	—	—	3.17

5.3　生态用水评估

5.3.1　坝址断面生态基流保障程度分析

5.3.1.1　现状来水

分析 1957 ~ 2014 年那河坝址断面天然月均流量可知,在丰水年($P=25\%$)、平水年($P=50\%$)、枯水年($P=90\%$)等典型年及多年平均条件下,本次确定的逐月生态基流要求均能得到满足;长系列(1957 ~ 2014 年)资料中,除 1960 年和 1972 年的 2 月流量不满足生态基流要求以外(2 月生态基流的满足率为 96.55%),其他各月的流量均可满足相应的生态基流要求。分析结果见表 5-4、表 5-5。

5.3.1.2　那河水库供水后

那河水库供水后,丰水年($P=25\%$)、平水年($P=50\%$)、枯水年($P=90\%$)等典型年及多年平均各月的坝址断面下泄水量均可满足相应的生态基流要求;58 年长系列调算成果中,各月生态基流满足程度均为 100%,完全能够满足流域生态基流要求。见表 5-4、表 5-5。

表 5-4　不同典型年来水条件下现状流量、水库运行后坝址断面下泄水量与生态基流对比　（单位：m^3/s）

时期	月份	生态基流（m^3/s）	$P=25\%$		$P=50\%$		$P=90\%$		多年平均	
			现状	运行后	现状	运行后	现状	运行后	现状	运行后
汛期	6月	11.82	55.41	23.17	49.81	23.17	47.73	23.17	48.59	24.10
	7月		140.75	121.44	109.61	85.18	80.28	53.88	123.53	101.68
	8月		123.35	112.69	127.71	117.05	77.15	66.49	126.12	112.94
	9月		53.53	43.28	42.93	32.68	40.86	30.61	53.02	42.08
非汛期	10月	5.48	23.52	13.62	19.67	9.77	20.68	10.78	22.97	12.47
	11月		13.71	5.48	11.26	5.48	11.89	5.48	12.77	6.40
	12月		10.42	5.48	8.70	5.48	9.55	5.48	9.14	6.15
	1月		10.18	5.48	8.65	5.48	9.35	5.48	9.20	6.15
	2月		7.49	5.48	6.10	5.48	6.99	5.48	7.02	6.15
	3月		9.79	5.48	8.43	5.48	9.83	5.48	9.50	6.15
	4月		23.20	5.48	17.85	5.48	24.05	5.48	21.26	6.40
	5月		28.74	37.97	23.69	20.5	26.99	31.51	25.99	27.45

表5-5 长系列建库前后坝址生态基流满足程度对比

时期	月份	生态基流(m^3/s)	现状流量		运行后下泄水量	
			满足年份	满足率	满足年份	满足率
汛期	6月	11.82	58	100%	58	100%
	7、8、9月					
非汛期	10月	5.48	58	100%	58	100%
	11月					
	12月					
	1月					
	2月		56	96.55%	58	100%
	3月		58	100%	58	100%
	4月					
	5月					

5.3.2 鱼类生长关键期生态需水保障程度分析

5~9月鱼类产卵繁殖期均有流量需求,经对比可知:

(1)建库前、后,丰水年($P=25\%$)、平水年($P=50\%$)、枯水年($P=90\%$)等典型年及多年平均月均流量均可满足鱼类所需水量。

(2)那河水库供水后,58年系列中,只有1972年的5月不满足鱼类所需流量,5月的流量满足率为98.28%,可以较好地满足鱼类所需流量,见表5-6。

表5-6 长系列建库前后下泄水量与鱼类关键期需水量对比分析

月份	对象	流量需求	现状流量		运行后下泄水量	
			满足年份	满足率	满足年份	满足率
5月	鱼类	下泄流量不低于多年平均流量的30%,即11.82 m^3/s	58	100%	57	98.28%
6月			58	100%	58	100%
7月		下泄流量不低于多年平均流量的20%,即7.88 m^3/s	58	100%	58	100%
8月						
9月						

5.3.3 陆生植被需水高峰期生态需水保障程度分析

5.3.3.1 植被其他主要生长期生态用水的影响

(1)4~5月上旬:该时期由于冬季积雪和冻土消融,带来大量水分补给土壤,可以保障这一时期植物的需求。

(2)5 月中下旬:根据水库调度方案,为保障汛期蓄水,5 月中下旬水库水位需要降至死水位,多年平均情况下 5 月下泄水量 0.77 亿 m^3,所下泄水量能够满足补充土壤水分的需要。

5.3.3.2 6、9 月植被需水高峰期生态需水保证程度分析

6、9 月植被有短时泄放大流量过程的需求,对比 6、9 月河道内径流需求量、现状坝址断面 58 年系列丰水年($P=25\%$)、平水年($P=50\%$)、枯水年($P=90\%$)等典型年及多年平均月均径流量、运行后下泄量,见表 5-7。可知:

(1)建库前,58 年系列的 6、9 月径流量均可以满足植被所需水量。

(2)水库运行后,58 年系列的 9 月下泄水量可以满足植被所需水量、6 月下泄水量基本可以满足植被需水要求(多年平均下泄水量可以满足植被所需水量,丰水年($P=25\%$)、平水年($P=50\%$)、枯水年($P=90\%$)等典型年下泄水量基本可以满足植被所需水量)。

(3)综上所述,根据目前的水库调度运行方式所下泄的水量基本可以满足陆生植被需水高峰期的生态需水。

5.3.4 对绿洲生态用水的影响

5.3.4.1 对绿洲生态耗水量的影响

根据水库建成后那河流域水资源变化状况及绿洲区的水资源转化关系,将"由南盆地进入绿洲区的水资源量"加"台吉乃尔河汇流量"、扣除"补西达布逊湖量"和"出绿洲区的水资源量",可得到绿洲区的消耗量(相关数据详见第 2 章 2.2.4)。经计算,那河水库引水后,由于地下水位下降,那河绿洲多年平均耗水量为 4.25 亿 m^3,比水库引水前减少了 0.3 亿 m^3、减少比例 6.61%。

5.3.4.2 对绿洲生态用水的影响

结合评价区植被生长与地下水位的关系、工程运行后地下水环境影响预测及陆生植物影响预测的结果,综合分析在现有引水规模和水库运行方式下,对下游绿洲生态用水的影响。

现状情况下,那河绿洲区水位埋深小于 3 m,其中绿洲带前缘水位埋深 0~0.5 m;绿洲区植被通过较为发达的根系利用土壤水分来维持生存。植被生长与地下水位密切相关,当地下水位埋深小于 5.5 m 时,地下水对植被生长发育具有明显的控制作用。绿洲区主要植被为芦苇、柽柳和白刺;柽柳根系相对较深,最大根系深度为 5~5.5 m,适应的地下水埋深范围为 2~5.5 m;芦苇根系相对较浅,适应的地下水位埋深范围为 2~3.5 m。

根据地下水环境影响预测:水库运行 20 年后,那河流域地下水位基本达到新的平衡状态。其中,绿洲带前缘 1~2 km 范围内水位下降 0~3 m,水位埋深增大到 0~3.5 m;绿洲带后缘地下水位与拟建项目运行前相比基本保持不变。

那河水库工程运行后,多年平均条件下,坝址断面下泄水量由天然来水量 12.43 亿 m^3 变为 9.51 亿 m^3,那河绿洲多年平均耗水量由 4.54 亿 m^3 变为 4.25 亿 m^3,减少了 0.3 亿 m^3,将会对下游绿洲产生一定的影响。根据陆生植物影响预测:受工程运行影响的绿

表 5-7　不同典型年来水条件下建库前后下泄水量与水生、陆生关键用水期需水量对比分析　（单位:万 m^3）

月份	对象	需求（过程及流量）	需求量	现状径流量				运行后下泄量			
				多年平均	$P=25\%$	$P=50\%$	$P=90\%$	多年平均	$P=25\%$	$P=50\%$	$P=90\%$
5月	鱼类	下泄流量不低于多年平均流量的 30%，即 11.82 m^3/s	3 165.87	6 961.20	7 696.63	6 345.20	7 228.30	7 352.63	10 169.88	5 490.72	8 439.64
6月	植被	1 次大流量过程：单次历时 5 d 左右，下泄流量不低于 80 m^3/s	6 009.12	12 599.67	14 362.29	12 909.55	12 371.46	6 247.81	6 005.66	6 005.66	6 005.66
	生态基流	11.82 m^3/s									
9月	植被	1 次大流量过程：单次历时 5 d 左右，下泄流量不低于 82.5 m^3/s	6 117.12	13 746.08	13 873.93	11 127.92	10 591.94	10 907.95	11 218.18	8 470.66	7 934.11
	生态基流	11.82 m^3/s									

洲植被面积约占绿洲区总面积的1.26%，是位于绿洲前缘地下水位下降2 m以上的区域，该区域内草本植被芦苇等的生长会受到一定限制。地下水位下降2 m以下的区域、绿洲后缘及盐化草甸的植被几乎不受工程运行的影响。

因此，工程运行后对绿洲前缘的影响范围、影响程度有限。绿洲可基本维持现状，绿洲的生态结构不会发生改变，基本不会影响区域生态功能的发挥。据此判断，项目运行后，下游生态用水量在可接受范围内，不会对区域生态环境造成大的影响。

5.3.5　对尾闾湖(鸭湖)生态用水的影响

根据流域及鸭湖水量的进出平衡来推算建库后鸭湖的水资源量。根据水库建成后那河流域水资源变化分析：水库建成后，入鸭湖口多年平均径流量为4.24亿m^3，大于鸭湖的生态需水量4.03亿m^3，可以满足鸭湖的生态需水。

5.3.6　小结

那河水库正常运行后，坝址断面多年平均下泄流量由建库前的39.41 m^3/s变为30.15 m^3/s、多年平均下泄径流量由12.43亿m^3减少为9.51亿m^3，下泄水量较建库前减少了2.92亿m^3，减少比例为23.5%。水库运行后，下泄水量能够满足流域生态基流、可以较好地满足植被和鱼类、绿洲区和尾闾鸭湖所需水量。

建库后，流域生态用水量由原来的12.91亿m^3减少为9.65亿m^3，生态用水比例由原来的93%减少为70%，可以满足《青海省那棱格勒河流域综合规划修编报告》《青海省海西州那棱格勒河水利枢纽可行性研究报告》提出的生态水量需求，同时能够满足《西部大开发重点区域和行业发展战略环境评价》提出的生态用水要求(《西部大开发重点区域和行业发展战略环境评价》中提出，西北内陆河流域生态用水达到水资源总量的50%～70%，才能维持生态环境现状)。

实施那河水利枢纽工程，应以生态水量为约束指标，在保障流域生态安全的前提下，实现向格尔木、茫崖、冷湖工业园区供水和利用水库拦蓄、联合鸭湖调度以保障尾闾湖区防洪安全的目标。

5.4　生态需水合理性分析

5.4.1　已有相关成果

《青海省那棱格勒河流域综合规划修编报告》及《青海省那棱格勒河流域综合规划修编报告环境影响报告书》采用Tennant法，确定的生态基流为汛期12.33 m^3/s和非汛期4.11m^3/s，河道内生态需水量为2.16亿m^3；绿洲生态需水量2.5亿m^3。

5.4.2　符合性分析

本次研究成果与《青海省那棱格勒河流域综合规划修编报告》及《青海省那棱格勒河流域综合规划修编报告环境影响报告书》确定的生态水量相比：

(1)生态基流的计算方法一致：汛期生态基流均确定为坝址断面多年平均流量

的30%。

(2)汛期生态基流略有差异、基本一致。汛期生态基流不一致的原因是《青海省海西州那棱格勒河水利枢纽可行性研究报告》与《青海省那棱格勒河流域综合规划修编报告》的水文资料系列选取不同:本次研究采用的水文资料系列是1957~2014年,《青海省那棱格勒河流域综合规划修编报告》采用水文资料系列是1957~2009年。

(3)本次研究确定的非汛期生态基流5.48 m^3/s较规划4.11 m^3/s更大。此外,5月因为充分考虑了鱼类特殊敏感期的生态需求、下泄生态流量调整为11.82 m^3/s,非汛期实际下泄生态水量可以完全满足规划要求。

(4)本次研究充分考虑了植被需水高峰期6月和9月的生长需求,更符合河道天然水文情势,汛期实际下泄生态水量比规划更大。

(5)本次研究确定的生态基流3.17亿m^3比《青海省那棱格勒河流域综合规划修编报告》确定的2.16亿m^3更大,更符合流域生态环境需求要求。

(6)本次研究充分考虑了那棱格勒河下游绿洲生态需求要求,工程建设后,绿洲生态耗水量比《青海省那棱格勒河流域综合规划修编报告》确定的绿洲生长期2.5亿m^3需水量大1.75亿m^3。

5.4.3 小结

综上所述,本次研究充分考虑了那棱格勒河流域敏感生态保护对象及其生态需求,汛期生态基流确定方法及原则与《青海省那棱格勒河流域综合规划修编报告》一致,本次研究成果能够符合《青海省那棱格勒河流域综合规划修编报告》生态水量的相关要求,经复核确定的生态基流等比《青海省那棱格勒河流域综合规划修编报告》原有成果更加合理。

第 6 章　水环境影响与保护措施研究

6.1　水文泥沙情势影响分析

6.1.1　研究断面及典型年选择

6.1.1.1　评价断面的选取

根据那河中下游水流特性及现有资料情况,结合那河水利枢纽工程任务,本次评价主要以库区以及坝址、出山口、鸭湖入湖断面作为评价对象,对径流量,流量、水位等水文要素进行影响分析。

6.1.1.2　典型年的选取

本次研究以推求的 1957 ~ 2014 年长系列数据为基础,分别选取丰水年($P = 25\%$)、平水年($P = 50\%$)、枯水年($P = 90\%$)、多年平均等作为典型年进行水文情势影响分析。

6.1.2　库区水文泥沙情势影响分析

6.1.2.1　库区水资源量影响分析

那河水库坝址以上河段有红水河和库拉克阿拉干河两大支流汇入,库区入库多年平均径流量为 12.43 亿 m^3,坝址以上区间人烟稀少,主要以牧民放牧为主,基本无社会经济用水。水库建成后,水库多年平均出库径流量为 9.51 亿 m^3,较建库前减少 2.92 亿 m^3,减少幅度为 23.5%。减少原因主要是水库运行期间将向格尔木、茫崖和冷湖多年平均调水量 2.63 亿 m^3,水库蒸发渗漏损失量 0.28 亿 m^3。

6.1.2.2　库区水文情势影响

1. 水位影响

那河水库为不完全年调节水库,建成后将使库区水位抬升,水体体积和水面面积明显增加,库区内的流速减缓,库区原河道转变为缓流河道,从上游至坝前流速逐渐减小。坝址断面最低处高程是 3 237.42 m,至水库达到正常蓄水位 3 297.0 m 时,坝前最大壅水深度约 59.58 m。

水库正常运行期间,水库在满足坝下生态基流、受水区供水要求前提下,库区水位在 3 286 m(死水位)至 3 297 m(正常蓄水位)之间变动,水库有效库容在 2 259 万 m^3 至 8 316 万 m^3 之间变动;汛期(6 ~ 9 月)开始蓄水,蓄至正常蓄水位后按进出库平衡运用。非汛期(10 月至翌年 5 月),水位逐步消落,4 ~ 5 月是那河的春汛期,来水较多,水库水位有所抬高,5 月底水库进入防洪运用模式,水位降低至防洪起调水位。

根据那河洪水特点及洪灾成因分析,水库防洪期限为 6 ~ 9 月,主要通过拦蓄洪水期入库水量提高下游尾闾湖区防洪标准。当监测鸭湖水位超过警戒水位 2 687.5 m 后水库开始进行防洪运用,水库水位在 3 297 m(正常蓄水位)至 3 303.30 m(防洪高水位)之间变化；当入库水量高于50年一遇标准时，水库水位超过防洪高水位，水库敞泄运用，直至水位回落到防洪高水位，遇大坝设计、校核标准洪水，水位达到设计洪水位3 303.30 m和校核洪水位3 305.46 m，水库的有效库容分别为25 292万m^3和34 686万m^3。

不同典型年来水条件下，库区月均水位过程见表6-1和图6-1，库区月均库容见图6-2。

表6-1　不同典型年来水条件下库区月均水位过程

月份	$P=25\%$		$P=50\%$		$P=90\%$		多年平均	
	库容(万m^3)	水位(m)	库容(万m^3)	水位(m)	库容(万m^3)	水位(m)	库容(万m^3)	水位(m)
1	7 977.8	3 295.7	6 438.2	3 294.5	6 438.2	3 294.5	6 788.9	3 294.6
2	6 242.7	3 294.3	4 430.2	3 291.5	4 430.2	3 291.5	4 897.1	3 292.2
3	4 972.9	3 292.6	2 864.5	3 287.7	2 864.5	3 287.7	3 514.7	3 289.2
4	7 138.3	3 295.0	3 775.9	3 290.1	3 775.9	3 290.1	5 077.5	3 292.1
5	2 258.6	3 286.0	2 258.6	3 286.0	2 258.6	3 286.0	2 258.6	3 286.0
6	8 228.0	3 295.8	6 835.3	3 294.8	6 835.3	3 294.8	6 359.5	3 293.4
7	10 574.3	3 297.0	10 574.3	3 297.0	10 574.3	3 297.0	9 683.3	3 295.8
8	10 574.3	3 297.0	10 574.3	3 297.0	10 574.3	3 297.0	10 609.4	3 296.5
9	10 574.3	3 297.0	10 574.3	3 297.0	10 574.3	3 297.0	10 864.2	3 297.1
10	10 574.3	3 297.0	10 574.3	3 297.0	10 574.3	3 297.0	11 039.8	3 297.2
11	10 234.5	3 296.8	9 604.8	3 296.6	9 604.8	3 296.6	10 195.6	3 296.8
12	9 054.3	3 296.3	7 977.2	3 295.7	7 977.2	3 295.7	8 474.3	3 295.8

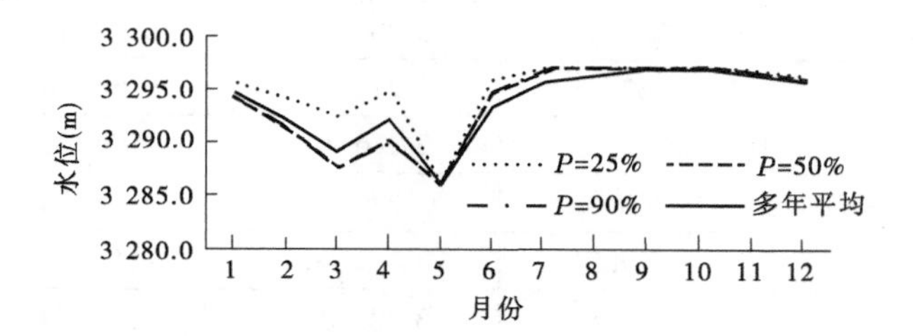

图6-1　不同典型年来水条件下库区月均水位过程线

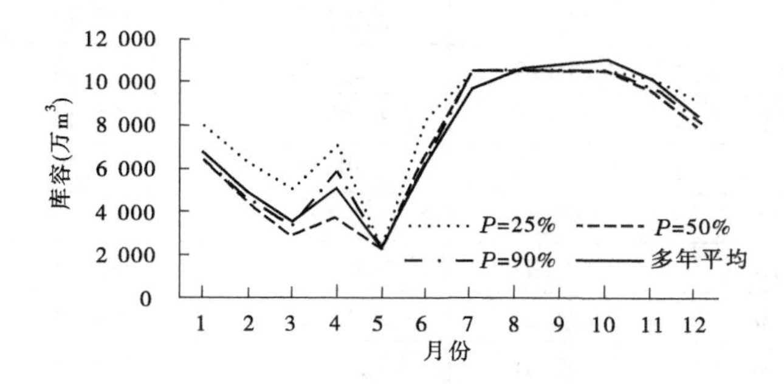

图6-2　不同典型年来水条件下库区月均容积过程线

2. 水库回水影响

水库运行后,水库水深从坝前至库尾均有不同程度的增加,库区回水影响长度约11.68 km,水库面积可达23.04 km^2,随着库区水位的改变,库区河段的水面、流速等均发生相应变化。建库后库区水面较建库前明显增大,库区由现状年的天然河道面积增加到正常蓄水位后的23.04 km^2左右。库区流速从那河到坝址迅速减少,坝前断面变化最大。水库蓄水将会对库区淹没区占地和库区渗漏、库区生态环境等造成影响。

水库20年一遇回水水面线状况见表6-2和图6-3。

表6-2 20年一遇水库回水面线成果 (单位:m)

序号	距坝里程	天然河底	淤积河底	20年一遇水面线	
				天然	淤积后
1	0	3 237.42	3 265.80	3 243.20	3 297.77
2	290	3 238.13	3 265.80	3 244.54	3 297.77
3	606	3 240.70	3 265.80	3 246.04	3 297.77
4	1 095	3 243.20	3 265.80	3 248.19	3 297.77
5	1 637	3 246.12	3 265.80	3 249.94	3 297.77
6	2 127	3 249.12	3 265.80	3 252.31	3 297.78
7	2 691	3 250.52	3 265.80	3 254.62	3 297.78
8	2 999	3 252.68	3 265.80	3 255.91	3 297.78
9	3 270	3 253.91	3 265.80	3 256.82	3 297.78
10	3 835	3 256.61	3 265.80	3 259.23	3 297.78
11	4 353	3 259.16	3 265.80	3 261.86	3 297.78
12	4 799	3 261.58	3 266.81	3 264.19	3 297.78
13	5 350	3 263.43	3 271.78	3 266.44	3 297.78
14	5 834	3 265.83	3 276.14	3 268.28	3 297.78
15	6 169	3 266.43	3 279.16	3 269.70	3 297.78
16	6 484	3 269.51	3 282.00	3 271.65	3 297.79
17	7 025	3 272.89	3 286.87	3 274.73	3 297.79
18	7 475	3 274.55	3 290.93	3 277.04	3 297.79
19	7 961	3 278.50	3 292.79	3 280.42	3 297.79
20	8 511	3 281.67	3 293.06	3 283.70	3 297.79
21	9 053	3 284.67	3 293.33	3 286.43	3 297.79
22	9 581	3 287.80	3 293.60	3 289.29	3 297.79
23	10 051	3 289.41	3 293.83	3 291.76	3 297.79
24	10 578	3 291.91	3 294.10	3 293.93	3 297.79
25	11 130	3 294.76	3 294.37	3 296.98	3 297.81
26	11 684	3 297.81	3 297.81	3 299.61	3 299.61
27	12 244	3 300.15	3 300.15	3 302.59	3 302.59

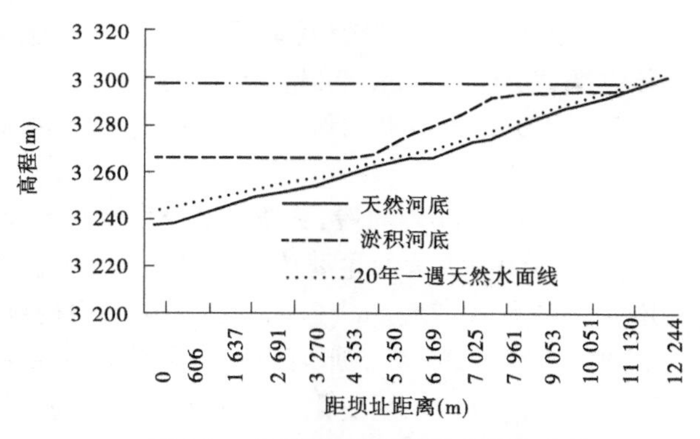

图 6-3 水库 20 年一遇洪水回水曲线

3. 库区泥沙影响

那棱格勒水库多年平均含沙量为 5.74 kg/m³,多年平均来沙量 569.0 万 m³,其中汛期 6~9 月沙量占全年的 94.6%。水库下游规划了四级电站,均属无调节水库,库沙比皆小于 10,水库拦沙运用对其发电十分有利。水库排沙调度采用汛期相机排沙运用。在满足供水保证率的前提下,当入库流量小于 160 m³/s 时,水库按蓄水运用;当入库流量大于 160 m³/s 时,根据下游鸭湖蓄水情况适时排沙,当鸭湖水位小于 2 687.5 m 时,水库降低水位敞泄排沙,当鸭湖水位大于 2 687.5 m 时,考虑防洪安全,水库不排沙。

根据可研报告,泥沙淤积计算年限按 50 年进行设计,根据拟定的水库运用方式,50 年内排沙比约为 17.3%,得库区总淤积量为 2.40 亿 m³,其中坝前水平段淤积高程为 3 275.5 m,淤积量为 0.65 亿 m³,占总淤积量的 27.1%,处在一般水库三角洲坝前水平段淤积比例 20%~33% 之内。淤积末端距坝约 12.0 km。运用 50 年后水库纵剖面见图 6-4。

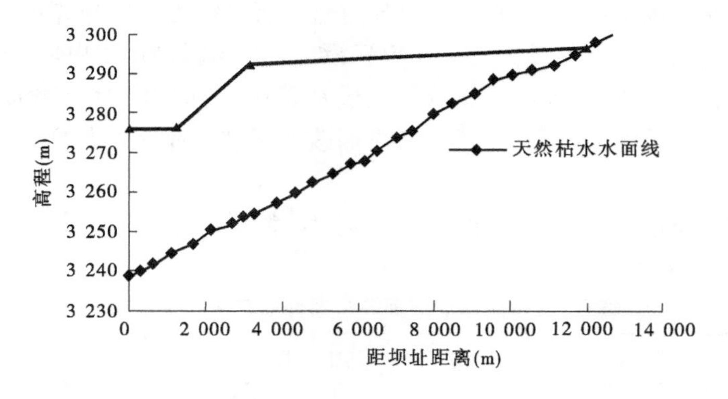

图 6-4 运用 50 年后水库纵剖面

6.1.3 坝址下游水文情势影响分析

6.1.3.1 坝址下游水资源量影响

(1)坝址断面:那河水库坝址多年平均径流量为 12.43 亿 m³,水库建成后,坝址多年平均下泄径流量为9.51亿 m^3，较建库前减少径流2.92亿 m^3，减少幅度为23.5%。其中减幅较大的主要集中在非汛期，为34.2%，汛期减少幅度在19.9%。减少原因主要是水库运行期间将向格尔木、茫崖和冷湖多年平均调水量2.63亿 m^3，水库蒸发渗漏损失量0.29亿 m^3。

(2)坝址至出山口区间：该区间为峡谷河段，无支流汇入，基本无社会经济用水，区间规划有四级电站。目前，已建二级电站，电站主要为混合式发电，年径流损失可忽略。建库后那河出山口多年平均径流量为10.2亿 m^3，占出山口多年平均径流量的77.3%，较建库前减少了2.92亿 m^3，减少幅度为22.3%。那河出山口径流量主要包括水库下泄径流量，坝址—出山口区间径流量，出山口径流量变化主要是水库下泄量改变引起的。

(3)出山口至入鸭湖区间(南、北盆地)：该区间主要是乌图美仁乡政府所在区域，其经济社会用水主要利用地下水。该区间水资源显著特点为地表水和地下水转换频繁，那河出山后依次经南盆地、北盆地后进入尾闾湖区。

出山口至南盆地区间不重复径流量0.61亿 m^3，水库建成后，出山口径流量和区间不重复径流量共10.81亿 m^3进入南盆地。那河南盆地河段主要径流损失为补给地下水量和补给西达布逊湖水量，南盆地地下水又通过泉水溢出、地下潜流等补给那河，同时东台吉乃尔河汇入那河，那河进入北盆地多年径流为6.06亿 m^3，较建库前减少了2.39亿 m^3，减少幅度为28.3%。那河进入北盆地的水量经过草甸蒸发、干盐滩蒸发等消耗1.83亿 m^3(较建库前减少了0.87亿 m^3)后，最终进入鸭湖。该河段水资源变化主要是出山口径流和南北盆地河段地表水和地下水频繁转换等因素综合影响的。

(4)鸭湖口：水库建成后，入鸭湖口多年平均径流量为4.24亿 m^3，较建库前减少了1.66亿 m^3，减少幅度为28.2%。影响鸭湖水资源的原因主要是那河水库建成后出山口径流改变导致。

总体而言，那河水库建成后，那河下游各控制断面水资源量较建库前减少了22.3%～28.2%，其中非汛期减少幅度较大，为32.5%～43.2%，汛期为18.9%～21.6%。工程运行后多年平均条件下由那河向格尔木等地区供水2.63亿 m^3，将改变那河流域和格尔木、茫崖、冷湖等相关区域的水资源配置格局，进而改变了那河库区及其坝址下游河道的水文情势。

多年平均条件下，建库前后那河典型断面的水资源量变化情况见表6-3、图6-5、图6-6。

表6-3 建库前后那河典型断面多年平均径流量 (单位：亿 m^3)

典型断面	年径流量				其中汛期				非汛期			
	建库前	建库后	变化量	变化比例	建库前	建库后	变化量	变化比例	建库前	建库后	变化量	变化比例
坝址	12.43	9.51	-2.92	-23.5%	9.32	7.46	-1.86	-19.9%	3.11	2.04	-1.06	-34.2%
出山口	13.12	10.20	-2.92	-22.3%	9.84	7.98	-1.86	-18.9%	3.28	2.22	-1.06	-32.5%
鸭湖口	5.90	4.24	-1.66	-28.2%	4.10	3.22	-0.89	-21.6%	1.80	1.02	-0.78	-43.2%

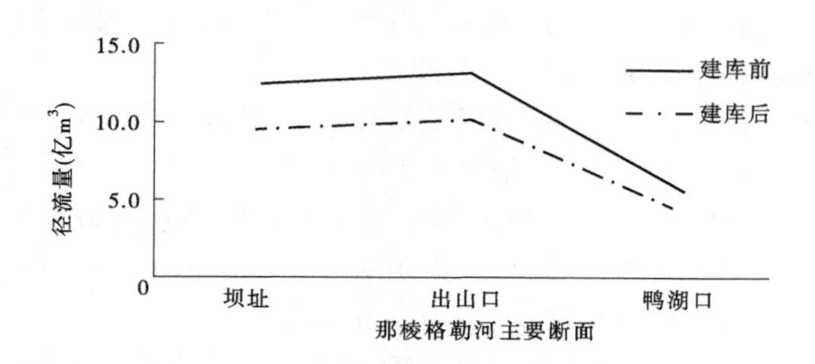

图 6-5　建库前后那河典型断面径流变化状况(多年平均)

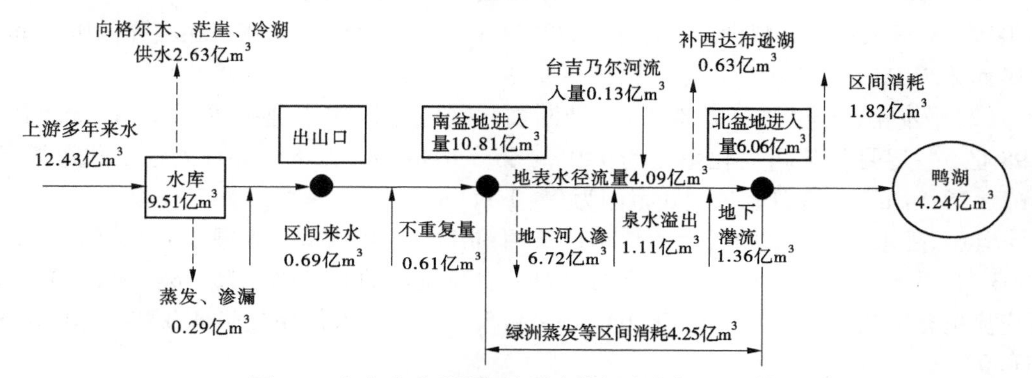

图 6-6　水库建成后那河流域水资源变化状况示意图

6.1.3.2　坝址下游河段水文情势影响

那河建库前后将对那河水文情势产生影响,报告选取坝址断面、出山口断面和鸭湖口三个主要断面逐月的径流、流量和水位等水文情势影响进行分析。

1. 坝址断面

根据那河径流特点以及那河水库任务和运行方式,水库建设前后那河年内月均径流、流量和水位均发生明显变化,主要呈现以下特点:

(1)建库后那河年内径流和流量等水文情势变化趋势与建库前基本保持一致,主要是那河水库为不完全调节水库,水库的兴利库容相对较小,为 0.83 亿 m³;同时,水库供水保证率较高,为 95%,年内水库月均调水量变化不明显。

(2)建库后那河年内月均径流和流量等基本较建库前有所减少,主要是水库为受水区供水和水库蒸发渗漏损失所致。减少幅度相对较大的月份主要集中在非汛期的 10 月至翌年 4 月以及汛期的 6 月,变化幅度为 30% ~80%。非汛期变化大的原因主要是那河上游来水较小和水库调水等;6 月那河进入汛期,上游来水相对较多,但那河水库 6 月开始蓄水至正常蓄水位以及水库调水等因素,使得 6 月那河坝址断面径流和流量等建库前后变化相对较大。

年内 5 月及汛期 7 ~9 月那河坝址断面的径流和流量等变化相对较小,其中 5 月冰雪融水使得那河上游来水相对非汛期较多,考虑到 6 ~9 月防汛调度,5 月底那河水库将泄水使得水位降至死水位,因此 5 月虽然有调水任务,但建库前后坝址径流和流量等变化相对不明显;7～9 月上游来水相对较多,水库扣除供水任务外,基本保持正常蓄水位进行蓄放平衡运行。因此,该时段坝址的径流和流量等变化也相对不明显。

那河水库供水运行后,丰、平、枯不同典型年大坝下泄水量分别减少 23%、26% 和 30%。那河坝址断面不同典型年水文情势变化分析如下:

(1)丰水年($P=25\%$)条件下,坝址断面年径流量较供水前减少了 22.77%,约为 3.02 亿 m^3;逐月径流量变化范围为 486.00 万～8 356.63 万 m^3,逐月流量变化范围是 2.01～32.24 m^3/s,逐月水位变化范围为 0.01～0.14 m。

其中,受水库供水影响最大的是 4 月、6 月和 11 月,月径流量分别减少4 593.75万 m^3、8 356.63万 m^3 和 2 134.03 万 m^3,分别占到天然径流量的 76.38%、58.18% 和 60.04%;对应流量分别减少 17.72 m^3/s、32.24 m^3/s 和 8.23 m^3/s,水位相应降低 0.08 m、0.14 m 和 0.03 m。

(2)平水年($P=50\%$)条件下,坝址断面年径流量较供水前减少了 25.90%,约为 2.98 亿 m^3;逐月径流量变化范围为 149.24 万～6 903.88 万 m^3,逐月流量变化范围是 0.62～26.64 m^3/s,逐月水位变化范围为 0～0.11 m。

其中,受水库供水影响最大的是 4 月、6 月和 11 月,径流量分别减少3 205.91万 m^3、6 903.88 万 m^3和 1 499.11 万 m^3,分别占到天然径流量的 69.30%、53.48% 和 51.35%;对应流量分别减少 12.37 m^3/s、26.64 m^3/s 和 5.78 m^3/s,水位相应降低 0.05 m、0.11 m 和 0.02 m。

(3)枯水年($P=90\%$)条件下,坝址断面年径流量较供水前减少了 30.04%,约为 2.90 亿 m^3;逐月径流量变化范围为 365.79 万～7 071.22 万 m^3,逐月流量变化范围是 1.51～26.40 m^3/s,逐月水位变化范围为 0.01～0.11 m。

其中,受水库供水影响最大的是 4 月、6 月和 11 月,径流量分别减少3 826.11万 m^3、6 365.80 万 m^3和 1 662.28 万 m^3,分别占到天然径流量的 61.39%、51.46% 和 53.92%;对应流量分别减少 14.76 m^3/s、24.56 m^3/s 和 6.41 m^3/s,水位相应降低 0.06 m、0.11 m 和 0.03 m。

(4)多年平均条件下,坝址断面年径流量较供水前减少了 23.43%,约为 2.92 亿 m^3;逐月径流量变化范围为 198.48 万 m^3～6 347.60 万 m^3,逐月流量变化范围是 0.82～24.49 m^3/s,逐月水位变化范围为 0～0.10 m。

其中,受水库供水影响最大的是 4 月、6 月和 11 月,径流量分别减少3 851.93 万 m^3、6 347.60 万 m^3和 1 649.71 万 m^3,分别占到天然径流量的 69.89%、50.40% 和 49.85%;对应流量分别减少 14.86 m^3/s、24.49 m^3/s 和 6.36 m^3/s,水位相应降低 0.06 m、0.10 m 和 0.03 m。

坝址断面建库前后逐月径流量变化情况见表 6-4 和图 6-7,逐月流量变化情况见表 6-5和图 6-8,逐月水位变化情况见表 6-6 和图 6-9。

2. 出山口断面

那河出山口至坝址区间为峡谷河段,区间无任何支流汇入,年均区间径流来水 0.68 亿 m^3,主要集中在汛期。总体而言,受水库坝址下泄径流和流量变化影响,那河出山口断

表6-4 坝址断面建库前后逐月径流量对比

（单位：万 m^3）

典型年		1月	2月	3月	4月	5月	6月	7月	8月	9月	10月	11月	12月	总计
$P=$ 25%	建库前	2 727	1 812	2 622	6 014	7 697	14 362	37 699	33 039	13 874	6 299	3 554	2 792	13 2491
	建库后	1 468	1 326	1 468	1 420	10 170	6 006	32 526	30 183	11 218	3 648	1 420	1 468	10 2321
	变化量	-1 259.44	-486.00	-1 154.45	-4 593.75	2 473.25	-8 356.63	-5 172.41	-2 855.72	-2 655.75	-2 650.93	-2 134.03	-1 324.43	-30 170.29
	变化比例	-46.18%	-26.83%	-44.03%	-76.38%	32.13%	-58.18%	-13.72%	-8.64%	-19.14%	-42.09%	-60.04%	-47.43%	-22.77%
$P=$ 50%	建库前	2 317	1 475	2 257	4 626	6 345	12 910	29 358	34 206	11 128	5 270	2 920	2 331	115 142
	建库后	1 468	1 326	1 468	1 420	5 491	6 006	22 815	31 351	8 471	2 617	1 420	1 468	85 319
	变化量	-849.06	-149.24	-789.26	-3 205.91	-854.48	-6 903.88	-6 543.39	-2 855.64	-2 657.27	-2 652.83	-1 499.11	-863.20	-29 823.28
	变化比例	-36.65%	-10.12%	-34.97%	-69.30%	-13.47%	-53.48%	-22.29%	-8.35%	-23.88%	-50.34%	-51.35%	-37.03%	-25.90%
$P=$ 90%	建库前	2 504	1 692	2 633	6 233	7 228	12 371	21 502	20 665	10 592	5 538	3 083	2 557	96 597
	建库后	1 468	1 326	1 982	2 406	8 440	6 006	14 431	17 809	7 934	2 887	1 420	1 468	67 576
	变化量	-1 036.58	-365.79	-650.94	-3 826.11	1 211.34	-6 365.80	-7 071.22	-2 855.92	-2 657.83	-2 650.46	-1 662.28	-1 089.27	-29 020.86
	变化比例	-41.39%	-21.63%	-24.73%	-61.39%	16.76%	-51.46%	-32.89%	-13.82%	-25.09%	-47.86%	-53.92%	-42.60%	-30.04%
多年平均	建库前	2 464	1 699	2 544	5 511	6 961	12 595	33 086	33 779	13 742	6 151	3 309	2 449	12 4293
	建库后	1 648	1 501	1 648	1 659	7 429	6 248	27 234	30 250	10 909	3 339	1 660	1 648	95 174
	变化量	-815.44	-198.48	-895.92	-3 851.93	468.09	-6 347.60	-5 851.27	-3 528.92	-2 833.90	-2 812.72	-1 649.71	-800.82	-29 118.60
	变化比例	-33.10%	-11.68%	-35.21%	-69.89%	6.72%	-50.40%	-17.69%	-10.45%	-20.62%	-45.72%	-49.85%	-32.70%	-23.43%

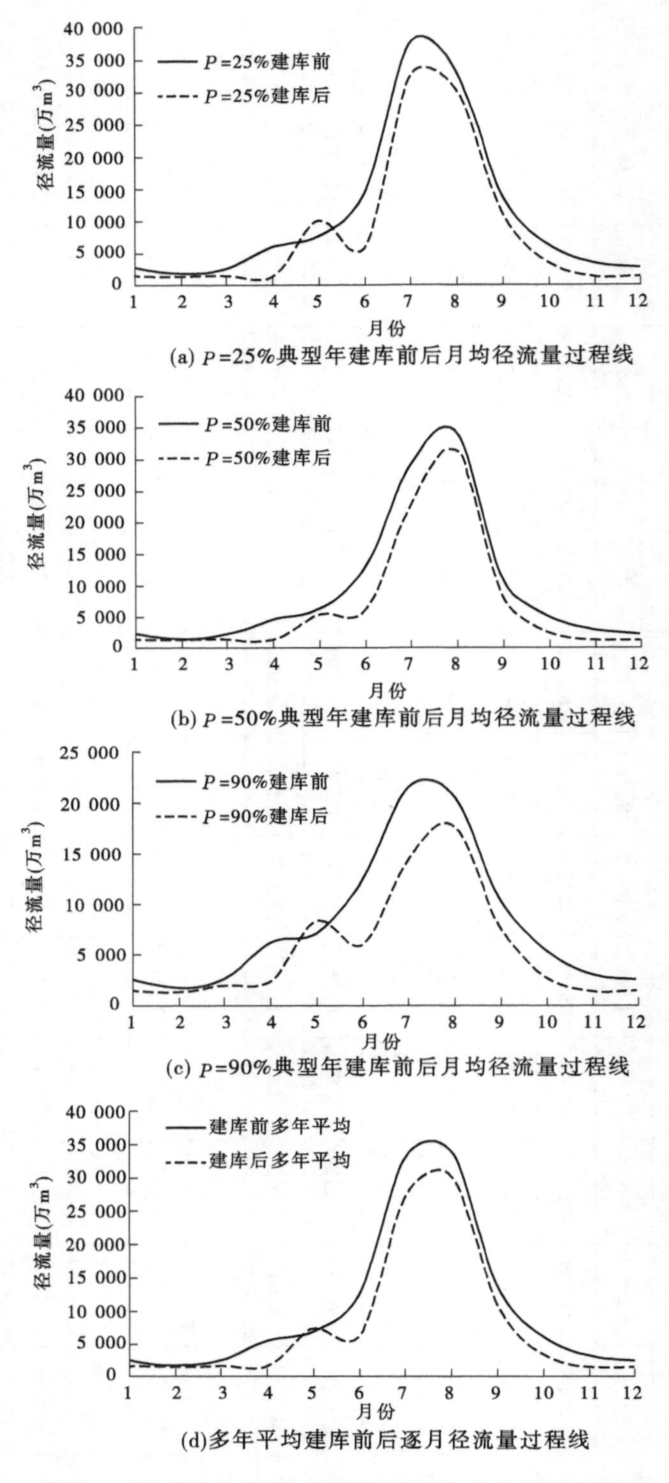

(a) P=25%典型年建库前后月均径流量过程线

(b) P=50%典型年建库前后月均径流量过程线

(c) P=90%典型年建库前后月均径流量过程线

(d)多年平均建库前后逐月径流量过程线

图 6-7　坝址断面建库前后不同典型年逐月径流量过程线

表6-5 坝址断面建库前后逐月流量对比

(单位:m^3/s)

典型年		1月	2月	3月	4月	5月	6月	7月	8月	9月	10月	11月	12月	年均流量
P=25%	建库前	10.18	7.49	9.79	23.20	28.74	55.41	140.75	123.35	53.53	23.52	13.71	10.42	42.01
	建库后	5.48	5.48	5.48	5.48	37.97	23.17	121.44	112.69	43.28	13.62	5.48	5.48	32.45
	变化量	-4.70	-2.01	-4.31	-17.72	9.23	-32.24	-19.31	-10.66	-10.25	-9.90	-8.23	-4.94	-9.57
	变化比例	-46.18%	-26.83%	-44.03%	-76.38%	32.13%	-58.18%	-13.72%	-8.64%	-19.14%	-42.09%	-60.04%	-47.43%	-22.77%
P=50%	建库前	8.65	6.10	8.43	17.85	23.69	49.81	109.61	127.71	42.93	19.67	11.26	8.70	36.51
	建库后	5.48	5.48	5.48	5.48	20.50	23.17	85.18	117.05	32.68	9.77	5.48	5.48	27.05
	变化量	-3.17	-0.62	-2.95	-12.37	-3.19	-26.64	-24.43	-10.66	-10.25	-9.90	-5.78	-3.22	-9.46
	变化比例	-36.65%	-10.12%	-34.97%	-69.30%	-13.47%	-53.48%	-22.29%	-8.35%	-23.88%	-50.34%	-51.35%	-37.03%	-25.90%
P=90%	建库前	9.35	6.99	9.83	24.05	26.99	47.73	80.28	77.15	40.86	20.68	11.89	9.55	30.63
	建库后	5.48	5.48	7.40	9.28	31.51	23.17	53.88	66.49	30.61	10.78	5.48	5.48	21.43
	变化量	-3.87	-1.51	-2.43	-14.76	4.52	-24.56	-26.40	-10.66	-10.25	-9.90	-6.41	-4.07	-9.20
	变化比例	-41.39%	-21.63%	-24.73%	-61.39%	16.76%	-51.46%	-32.89%	-13.82%	-25.09%	-47.86%	-53.92%	-42.60%	-30.04%
多年平均	建库前	9.20	7.02	9.50	21.26	25.99	48.59	123.53	126.12	53.02	22.97	12.77	9.14	39.41
	建库后	6.15	6.20	6.15	6.40	27.74	24.10	101.68	112.94	42.09	12.47	6.40	6.15	30.18
	变化量	-3.04	-0.82	-3.34	-14.86	1.75	-24.49	-21.85	-13.18	-10.93	-10.50	-6.36	-2.99	-9.23
	变化比例	-33.10%	-11.68%	-35.21%	-69.89%	6.72%	-50.40%	-17.69%	-10.45%	-20.62%	-45.72%	-49.85%	-32.70%	-23.43%

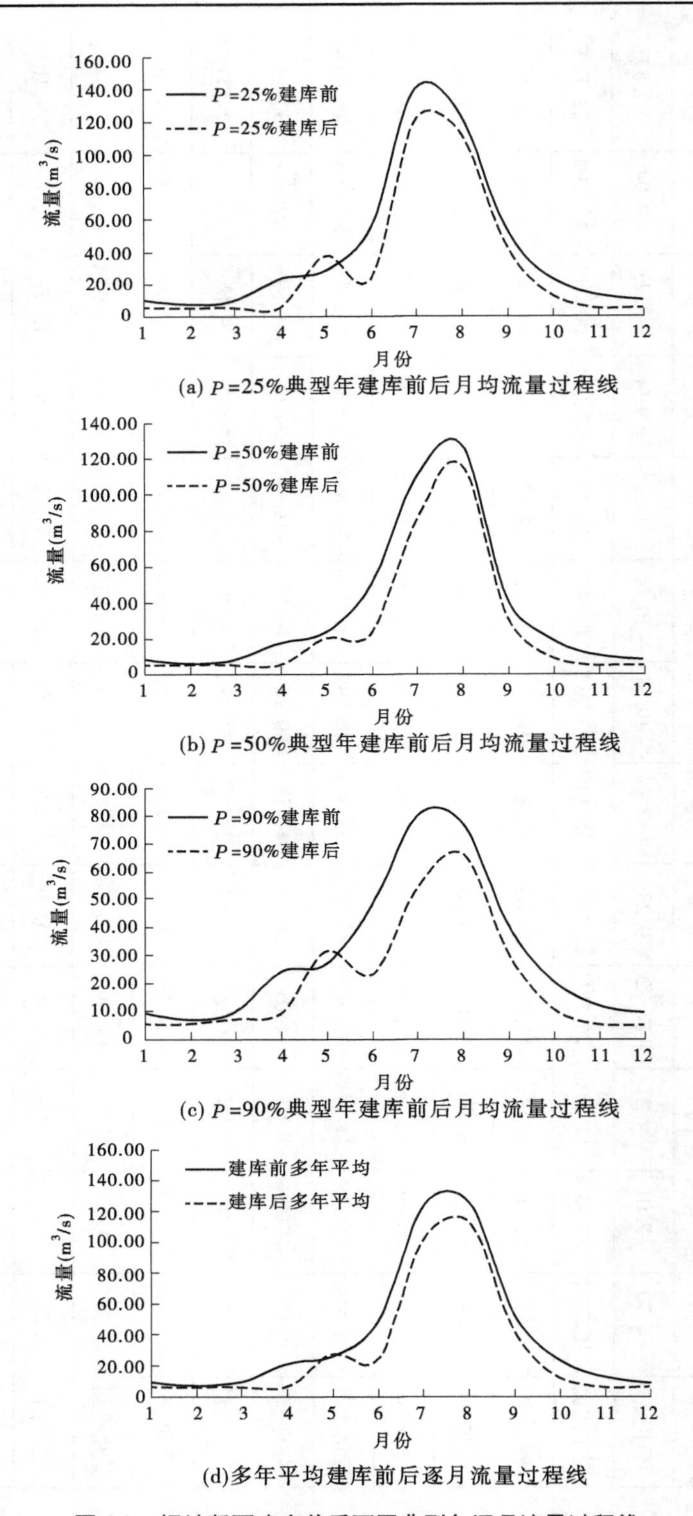

(a) P =25%典型年建库前后月均流量过程线

(b) P =50%典型年建库前后月均流量过程线

(c) P =90%典型年建库前后月均流量过程线

(d)多年平均建库前后逐月流量过程线

图 6-8　坝址断面建库前后不同典型年逐月流量过程线

表6-6　坝址断面建库前后逐月水位对比

（单位：m）

典型年		1月	2月	3月	4月	5月	6月	7月	8月	9月	10月	11月	12月	平均值
P = 25%	建库前	3 237.74	3 237.73	3 237.74	3 237.80	3 237.82	3 237.94	3 238.31	3 238.23	3 237.93	3 237.80	3 237.76	3 237.74	3 237.88
	建库后	3 237.72	3 237.72	3 237.72	3 237.72	3 237.86	3 237.80	3 238.22	3 238.19	3 237.88	3 237.76	3 237.72	3 237.72	3 237.84
	变化量	−0.02	−0.01	−0.02	−0.08	0.04	−0.14	−0.09	−0.05	−0.04	−0.04	−0.03	−0.02	−0.04
	变化比例	0.00%	0.00%	0.00%	0.00%	0.00%	0.00%	0.00%	0.00%	0.00%	0.00%	0.00%	0.00%	0.00%
P = 50%	建库前	3 237.74	3 237.73	3 237.74	3 237.78	3 237.80	3 237.91	3 238.17	3238.25	3 237.88	3 237.78	3 237.75	3 237.74	3 237.86
	建库后	3 237.72	3 237.72	3 237.72	3 237.72	3 237.79	3 237.80	3 238.07	3 238.20	3 237.84	3 237.74	3 237.72	3 237.72	3 237.81
	变化量	−0.01	0.00	−0.01	−0.05	−0.01	−0.11	−0.11	−0.05	−0.04	−0.04	−0.02	−0.01	−0.04
	变化比例	0.00%	0.00%	0.00%	0.00%	0.00%	0.00%	0.00%	0.00%	0.00%	0.00%	0.00%	0.00%	0.00%
P = 90%	建库前	3 237.74	3 237.73	3 237.74	3 237.80	3 237.81	3 237.90	3 238.04	3 238.03	3 237.87	3 237.79	3 237.75	3 237.74	3 237.83
	建库后	3 237.72	3 237.72	3 237.73	3 237.74	3 237.83	3 237.80	3 237.93	3 237.98	3 237.83	3 237.75	3 237.72	3 237.72	3 237.79
	变化量	−0.02	−0.01	−0.01	−0.06	0.02	−0.11	−0.11	−0.05	−0.04	−0.04	−0.03	−0.02	−0.04
	变化比例	0.00%	0.00%	0.00%	0.00%	0.00%	0.00%	0.00%	0.00%	0.00%	0.00%	0.00%	0.00%	0.00%
多年平均	建库前	3 237.74	3 237.73	3 237.74	3 237.79	3 237.81	3 237.91	3 238.23	3 238.24	3 237.93	3 237.80	3 237.75	3 237.74	3 237.87
	建库后	3 237.73	3 237.73	3 237.73	3 237.73	3 237.82	3 237.80	3 238.14	3 238.19	3 237.88	3 237.75	3 237.73	3 237.73	3 237.83
	变化量	−0.01	0.00	−0.01	−0.06	0.01	−0.10	−0.10	−0.06	−0.05	−0.04	−0.03	−0.01	−0.04
	变化比例	0.00%	0.00%	0.00%	0.00%	0.00%	0.00%	0.00%	0.00%	0.00%	0.00%	0.00%	0.00%	0.00%

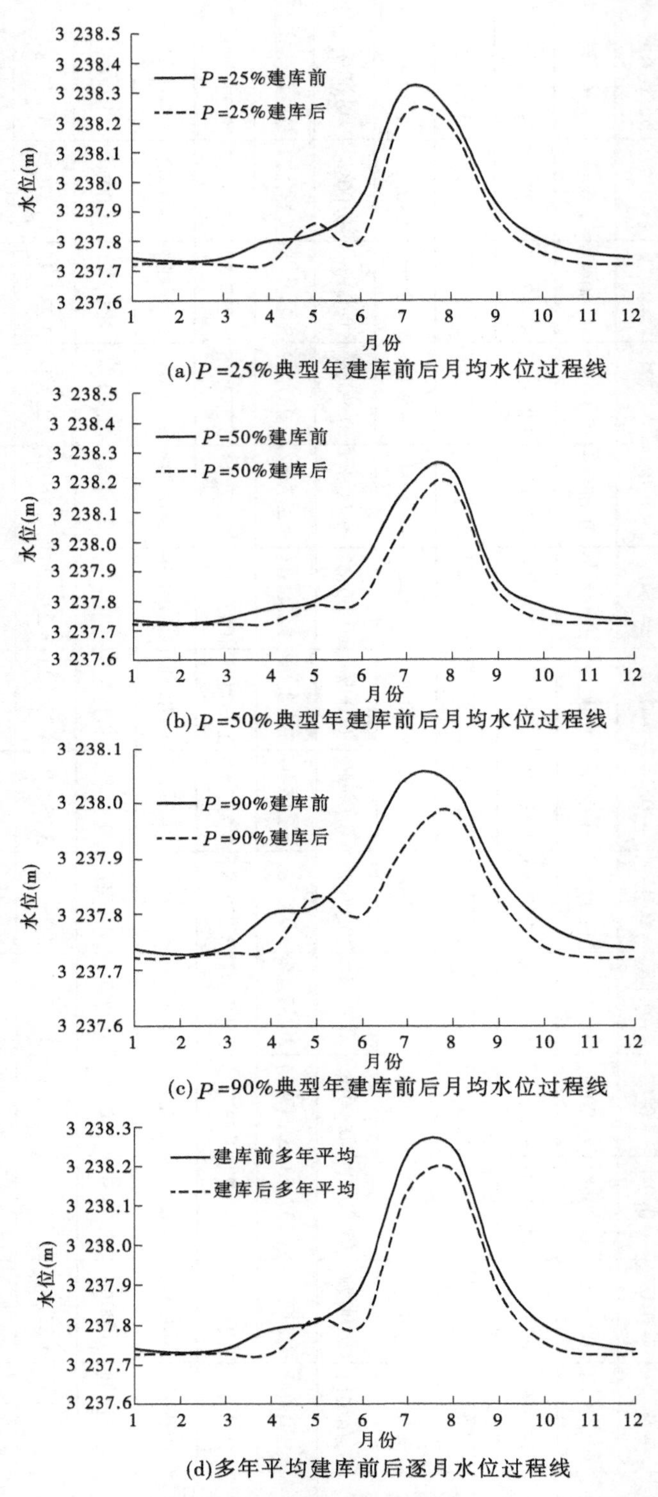

(a) P =25%典型年建库前后月均水位过程线

(b) P =50%典型年建库前后月均水位过程线

(c) P =90%典型年建库前后月均水位过程线

(d)多年平均建库前后逐月水位过程线

图 6-9　坝址断面建库前后不同典型年逐月水位过程线

面的月均径流和月均流量等变化趋势和影响与水库坝址的较为相似：①建库后那河出山口年内径流和流量等水文情势变化趋势与建库前基本保持一致；②建库后那河年内径流和流量等较建库前有所减少，减少幅度相对较大的月份主要集中在非汛期的10月至翌年4月以及汛期的6月；减少幅度相对较小的月份主要集中在年内5月及汛期7～9月；③出山口断面河道水位变化相对较大月份主要为汛期7～9月，其中丰水年8月建库后较建库前减少相对较大，为0.5 m左右，枯水年8月变化幅度在0.3 m左右。非汛期河道水位建库前后变化基本不超过0.1 m。

那河水库供水运行后，丰、平、枯水不同典型年出山口下泄水量分别减少22%、25%和28%。那河出山口断面不同典型年水文情势变化如下：

(1)丰水年($P=25\%$)条件下，出山口断面年径流量较供水前减少了21.58%，约为3.02亿m^3；逐月径流量变化范围为486.96万～8 357.35万m^3，逐月流量变化范围是2.01～32.24 m^3/s，逐月水位变化范围为0.01～0.83 m。

其中，受水库供水影响最大的是4月、6月和11月，径流量分别减少4 594.41万m^3、8 357.35万m^3和2 133.51万m^3，分别占到天然径流量的72.39%、55.14%和56.88%；对应流量分别减少17.73 m^3/s、32.24 m^3/s和8.23 m^3/s，水位相应降低0.06 m、0.21 m和0.05 m。

(2)平水年($P=50\%$)条件下，出山口断面年径流量较供水前减少了24.54%，约为2.98亿m^3；逐月径流量变化范围为148.52万～6 904.65万m^3，逐月流量变化范围是0.61～26.64 m^3/s，逐月水位变化范围为0～0.73 m。

其中，受水库供水影响最大的是4月、6月和11月，径流量分别减少3 205.02万m^3、6 904.65万m^3和1 499.78万m^3，分别占到天然径流量的65.65%、50.68%和48.68%；对应流量分别减少12.37 m^3/s、26.64 m^3/s和5.79 m^3/s，水位相应降低0.06 m、0.14 m和0.04 m。

(3)枯水年($P=90\%$)条件下，出山口断面年径流量较供水前减少了28.47%，约为2.90亿m^3；逐月径流量变化范围为364.94万～7 070.54万m^3，逐月流量变化范围是1.51～26.40 m^3/s，逐月水位变化范围为0.01～0.46 m。

其中，受水库供水影响最大的是4月、6月和11月，径流量分别减少3 825.87万m^3、6 365.34万m^3和1 661.60万m^3，分别占到天然径流量的58.17%、48.76%和51.08%；对应流量分别减少14.76 m^3/s、24.56 m^3/s和6.41 m^3/s，水位相应降低0.04 m、0.12 m和0.04 m。

(4)多年平均条件下，出山口断面年径流量较供水前减少了22.19%，约为2.91亿m^3；逐月径流量变化范围为197.63万～6 344.11万m^3，逐月流量变化范围是0.82～24.48 m^3/s，逐月水位变化范围为0～0.78 m。

其中，受水库供水影响最大的是4月、6月和11月，径流量分别减少3 851.25万m^3、6 344.13万m^3和1 651.19万m^3，分别占到天然径流量的66.22%、47.73%和47.28%；对应流量分别减少14.86 m^3/s、24.48 m^3/s和6.37 m^3/s，水位相应降低0.06 m、0.13 m和0.04 m。

出山口断面建库前后逐月径流量变化情况见表6-7和图6-10，逐月流量变化情况见表6-8和图6-11，逐月水位变化情况见表6-9和图6-12。

表 6-7　出山口建库前后逐月径流量对比

（单位：万 m^3）

典型年		1月	2月	3月	4月	5月	6月	7月	8月	9月	10月	11月	12月	总计
P=25%	建库前	2 877.95	1 911.86	2 767.15	6 346.60	8 122.06	15 156.16	39 782.69	34 864.80	14 640.80	6 647.08	3 750.91	2 946.53	139 814.59
	建库后	1 617.75	1 424.91	1 612.40	1 752.19	10 595.75	6 798.82	34 610.28	32 009.56	11 985.41	3 996.17	1 617.41	1 623.11	109 643.76
	变化量	-1 260.19	-486.96	-1 154.76	-4 594.41	2 473.69	-8 357.35	-5 172.40	-2 855.24	-2 655.40	-2 650.91	-2 133.51	-1 323.42	-30 170.83
	变化比例	-43.79%	-25.47%	-41.73%	-72.39%	30.46%	-55.14%	-13.00%	-8.19%	-18.14%	-39.88%	-56.88%	-44.91%	-21.58%
P=50%	建库前	2 444.89	1 556.49	2 381.77	4 882.04	6 695.93	13 623.12	30 980.75	36 097.04	11 743.02	5 560.91	3 080.90	2 459.81	121 506.67
	建库后	1 596.33	1 407.97	1 593.65	1 677.02	5 841.59	6 718.46	24 437.72	33 241.62	9 084.96	2 908.74	1 581.12	1 596.33	91 685.52
	变化量	-848.56	-148.52	-788.13	-3 205.02	-854.34	-6 904.65	-6 543.03	-2 855.42	-2 658.06	-2 652.17	-1 499.78	-863.48	-29 821.15
	变化比例	-34.71%	-9.54%	-33.09%	-65.65%	-12.76%	-50.68%	-21.12%	-7.91%	-22.64%	-47.69%	-48.68%	-35.10%	-24.54%
P=90%	建库前	2 642.77	1 785.01	2 778.23	6 577.02	7 627.84	13 055.29	22 690.97	21 806.83	11 177.41	5 843.87	3 253.09	2 698.37	101 936.69
	建库后	1 607.04	1 420.07	2 126.40	2 751.15	8 838.72	6 689.95	15 620.43	18 949.68	8 519.90	3 192.65	1 591.49	1 609.72	72 917.20
	变化量	-1 035.73	-364.94	-651.83	-3 825.87	1 210.88	-6 365.34	-7 070.54	-2 857.15	-2 657.50	-2 651.21	-1 661.60	-1 088.65	-29 019.49
	变化比例	-39.19%	-20.44%	-23.46%	-58.17%	15.87%	-48.76%	-31.16%	-13.10%	-23.78%	-45.37%	-51.08%	-40.34%	-28.47%
多年平均	建库前	2 600.11	1 792.93	2 685.04	5 816.00	7 345.98	13 291.58	34 914.29	35 646.21	14 502.03	6 491.40	3 492.33	2 584.69	131 162.59
	建库后	1 784.75	1 595.30	1 789.30	1 964.75	7 814.62	6 947.45	29 064.17	32 119.36	11 671.58	3 679.58	1 841.14	1 782.45	102 054.45
	变化量	-815.37	-197.63	-895.74	-3 851.25	468.64	-6 344.13	-5 850.12	-3 526.86	-2 830.44	-2 811.82	-1 651.19	-802.24	-29 108.14
	变化比例	-31.36%	-11.02%	-33.36%	-66.22%	6.38%	-47.73%	-16.76%	-9.89%	-19.52%	-43.32%	-47.28%	-31.04%	-22.19%

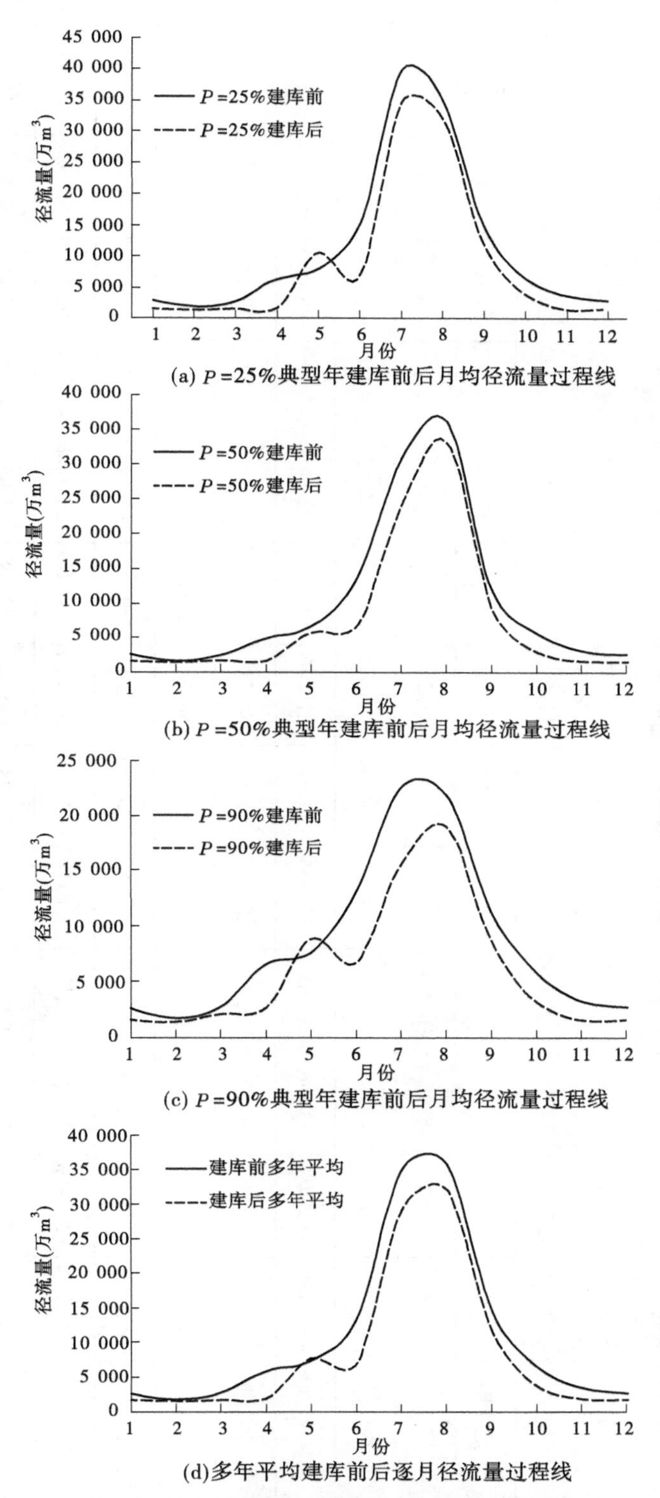

图 6-10　出山口建库前后不同典型年逐月径流量过程线

表 6-8　出山口建库前后逐月流量对比

（单位：m^3/s）

典型年		1月	2月	3月	4月	5月	6月	7月	8月	9月	10月	11月	12月	年均值
P = 25%	建库前	10.75	7.90	10.33	24.49	30.32	58.47	148.53	130.17	56.48	24.82	14.47	11.00	44.33
	建库后	6.04	5.89	6.02	6.76	39.56	26.23	129.22	119.51	46.24	14.92	6.24	6.06	34.77
	变化量	-4.71	-2.01	-4.31	-17.73	9.24	-32.24	-19.31	-10.66	-10.24	-9.90	-8.23	-4.94	-9.57
	变化比例	-43.79%	-25.47%	-41.73%	-72.39%	30.46%	-55.14%	-13.00%	-8.19%	-18.14%	-39.88%	-56.88%	-44.91%	-21.58%
P = 50%	建库前	9.13	6.43	8.89	18.84	25.00	52.56	115.67	134.77	45.30	20.76	11.89	9.18	38.53
	建库后	5.96	5.82	5.95	6.47	21.81	25.92	91.24	124.11	35.05	10.86	6.1	5.96	29.07
	变化量	-3.17	-0.61	-2.94	-12.37	-3.19	-26.64	-24.43	-10.66	-10.25	-9.90	-5.79	-3.22	-9.46
	变化比例	-34.71%	-9.54%	-33.09%	-65.65%	-12.76%	-50.68%	-21.12%	-7.91%	-22.64%	-47.69%	-48.68%	-35.10%	-24.54%
P = 90%	建库前	9.87	7.38	10.37	25.37	28.48	50.37	84.72	81.42	43.12	21.82	12.55	10.07	32.32
	建库后	6.00	5.87	7.94	10.61	33.00	25.81	58.32	70.75	32.87	11.92	6.14	6.01	23.12
	变化量	-3.87	-1.51	-2.43	-14.76	4.52	-24.56	-26.40	-10.67	-10.25	-9.90	-6.41	-4.06	-9.20
	变化比例	-39.19%	-20.44%	-23.46%	-58.17%	15.87%	-48.76%	-31.16%	-13.10%	-23.78%	-45.37%	-51.08%	-40.34%	-28.47%
多年平均	建库前	9.71	7.41	10.02	22.44	27.43	51.28	130.36	133.09	55.95	24.24	13.47	9.65	41.59
	建库后	6.66	6.59	6.68	7.58	29.18	26.80	108.51	119.92	45.03	13.74	7.10	6.65	32.36
	变化量	-3.04	-0.82	-3.34	-14.86	1.75	-24.48	-21.84	-13.17	-10.92	-10.50	-6.37	-3.00	-9.23
	变化比例	-31.36%	-11.02%	-33.36%	-66.22%	6.38%	-47.73%	-16.76%	-9.89%	-19.52%	-43.32%	-47.28%	-31.04%	-22.19%

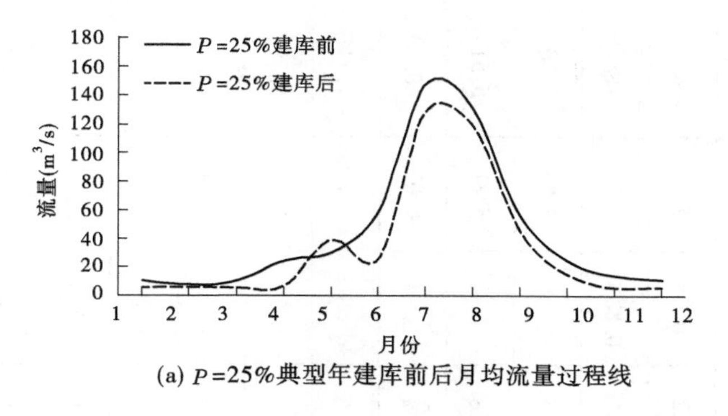

(a) P=25%典型年建库前后月均流量过程线

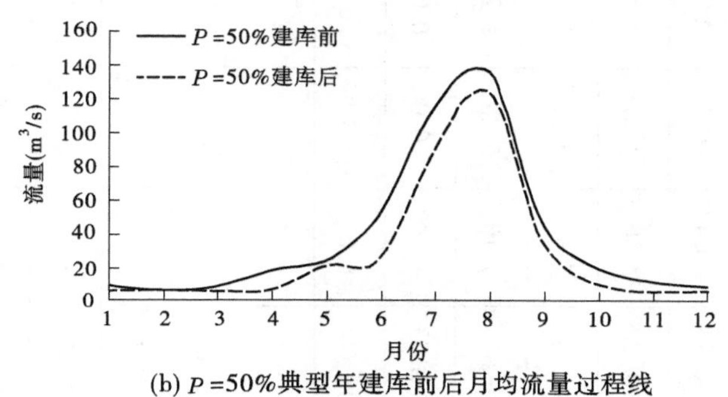

(b) P=50%典型年建库前后月均流量过程线

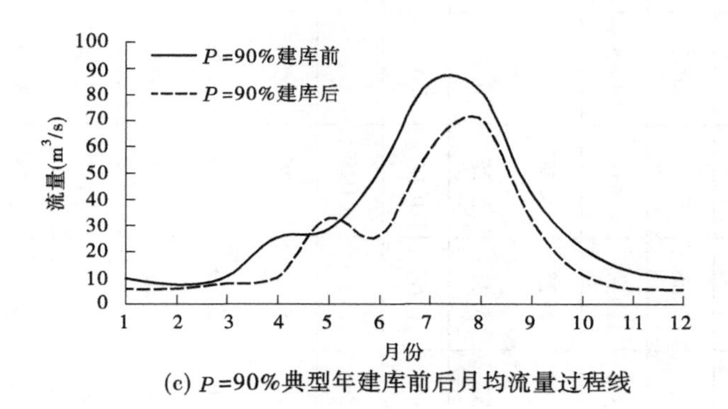

(c) P=90%典型年建库前后月均流量过程线

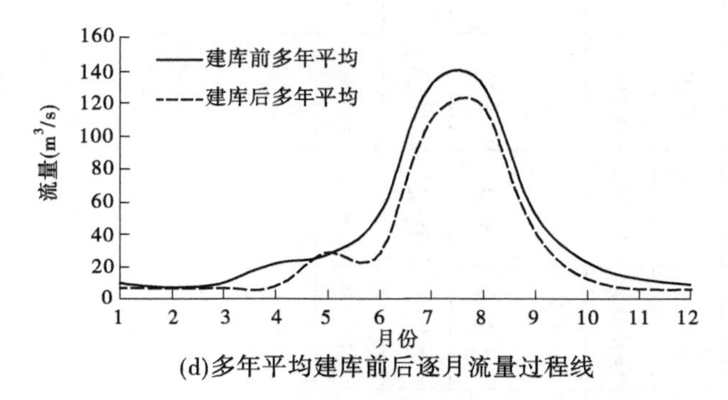

(d)多年平均建库前后逐月流量过程线

图6-11　出山口建库前后不同典型年逐月流量过程线

表 6-9　出山口建库前后逐月水位对比

（单位：m）

典型年		1月	2月	3月	4月	5月	6月	7月	8月	9月	10月	11月	12月	年均值
P = 25%	建库前	5.28	5.30	5.29	5.24	5.25	5.45	8.13	7.34	5.43	5.24	5.27	5.28	5.71
	建库后	5.31	5.32	5.31	5.31	5.28	5.24	7.30	6.93	5.33	5.26	5.31	5.31	5.60
	变化量	0.03	0.01	0.03	0.06	0.03	−0.21	−0.83	−0.40	−0.10	0.02	0.05	0.03	−0.11
	变化比例	0.57%	0.26%	0.53%	1.23%	0.65%	−3.85%	−10.25%	−5.50%	−1.87%	0.38%	0.88%	0.59%	−1.87%
P = 50%	建库前	5.29	5.31	5.30	5.25	5.24	5.39	6.80	7.53	5.32	5.25	5.28	5.29	5.60
	建库后	5.31	5.32	5.32	5.31	5.25	5.24	6.07	7.10	5.26	5.28	5.31	5.31	5.51
	变化量	0.02	0.00	0.02	0.06	0.00	−0.14	−0.73	−0.42	−0.06	0.04	0.04	0.02	−0.10
	变化比例	0.40%	0.08%	0.38%	1.12%	0.04%	−2.64%	−10.68%	−5.61%	−1.10%	0.67%	0.68%	0.41%	−1.71%
P = 90%	建库前	5.29	5.30	5.29	5.24	5.25	5.36	5.92	5.84	5.31	5.25	5.27	5.29	5.38
	建库后	5.31	5.32	5.30	5.29	5.26	5.24	5.45	5.64	5.26	5.28	5.31	5.31	5.33
	变化量	0.03	0.01	0.01	0.04	0.01	−0.12	−0.46	−0.21	−0.05	0.03	0.04	0.03	−0.05
	变化比例	0.48%	0.20%	0.28%	0.77%	0.18%	−2.24%	−7.85%	−3.53%	−0.94%	0.60%	0.73%	0.50%	−1.00%
多年平均	建库前	5.29	5.30	5.29	5.25	5.25	5.37	7.35	7.46	5.42	5.24	5.27	5.29	5.65
	建库后	5.31	5.31	5.31	5.30	5.25	5.25	6.56	6.95	5.32	5.27	5.31	5.31	5.54
	变化量	0.02	0.01	0.02	0.06	0.00	−0.13	−0.78	−0.51	−0.10	0.02	0.04	0.02	−0.11
	变化比例	0.37%	0.11%	0.41%	1.10%	0.04%	−2.39%	−10.65%	−6.80%	−1.93%	0.47%	0.69%	0.37%	−1.97%

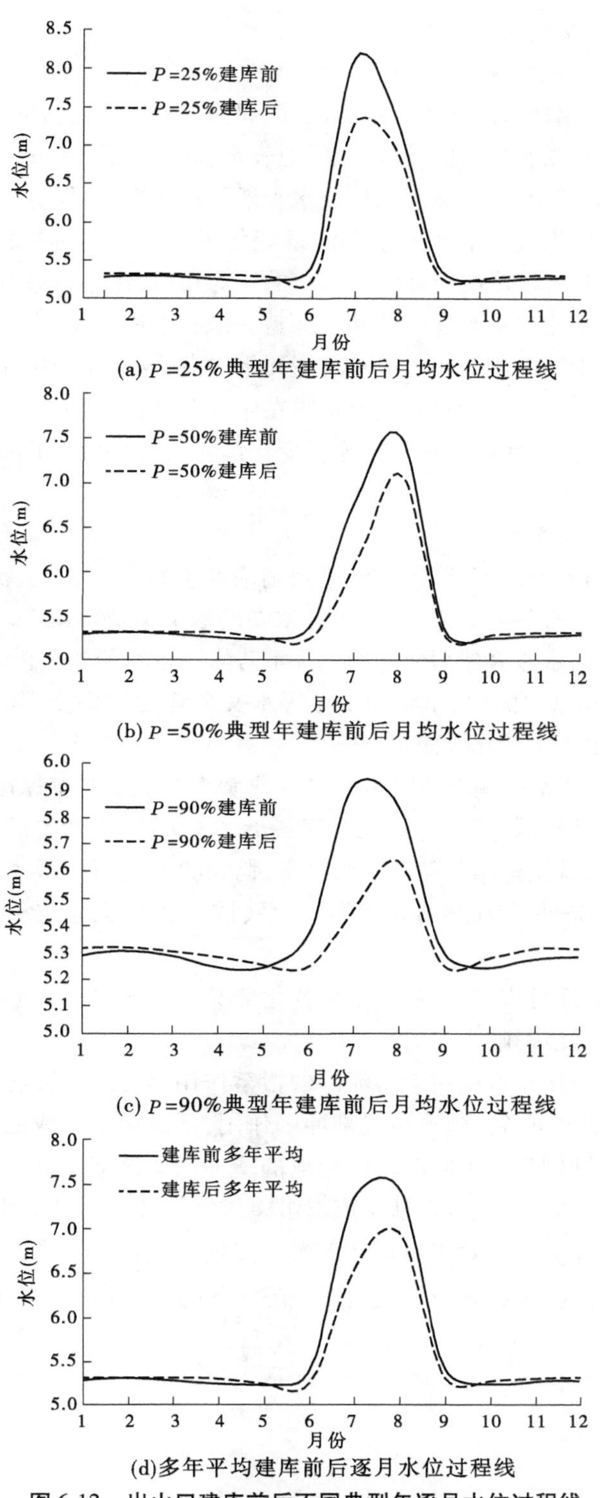

(a) P=25%典型年建库前后月均水位过程线

(b) P=50%典型年建库前后月均水位过程线

(c) P=90%典型年建库前后月均水位过程线

(d)多年平均建库前后逐月水位过程线

图6-12　出山口建库前后不同典型年逐月水位过程线

3. 入鸭湖口断面及鸭湖

1）入鸭湖口径流影响

那河出山口至入鸭湖口区间为盆地河段，区间分南盆地和北盆地，区间有东台吉乃尔河汇入，还有那河向乌图美仁河的补水，区间地表水和地下水转换频繁。入鸭湖口径流既受出山口地表径流的影响，又受该区间地表水和地下水转换的影响。

总体而言，受水库坝址下泄径流量和流量变化影响，那河入鸭湖口断面的月均径流量、月均流量等变化趋势及影响与那河出山口的较为相似：建库后那河入鸭湖口年内径流量、流量等水文情势变化趋势与建库前基本保持一致；建库后那河年内径流量、流量等较建库前有所减少，减少幅度相对较大的月份主要集中在非汛期的10月至翌年4月以及汛期的6月；减少幅度相对较小的月份主要集中在年内5月及汛期7～9月。

那河入鸭湖口断面建库前后逐月径流量变化情况见表6-10和图6-13，逐月流量变化情况见表6-11和图6-14。

2）鸭湖的水文情势影响

近年来随着那河尾闾盐湖开发，那河尾闾湖泊发生显著变化，现状年东、西台吉乃尔湖水体几乎消失，故报告不再对东、西台吉乃尔湖的水文情势影响分析；由于鸭湖形成时间较短，报告仅对那河水库修建后鸭湖的水文情势影响进行预测分析。

（1）建库后，鸭湖水面面积、库容和水位等水文情势变化仍受那河出山口地表径流、南北盆地地表水和地下水转化等因素影响。

（2）鸭湖年内水面面积、库容和水位等水文情势变化趋势基本保持一致。4～6月，鸭湖的面积、水位等逐渐降低，至6月降至全年最低，6～9月，鸭湖的面积和水位等又逐渐回升，至8月或9月，升至全年最高。其余月份，鸭湖的水位、面积等相对变化不明显。

（3）不同典型年条件下，随着那河上游丰、平、枯等来水量逐渐减少，鸭湖的水位和面积等也逐渐降低。

那河鸭湖建库后逐月库容、面积和水位变化情况见表6-12和图6-15～图6-17。

6.1.3.3　坝址下游泥沙影响

那河水库建成后，由于水库对上游泥沙的拦蓄作用，导致下游河道来沙减少，水库电站下泄的清水将对坝址下游河道产生局部冲刷作用，下泄清水造成的冲刷将从近坝段开始逐渐向下游发展，冲刷强度也随距坝址距离的增加而逐渐减弱。由于水库具有调洪作用，将上游50年一遇的洪水调蓄后从水库泄洪建筑物出来的洪峰流量较建库前会有大幅削减，从而极大地减少大洪水对工程坝址下游沿岸河道的冲刷。与水库清水下泄带来的对河道的冲刷影响相比，工程建成运行后对下游河床的冲刷影响作用非常有限。

表 6-10　入鸭湖口建库前后逐月径流量对比

(单位:万 m^3)

典型年		1 月	2 月	3 月	4 月	5 月	6 月	7 月	8 月	9 月	10 月	11 月	12 月	全年
$P=$ 25%	建库前	3 144.8	2 663.9	1 645.4	1 472.6	305	4 113.3	19 032	16 012.5	5 034	2 234.9	2 589.5	3 030.8	61 278.7
	建库后	1 866.3	1 624.3	772.2	0	1 208.7	1 936.4	15 445	14 754.5	2 975.3	705.1	1 306	1 758.9	44 352.7
	变化量	-1 278.5	-1 039.6	-873.2	-1 472.6	903.7	-2 176.9	-3 587	-1 258	-2 058.7	-1 529.8	-1 283.5	-1 271.9	-16 926
	变化比例	-40.7%	-39.0%	-53.1%	-100.0%	296.3%	-52.9%	-18.8%	-7.9%	-40.9%	-68.5%	-49.6%	-42.0%	-27.6%
$P=$ 50%	建库前	3 137.1	2 750.7	1 746.2	853.2	253.6	3 854.1	14 802.7	16 938.8	3 248.2	2 113	2 534.5	3 002.1	55 234.2
	建库后	1 970	1 797.6	956	0	201.7	2 593.4	10 239.6	15 640.6	2 321	676.1	1 402.5	1 845.3	39 643.8
	变化量	-1 167.1	-953.1	-790.2	-853.2	-51.9	-1 260.7	-4 563.1	-1 298.2	-927.2	-1 436.9	-1 132	-1 156.8	-15 590.4
	变化比例	-37.2%	-34.6%	-45.3%	-100.0%	-20.5%	-32.7%	-30.8%	-7.7%	-28.5%	-68.0%	-44.7%	-38.5%	-28.2%
$P=$ 90%	建库前	3 355.7	3 019.6	2 129.5	2 227.2	1 075.6	4 170.1	9 702.9	8 983.3	3 498.6	2 526.2	2 779.1	3 224	46 691.8
	建库后	2 176.9	2 055.1	1 545.6	893.6	1 752.5	3 254.1	3 790.9	6 440.9	2 661.3	1 124.2	1 637.8	2 042.6	29 375.5
	变化量	-1 178.8	-964.5	-583.9	-1 333.6	676.9	-916.0	-5 912.0	-2 542.4	-837.3	-1 402.0	-1 141.3	-1 181.4	-17 316.3
	变化比例	-35.1%	-31.9%	-27.4%	-59.9%	62.9%	-22.0%	-60.9%	-28.3%	-23.9%	-55.5%	-41.1%	-36.6%	-37.1%
多年平均	建库前	3 249.4	2823.7	1 826.9	1 410.8	495.5	3 299	16 407.1	16 313.4	5 022.1	2 351.8	2 713.3	3 105.3	59 018.3
	建库后	2 075	1 851	1 017	178	857	2 246	11 783	14 401	3 608	851	1 514	1 949	42 329
	变化量	-1 174.6	-972.6	-810.4	-1 232.7	361.3	-1 053.4	-4 624.1	-1 912.4	-1 414.4	-1 501.0	-1 199.6	-1 155.9	-16 689.7
	变化比例	-36.1%	-34.4%	-44.4%	-87.4%	72.9%	-31.9%	-28.2%	-11.7%	-28.2%	-63.8%	-44.2%	-37.2%	-28.3%

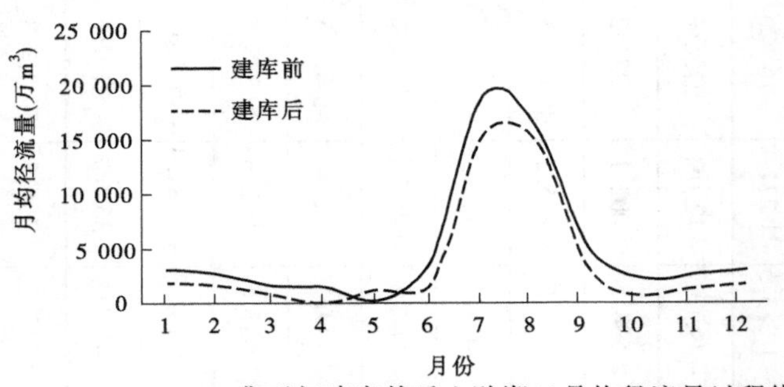

(a) P=25%典型年建库前后入鸭湖口月均径流量过程线

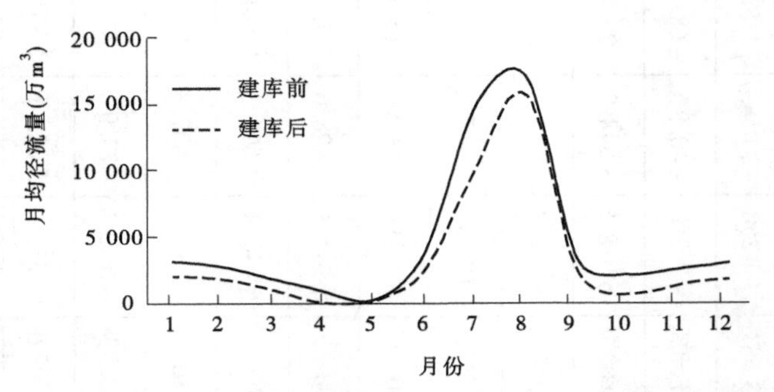

(b) P=50%典型年建库前后入鸭湖口月均径流量过程线

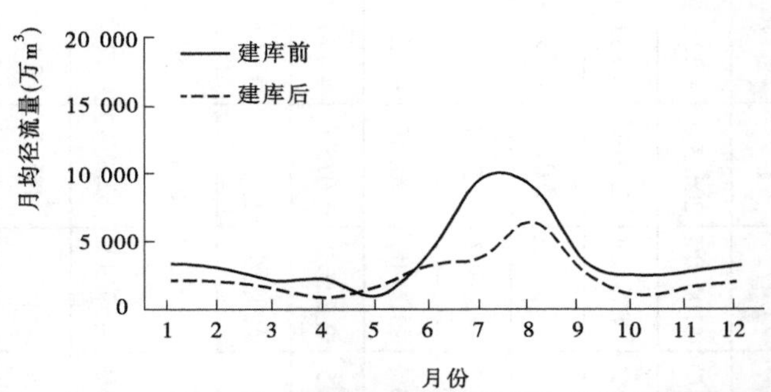

(c) P=90%典型年建库前后入鸭湖口月均径流量过程线

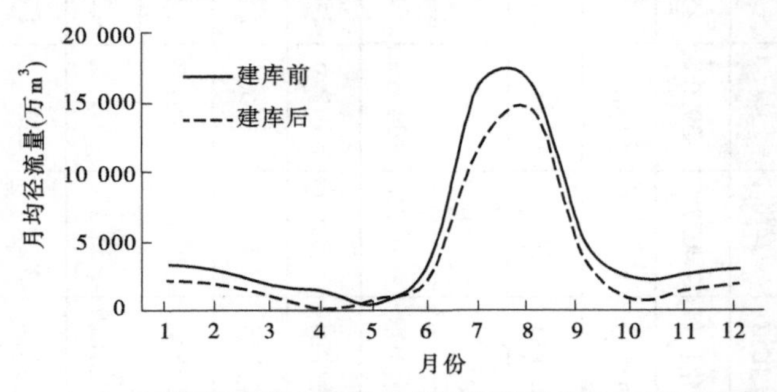

(d)建库前后入鸭湖口多年平均月均径流量过程线

图 6-13　入鸭湖口建库前后不同典型年逐月径流量过程线

表 6-11　入鸭湖口建库前后逐月流量对比

（单位：m^3/s）

典型年		1月	2月	3月	4月	5月	6月	7月	8月	9月	10月	11月	12月	全年
$P=$ 25%	建库前	11.7	11.0	6.1	5.7	1.1	15.9	71.1	59.8	19.4	8.3	10.0	11.3	19.3
	建库后	7.0	6.7	2.9	0.0	4.5	7.5	57.7	55.1	11.5	2.6	5.0	6.6	13.9
	变化量	-4.8	-4.3	-3.3	-5.7	3.4	-8.4	-13.4	-4.7	-7.9	-5.7	-5.0	-4.7	-5.4
	变化比例	-40.7%	-39.0%	-53.1%	-100.0%	296.3%	-52.9%	-18.8%	-7.9%	-40.9%	-68.5%	-49.6%	-42.0%	-27.9%
$P=$ 50%	建库前	11.7	11.4	6.5	3.3	0.9	14.9	55.3	63.2	12.5	7.9	9.8	11.2	17.4
	建库后	7.4	7.4	3.6	0.0	0.8	10.0	38.2	58.4	9.0	2.5	5.4	6.9	12.5
	变化量	-4.4	-3.9	-3.0	-3.3	-0.2	-4.9	-17.0	-4.8	-3.6	-5.4	-4.4	-4.3	-4.9
	变化比例	-37.2%	-34.6%	-45.3%	-100.0%	-20.5%	-32.7%	-30.8%	-7.7%	-28.5%	-68.0%	-44.7%	-38.5%	-28.3%
$P=$ 90%	建库前	12.5	12.5	8.0	8.6	4.0	16.1	36.2	33.5	13.5	9.4	10.7	12.0	14.8
	建库后	8.1	8.5	5.8	3.4	6.5	12.6	14.2	24.0	10.3	4.2	6.3	7.6	9.3
	变化量	-4.4	-4.0	-2.2	-5.1	2.5	-3.5	-22.1	-9.5	-3.2	-5.2	-4.4	-4.4	-5.4
	变化比例	-35.1%	-31.9%	-27.4%	-59.9%	62.9%	-22.0%	-60.9%	-28.3%	-23.9%	-55.5%	-41.1%	-36.6%	-36.9%
多年平均	建库前	12.1	11.7	6.8	5.4	1.8	12.7	61.3	60.9	19.4	8.8	10.5	11.6	18.6
	建库后	7.7	7.7	3.8	0.7	3.2	8.7	44.0	53.8	13.9	3.2	5.8	7.3	13.4
	变化量	-4.4	-4.0	-3.0	-4.8	1.3	-4.1	-17.3	-7.1	-5.5	-5.6	-4.6	-4.3	-5.2
	变化比例	-36.2%	-34.4%	-44.4%	-87.4%	72.9%	-31.9%	-28.2%	-11.7%	-28.2%	-63.8%	-44.2%	-37.2%	-27.8%

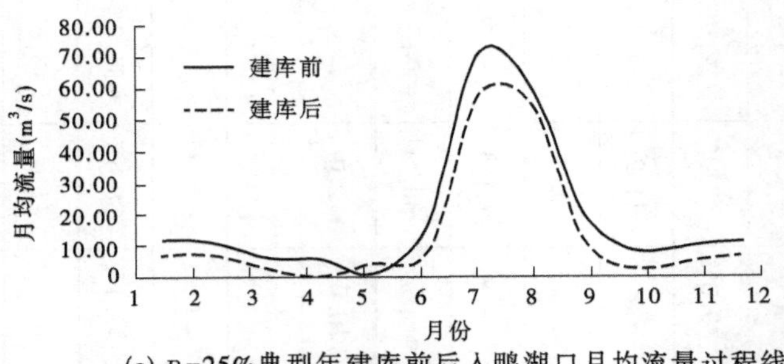

(a) P=25%典型年建库前后入鸭湖口月均流量过程线

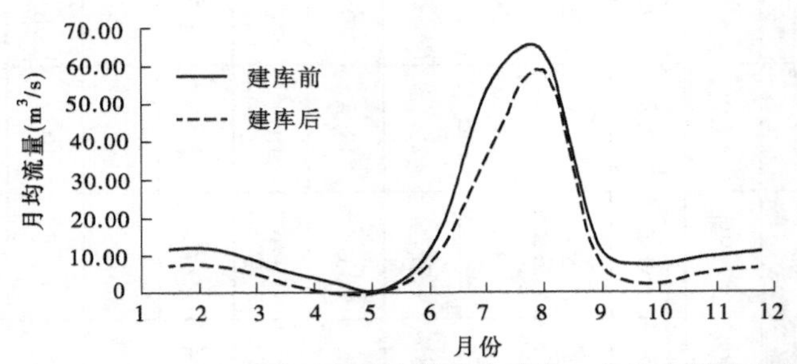

(b) P=50%典型年建库前后入鸭湖口月均流量过程线

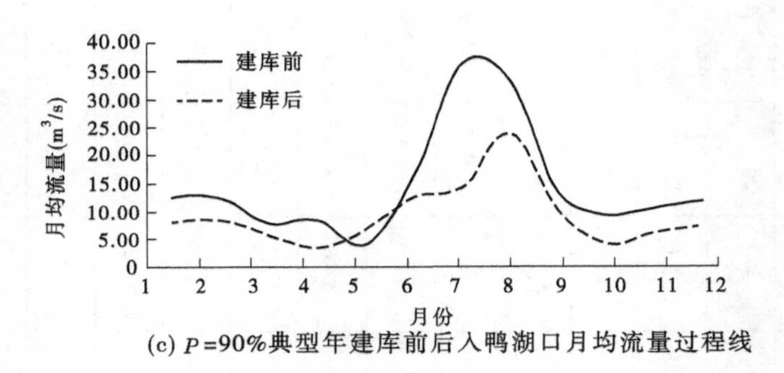

(c) P=90%典型年建库前后入鸭湖口月均流量过程线

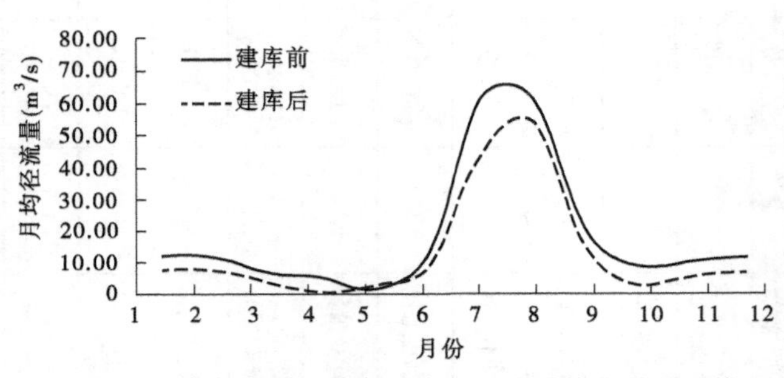

(d)建库前后入鸭湖口多年平均月均流量过程线

图 6-14　入鸭湖口建库前后不同典型年逐月流量过程线

表6-12　建库后鸭湖逐月库容、面积和水位状况

评价对象	典型年	1月	2月	3月	4月	5月	6月	7月	8月	9月	10月	11月	12月
水面面积（km^2）	丰水年	282.9	281.5	277.7	255.3	207.6	171.9	200.6	273.7	276.5	257.4	232.1	222.8
	平水年	138.6	140.6	136.5	122.0	95.9	82.8	111.6	169.9	206.8	182.4	167.1	164.6
	枯水年	147.2	150.3	147.5	134.7	118.8	110.0	109.8	121.7	128.3	122.0	115.6	118.0
	多年平均	185.2	185.8	178.7	159.9	136.8	119.5	141.3	193.6	218.5	203.2	189.9	187.0
库容（万m^3）	丰水年	34 119.9	33 014.9	29 569.0	23 938.5	19 341.7	16 289.8	25 494.3	32 172.4	28 922.9	25 026.5	23 508.5	23 026.5
	平水年	13 057.6	13 199.6	11 786.3	8 791.1	5 996.0	5 882.9	12 390.9	22 798.1	20 316.8	17 562.4	16 768.9	16 806.2
	枯水年	14 440.4	14 766.4	13 593.2	10 846.7	9 026.4	8 878.7	8 989.5	11 516.2	10 976.4	9 611.7	9 550.0	10 131.5
	多年平均	19 913.4	19 759.0	17 847.7	14 269.5	11 054.5	9 642.4	16 993.0	25 575.2	24 102.0	21 194.7	20 288.8	20 260.5
水位（m）	丰水年	2 687.2	2 687.2	2 687.0	2 686.8	2 686.6	2 686.4	2 686.9	2 687.1	2 687.0	2 686.8	2 686.8	2 686.7
	平水年	2 686.2	2 686.2	2 686.1	2 685.8	2 685.6	2 685.6	2 686.1	2 686.7	2 686.6	2 686.5	2 686.4	2 686.4
	枯水年	2 686.3	2 686.3	2 686.2	2 686.0	2 685.9	2 685.9	2 685.9	2 686.1	2 686.0	2 685.9	2 685.9	2 686.0
	多年平均	2 686.6	2 686.6	2 686.4	2 686.2	2 686.0	2 685.9	2 686.3	2 686.8	2 686.7	2 686.6	2 686.6	2 686.6

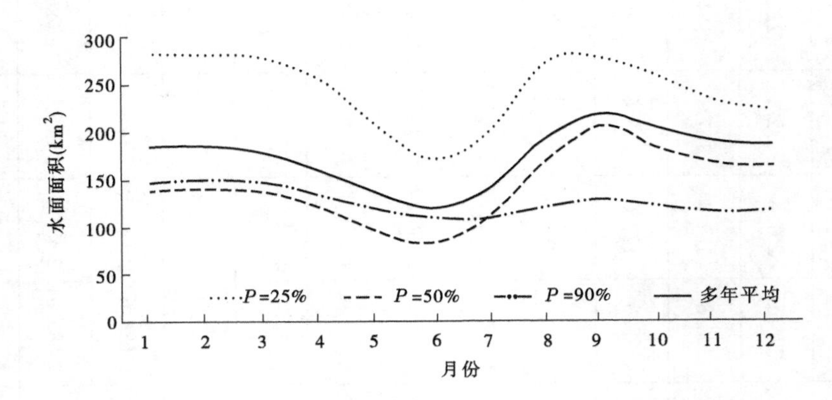

图 6-15 入鸭湖口建库后不同典型年逐月水面面积变化情况

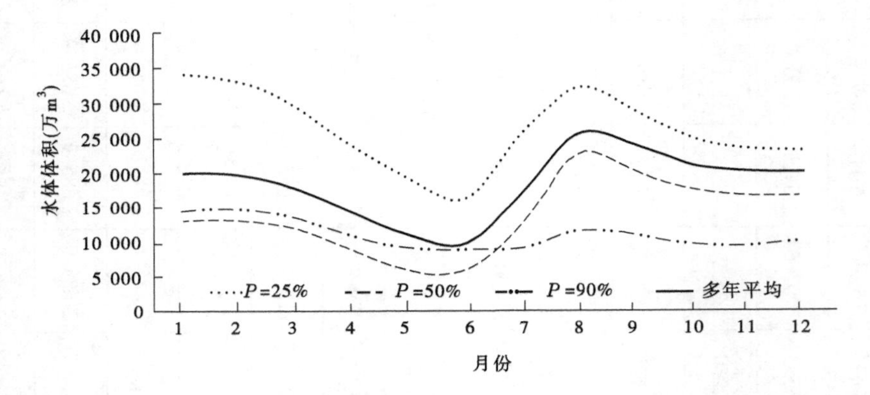

图 6-16 入鸭湖口建库后不同典型年逐月水体体积变化情况

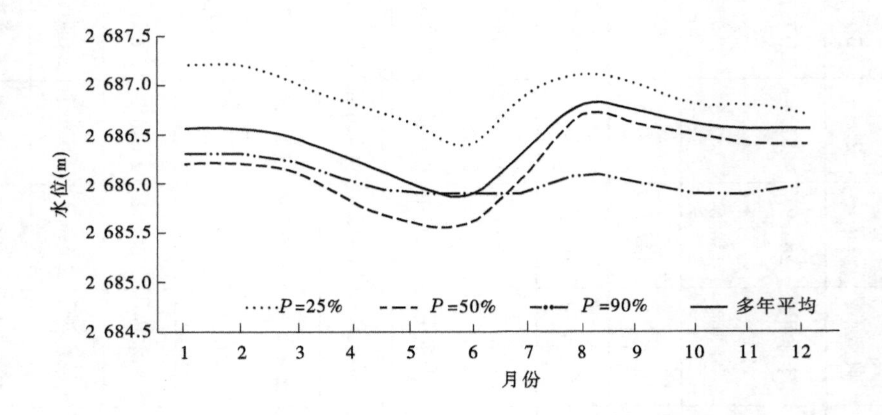

图 6-17 入鸭湖口建库后不同典型年逐月水位变化情况

6.2　地表水环境影响分析

6.2.1　水温

6.2.1.1　库区垂向水温预测

1. 水库水温结构判别

为了快速简易地判断水库是否分层及分层强度，在我国现行的水库环境影响评价中普遍采用两种经验公式方法：径流库容比 $\alpha-\beta$ 法和密度弗劳德数法。

1）径流库容比 $\alpha-\beta$ 法

径流库容比 $\alpha-\beta$ 法又称为库水交换次数法，其判别指标为

$$\alpha=\frac{\text{多年平均入库径流量}}{\text{总库容}} \tag{6-1}$$

$$\beta=\frac{\text{一次洪水总量}}{\text{总库容}} \tag{6-2}$$

当 $\alpha\leqslant10$ 时，为分层型；$10<\alpha\leqslant20$ 时，为过渡型；$\alpha>20$ 时，为混合型。对于分层型水库，如遇 $\beta>1$ 的洪水，则为临时性的混合型；遇 $\beta\leqslant0.5$ 的洪水，则水库仍稳定分层；$0.5<\beta\leqslant1$ 的洪水影响介于临时混合型与稳定分层型之间。

那河水库总库容 V 为 5.876 亿 m^3，坝址处多年平均径流量 W 为 12.43 亿 m^3。根据式(6-1)计算得到 α 值为 2.12，远小于 10。因此，判定那河水库为稳定分层型水温结构。

那河水库不同频率洪水量及其 β 值见表 6-13。经计算，一次洪水过程如持续 1 d，坝址处 0.05% ~20% 频率洪水 β 值均小于 0.5，洪水对水温分层几乎没有影响，水库仍为稳定分层结构；一次洪水过程持续 3 d，0.05% ~1% 频率洪水 β 值在 0.89 ~0.52，洪水的影响介于临时混合型与分层型之间，2% ~20% 频率洪水 β 值小于 0.5，水库稳定分层；一次洪水过程持续 7 d，0.05% ~1% 频率洪水 β 值大于 1，水温为临时混合型，2% ~10% 频率洪水 β 值在 0.91 ~0.53，影响在混合型与分层型之间，20% 频率洪水 β 值为 0.37，水温结构为稳定分层。

表 6-13　那河水库不同频率洪水量及其 β 值

洪水频率(%)		0.05	0.2	1	2	5	10	20
1 d 洪水	$W_{24\,h}$（万 m^3）	24 275	19 495	14 041	11 740	8 767	6 595	4 531
	β 值	0.41	0.33	0.24	0.20	0.15	0.11	0.08
3 d 洪水	$W_{3\,d}$（万 m^3）	52 362	42 220	30 625	25 720	19 363	14 697	10 229
	β 值	0.89	0.72	0.52	0.44	0.33	0.25	0.17
7 d 洪水	$W_{7\,d}$（万 m^3）	107 016	86 647	63 307	53 407	40 536	31 043	21 889
	β 值	1.82	1.47	1.08	0.91	0.69	0.53	0.37

因此，一次洪水对那河水库水温结构有一定影响，洪水来水频率小且持续时间长，洪水会加快水库水体的流动性，打破水温稳定分层的结构，受洪水影响水库水温可能会形成临时混合型。

2）密度弗劳德数法

1968 年美国 Norton 等提出用密度弗劳德数作为标准，用以判断水库分层特性的方法。密度弗劳德数法是惯性力与密度差引起的浮力的比值，即

$$Fr = \frac{u}{\left(\frac{\Delta\rho}{\rho_0}gH\right)^{1/2}} \tag{6-3}$$

式中：u 为断面平均流速，m/s；H 为水深，m；$\Delta\rho$ 为水深 H 上的最大密度差，kg/m^3；ρ_0 为参考密度，kg/m^3；g 为重力加速度，m/s^2。

鉴于资料限制采用公式的另外一种形式，如下：

$$Fr = 320\frac{LQ}{HV} \tag{6-4}$$

式中：Fr 为密度弗劳德数；L 为水库长度，m；Q 为入库流量，m^3/s；V 为蓄水体的体积，m^3。

当 $Fr \leqslant 0.1$，水库为分层型；$0.1 < Fr \leqslant 1/\pi$ 为过渡型；$Fr > 1/\pi$，水库为混合型。那河水库回水长度 11.68 km，坝址处多年平均流量 39.41 m^3/s，水库正常蓄水位对应的水深为 67 m，水库总库容为 5.876 亿 m^3，根据式（6-4）计算得到其 Fr 值为 0.003 7，即通过密度弗劳德数法判定那河水库的水温结构类型为分层型。

2. 库区垂向水温预测

采用《水利水电工程水文计算规范》中推荐的东勘院公式法开展预测。该方法是由东北勘测设计院张大发在总结国内水库水温实测资料的基础上于 1982 年提出，广泛应用于我国水库水温的垂向分布预测。

$$\begin{aligned} T_y &= (T_0 - T_b)e^{-\left(\frac{y}{x}\right)^n} + T_b \\ n &= \frac{15}{m^2} + \frac{m^2}{35} \\ x &= \frac{40}{m} + \frac{m^2}{2.37(1 + 0.1m)} \end{aligned} \tag{6-5}$$

式中：T_y 为水库 y 水深处的水温，℃；T_0 为水库月平均表层水温，℃（如有实测资料，可根据上游来水水温获得；无实测资料，根据设计水库库区的气温并利用气候条件相似同类水库的气温—库表水温关系求得，也可用已建水库库表水温与纬度的关系插补）；T_b 为水库月平均底层水温，℃；y 为水深，m；m 为月份，1～12。

1）库表水温 T_0 的估算

水库库表水温主要取决于上游来水的水温，采用那河多年逐月平均水温作为库表水温。那河仅有 1959～1963 年 5 年实测逐月水温资料，本次基于类比分析方法，收集格尔木河 1959～1970 年 10 年实测水温数据，差补延长那河水温数据至 1970 年，得到那河多年平均水温见表 6-14。

表 6-14　那河多年平均水温

月份	1	2	3	4	5	6	7	8	9	10	11	12
水温(℃)	—	—	0.13	1.6	3.9	7.8	10.2	9.4	6.4	1.1	—	—

由表 6-14 中数据可知，那河地处高寒，多年平均水温为 3.4 ℃，最高水温 10.2 ℃出现在 7 月，冬季 11、12、1、2 月为冰冻期，水体结冰。

2）库底水温 T_b 的估算

参考我国西北地区所建水库库底水温实测值及大量预测结果，选取 4 ℃作为那河建库后的库底年平均水温值。由于分层型水库各月库底水温与其年平均值差别较小，各月库底水温用年平均值代替。

3）垂向水温的分布计算

（1）计算工况。

分不同典型年对非冰冻期的水库垂向水温分布开展计算，预测丰水年（$P=25\%$）、平水年（$P=50\%$）、枯水年（$P=90\%$）坝前垂向水温分布变化。那河不同典型年水库坝前水位变化过程见图 6-18。

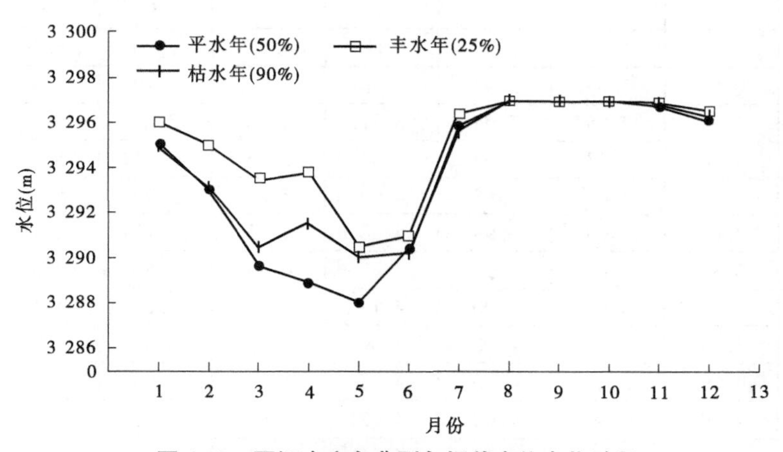

图 6-18　那河水库各典型年坝前水位变化过程

（2）计算结果。

经预测，那河水库不同典型年水温垂向分布结构类似，以平水年为例开展重点分析。

由平水年（$P=50\%$）计算结果可知，那河水库垂向水温分层现象明显，库底水温稳定在 4 ℃，库表水温在 0.13～10.20 ℃变化。年内 5 月垂向水温近于同温分布，库表、库底温差最小（－0.1 ℃），7 月温差最大（6.2 ℃）。平水年那河坝前断面垂向水温预测见图 6-19 与表 6-15。

分析表明，不同时期坝前水体垂向分层结构存在差异，11 月至翌年 4 月呈逆向分层特征，6～9 月呈分层特征，5 月和 10 月基本呈混合状态分布。

在春季，库表的水温低而库底高，随着气温的上升，库表逐渐升温，在表层以下会产生翻转混合，随着气温的进一步升温，整个上半层的温度会升温，在底部认为在 4 ℃左右。

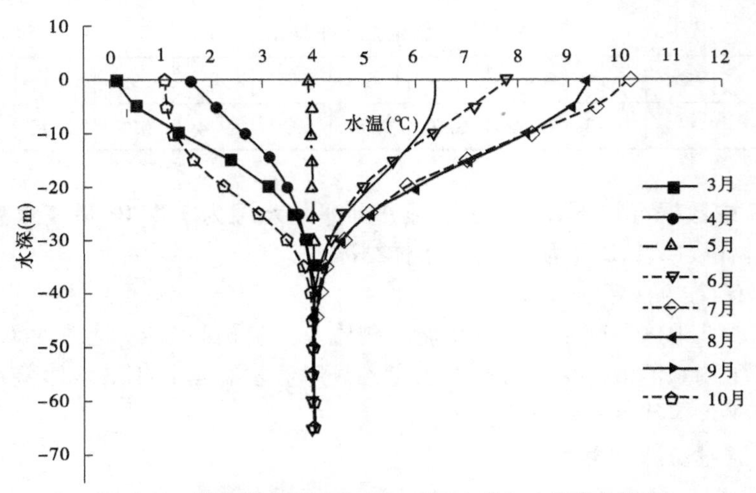

图 6-19　那河水库平水年($P=50\%$)垂向水温分布预测

表 6-15　那河水库平水年($P=50\%$)坝前垂向水温预测结果　　（单位:℃）

水深(m)	月份							
	3	4	5	6	7	8	9	10
0	0.13	1.60	3.90	7.80	10.20	9.40	6.40	1.10
5	0.51	2.07	3.92	7.16	9.53	9.10	6.34	1.12
10	1.39	2.65	3.94	6.31	8.28	8.25	6.10	1.28
15	2.36	3.13	3.96	5.55	6.95	7.11	5.66	1.66
20	3.13	3.47	3.98	4.97	5.85	5.99	5.13	2.25
25	3.61	3.70	3.99	4.58	5.05	5.11	4.65	2.92
30	3.85	3.83	3.99	4.33	4.55	4.54	4.30	3.48
35	3.95	3.91	4.00	4.18	4.27	4.23	4.11	3.81
40	3.99	3.96	4.00	4.09	4.12	4.08	4.03	3.95
45	4.00	3.98	4.00	4.05	4.05	4.03	4.01	3.99
50	4.00	3.99	4.00	4.02	4.02	4.01	4.00	4.00
55	4.00	4.00	4.00	4.01	4.01	4.00	4.00	4.00
60	—	—	—	4.00	4.00	4.00	4.00	4.00
65	—	—	—	—	4.00	4.00	4.00	4.00
平均水温	2.91	3.36	3.97	5.00	5.63	5.56	4.77	2.97
库表底温差	-3.87	-2.40	-0.10	3.80	6.20	5.40	2.40	-2.90

计算结果表明,3月水库表层水温接近0 ℃,库底水温保持在4.0 ℃左右。4～5月,库表水温开始逐渐增高,由1.6 ℃增长到3.9 ℃,库底仍为4 ℃,坝前水温逆温分布未发生变化。从6月开始,库表水温仍呈稳定增长,库表水温高于库底水温,坝前表层水温于7月达到全年最高,为10.2 ℃,水库表底温差为6.2 ℃。9～10月表层水体开始降温,表层温度降低,密度加大,会产生翻转,混合的过程比较短暂,温度降低,会重新产生新的平衡。10月开始逐渐出现逆温分布,表层水温降至1.1 ℃,库底水温为4 ℃。

6.2.1.2　坝下至出山口水温预测

水库下游的河道水温，除受到水库放水温度影响外，还受气温、太阳辐射、区间来水等的影响，采用 MIKE11 模型开展水库建成后下泄水温的沿程变化预测。

1. 模型建立

1）控制方程

一维水动力学方程：

$$\begin{cases} \frac{\partial A}{\partial t} + \frac{\partial Q}{\partial x} = q \\ \frac{\partial Q}{\partial t} + \frac{\partial (\alpha \frac{Q^2}{A})}{\partial x} g + gA \frac{\partial h}{\partial x} + \frac{gn^2 Q|Q|}{AR^{\frac{4}{3}}} = 0 \end{cases} \tag{6-6}$$

一维温度对流－扩散方程为

$$A \frac{\partial T}{\partial t} + \frac{\partial (QT)}{\partial x} = \frac{\partial}{\partial x}\left(AD_L \frac{\partial T}{\partial x}\right) + \frac{BS}{\rho C_p} \tag{6-7}$$

式中：x、t 分别为计算点空间和时间坐标；A 为过水断面面积；Q 为过流流量；h 为水位；q 为旁侧入流流量；C 为谢才系数；R 为水力半径；α 为动量校正系数；g 为重力加速度；ρ 为水体密度；D_L 为纵向弥散系数；C_p 为水的比热；S 为单位表面积热交换通量。

2）模型求解方法

方程组利用 Abbott－Ionescu 六点隐式有限差分格式求解。该格式在每一个网格点按顺序交替计算水位和流量，分别称为 h 点和 Q 点。Abbott－Ionescu 格式具有稳定性好、计算精度高的特点。离散后的线性方程组用追赶法求解。

3）计算范围

由于出山口后那河地表水逐渐潜于地下，模型计算范围为坝址下游至出山口近 36 km的河道（见图6-20）。河道地形资料根据 2011 年青海省水文水资源勘测局格尔木分局实测数据获取（见图6-21）。

4）气象条件及模型参数选取

水温模型中的气温、相对湿度、蒸发量、风速根据格尔木地区实测资料确定，太阳辐射输入的经纬度由模型自行计算。模型计算所需气象资料见表6-16。

模型糙率选取0.018，扩散系数选取 10 m²/s。水温模型中的太阳短波辐射在水体表面中的吸收率 β 为 0.5（取值范围为 0.45～0.62），太阳辐射在水中的衰减系数 η 取为 0.4 m^{-1}（取值范围为 0.3～0.5 m^{-1}），大气长波辐射的水面反射率 γ 为 0.07。

2. 模型验证

青海省水文水资源勘测局格尔木分局曾于 2013 年对那河进行了汛期水文监测。本次模拟采用2013 年8 月1 日0:00:00 至9 月30 日20:00 实测水位流量过程，开展模型水动力验证。

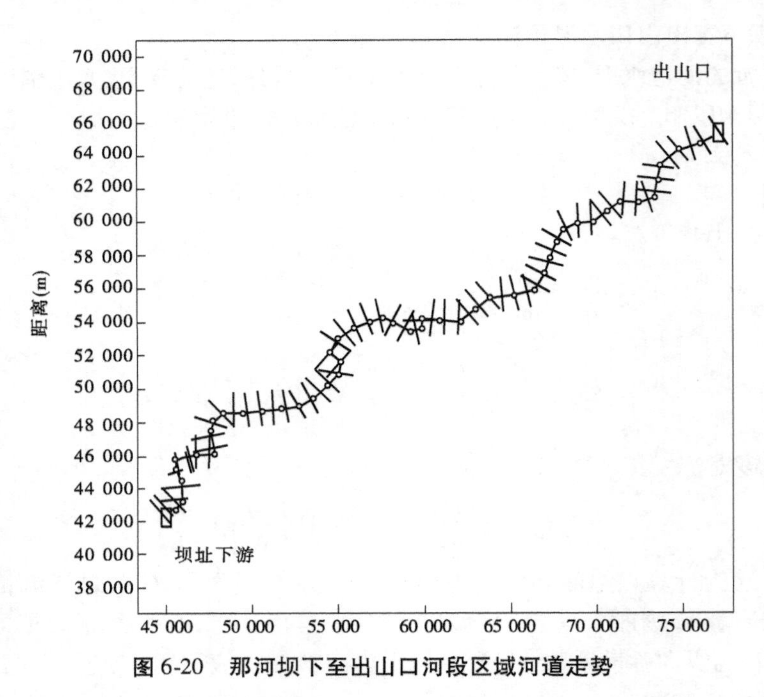

图 6-20　那河坝下至出山口河段区域河道走势

表 6-16　模型建立所需气象资料统计值(格尔木市气象站 1971～2000 年)

月份	气温(℃)	相对湿度(%)	平均风速(m/s)	蒸发量(mm)
1 月	-9.1	3.9	2.2	45.5
2 月	-5	3	2.5	72.5
3 月	0.7	2.7	2.9	145.6
4 月	6.8	2.4	3.4	252.8
5 月	12.2	2.7	3.6	358.3
6 月	15.8	3.3	3.5	350.5
7 月	17.9	3.7	3.3	357.3
8 月	17.2	3.4	3.1	343.5
9 月	12.3	3.3	2.7	267
10 月	5.1	2.9	2.5	184.1
11 月	-2.6	3.2	2.2	80.4
12 月	-7.9	3.8	2	46.5
全年平均	5.3	3.2	2.8	208.7

上游边界给定实测流量过程,下游边界设置水位过程,提取模拟河段中部那棱格勒(二)站位置的水位模拟值与实测值进行对比,见图 6-22。该图显示,模拟值与实测值较

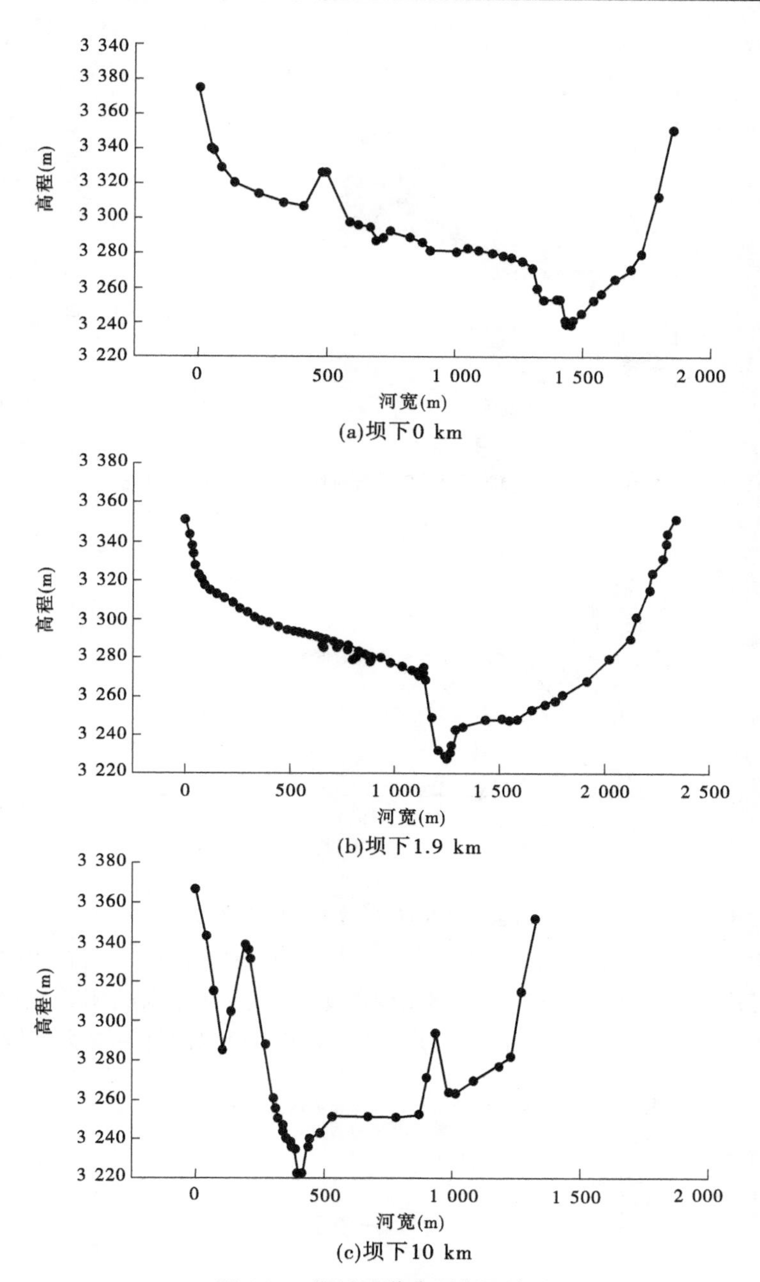

图6-21　坝址下游典型断面地形

为接近，经统计平均误差仅为0.1 m。表明本次模型可用于计算区域水动力及其他物质输移的模拟。

MIKE模型广泛应用于诸多水利工程水温变化的影响预测，已成为国际上水环境领域通用的模拟工具之一。由于那河水温资料有限，无法以实测水温数据开展模型的验证。那河流域水温与气温具有较好的相关性，本次利用此关系，对所建水温模型的相关气象参数进行率定。那河水温与气温相关性见图6-23。

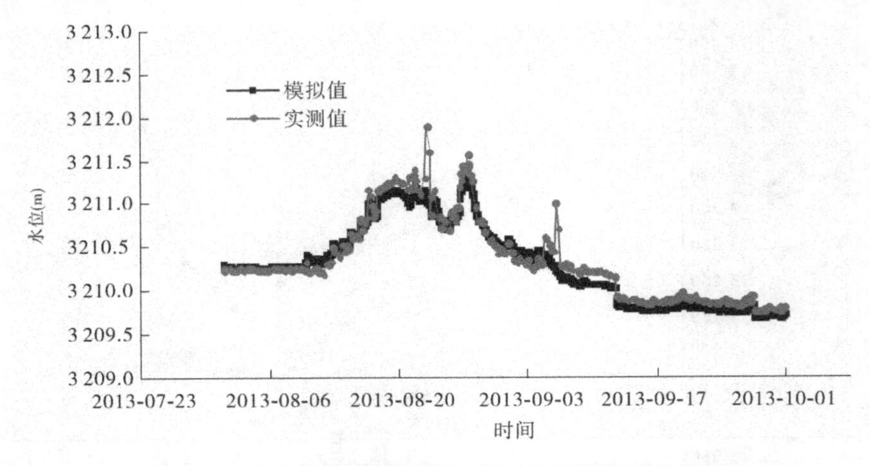

图 6-22 水位模拟值与实测值对比(那棱格勒(二)站)

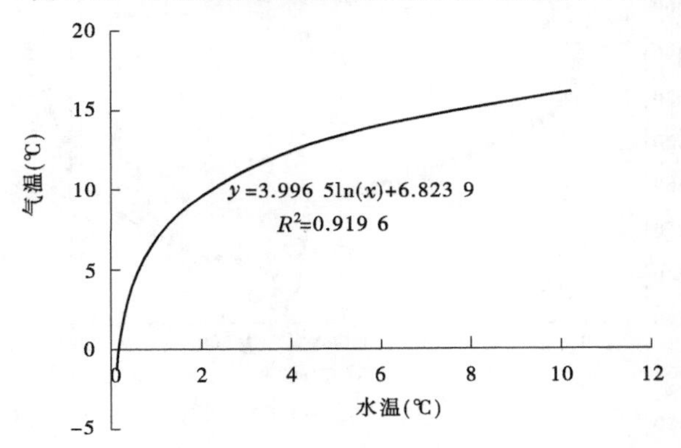

图 6-23 那河水温与气温相关性

模型上游设定天然状态下那河的流量与水温,下游设定水位。气温给定实测值,气象参数在合理的范围内取值,经预测那河出山口附近的水温与气温的相关数据与流域水温气温相关线接近(见图 6-24),认为本次那河坝下至出山口水温计算参数选取基本合理。

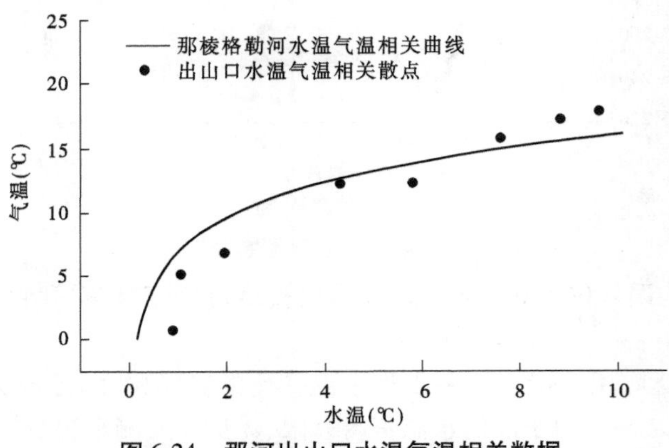

图 6-24 那河出山口水温气温相关数据

3. 预测工况设置

模型上游边界为坝址下泄流量条件,同时设定相应水温;下游边界为出山口水位条件,水温按照零梯度条件设置。同时在模型中考虑坝址至出山口之间的旁侧入流流量与水温(见图 6-25),其水温按照多年平均值设置。

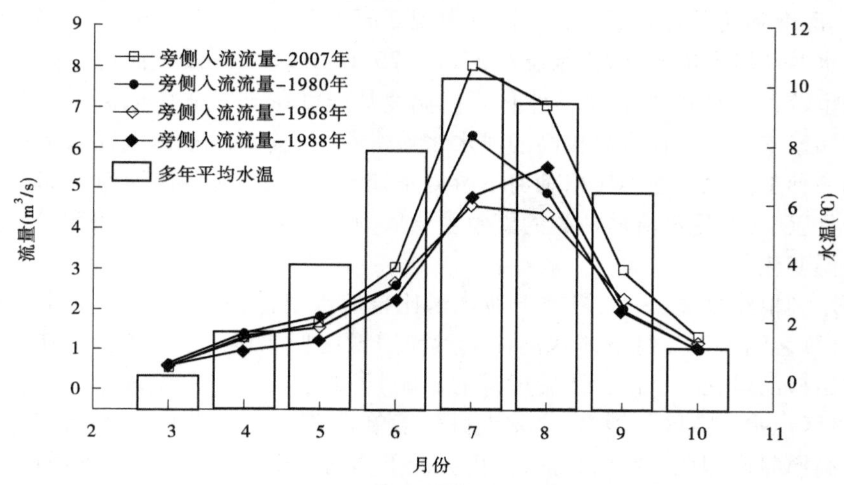

图 6-25　坝址下游至出山口河段旁侧入流量及水温

4. 预测结果及分析

3 ~5 月那河水库下泄水温比下游天然河道的水温高,受气候低温影响,水流在演进的过程中,水温逐渐下降接近天然河道水温;从 6 月到 9 月,下泄水温小于天然河道水温,然而气温、太阳辐射等均随之升高,故下泄水流沿程逐渐升温,7 月那河出山口附近与天然水温的温差为 2. 93 ℃左右,河道沿程升温的过程直到 9 月基本结束;从 10 月开始,天然河道和水库又同时进入降温时期,但下游河道由于对温度的调节性没有水库高,降温速度比水库要快,下游河道的下泄水温又沿程降低接近天然河道水温。从坝址至出山口河段,水库下泄水温经历了沿程复温过程,使河道水温与天然水温差别逐渐减少。水库运行后那河出山口水温与天然水温差别详见表 6-17。

表 6-17　水库运行后那河出山口处水温及与天然水温差值　(单位:℃)

月份	建库后出山口处水温(℃)			天然水温(℃)	温差(℃)			
	P=25%	P=50%	P=90%		P=25%	P=50%	P=90%	平均
3 月	0. 72	0. 18	0. 16	0. 13	0. 59	0. 05	0. 03	0. 22
4 月	2. 15	1. 77	1. 69	1. 60	0. 55	0. 17	0. 09	0. 27
5 月	3. 90	3. 91	3. 92	3. 90	0	0. 01	0. 02	0. 01
6 月	6. 17	5. 99	6. 01	7. 80	-1. 63	-1. 81	-1. 79	-1. 74
7 月	7. 22	7. 28	7. 32	10. 20	-2. 98	-2. 92	-2. 88	-2. 93
8 月	7. 08	7. 08	7. 00	9. 40	-2. 32	-2. 32	-2. 4	-2. 35
9 月	5. 30	5. 37	5. 27	6. 40	-1. 1	-1. 03	-1. 13	-1. 09
10 月	2. 11	1. 61	1. 65	1. 10	1. 01	0. 51	0. 55	0. 69
平均	4. 33	4. 15	4. 13	5. 07	—	—	—	—

6.2.1.3 水库下泄水温对坝下鱼类产卵繁殖行为的影响

评价河段地处青藏高原,那河的形成主要来自上游雪山融水和降水汇集,上游水温随季节变化不大,中下游水温受气候环境和水文情势影响,河道内微生境单元和主河道水体温度差别较大。如中下游河段主河道水温和回水湾、静水缓流浅水区水温有所差别,这与水体流速、深度和接受日光量有关。调查发现高原鳅类繁殖行为主要在水深较浅,静止或缓流的高水温环境中进行,认为水温在 12.6 ~26.1 ℃,同一河段主河道水体水温与边滩水温差别也较大,同一河段产卵场水体日间温度甚至可高于主河道水温 6 ℃以上,而高原鳅类的产卵繁殖在主要在水温较高的浅水水域进行,仔幼鱼的索饵也在该类型水域。调查发现同一种类高原鳅在那棱格勒河下游繁殖期差别较大,鸭湖高原鳅产卵要早于上游河段 1 个月以上,可见该流域鱼类的繁殖主要依赖于静水缓流微生境,可耐受一定程度的主河道水温变化。

那河水利枢纽坝高 78 m,夏季下泄水温比自然水温低,冬春季节下泄水温比自然水温高,经计算表明坝下 7 月下泄水温比天然河道温度低 4.66 ℃,3 月要比其高 2.01 ℃。坝址至出山口河段,受气温、太阳辐射等的影响,下泄水有一定复温现象。冬春季出库水温变高、库区浅水缓流区的增多(高水温微生境单元增多),有利于小型鳅科鱼类的繁殖,库区河段高原鳅产卵期会有所提前,但仍会低于鸭湖产卵期而高于上游河段产卵期。

总之,该河段鱼类均为小型定居型鱼类,无严格的繁殖洄游需求,然而繁殖行为主要依赖于较高温度的浅水缓流区,春季河道水温升高将对河段鱼类繁殖产生一定程度的积极影响。但夏季水温降低可导致水体生产力下降,然而鱼类产卵主要在河岸的回水湾处,此处水流较浅,温度升温较快,对鱼类的产卵繁殖影响较小。

6.2.1.4 水库下泄水温对下游农作物灌溉及绿洲的影响

那河坝址下游至尾闾目前无大型灌区,在细土平原带,仅存在天然绿洲及人工绿洲。根据青海省水利水电勘测设计院编制完成的《青海省那棱格勒河流域综合规划修编报告》,那棱格勒地区 2020 年规划了 5.9 万亩的灌溉林地,其中,防护林 2.9 万亩,枸杞 3 万亩,2030 年在此基础上不再增加灌溉面积。根据《格尔木地区枸杞种植规划》,乌图美仁地区规划建设的枸杞种植位于那河出山口下游河滩地,地下水量丰富,配套建设机电井为枸杞灌溉提供水源,该工程计划 2020 年建成运行。

通过分析相关研究成果认为,水库下泄低温水会影响农作物生长。那河水库下泄水温演进至出山口处经历了复温过程,7 月出山口处的水温比天然水温约低 2.93 ℃。在出山口以后,那河河道中的水流逐渐潜入地下,经地下水富集区调蓄拦截,水体升温作用加强,使来自那河水利枢纽的低温泄水温差受到进一步削减,枸杞等作物通过井灌,水温应不致使植物的生长受到任何不良影响。因此,那河水利枢纽的下泄水温,对下游作物灌溉及绿洲的负面影响较小。

6.2.2 水质

6.2.2.1 污染源预测

1. 点污染源

那河坝址上游区基本不存在工业和生活等集中污染源排放,坝址下游区农村生活用水量小,用水分散。工业用水集中在东西台吉乃尔湖沿湖企业,其工业废水主要以老卤形式排放入盐湖,老卤在循环经济中作为下游产业的资源得以继续利用,两个盐湖化工企业没有通常意义上的废污水存在,在点源污染分析时不再计算两盐湖化工企业以老卤形式排放的废水,各项目的点源污染只计算城镇生活产生的污水量。那河流域乌图美仁乡镇生活用水产生的废水经过处理后作为周围区域生态用水回用,严禁排入河流、湖泊水体。因此,报告对流域点源污染只计算排放量,不计算入河量。

根据《青海省那棱格勒河流域综合规划修编环境影响报告》,2020年城镇生活产生的废污水排放量为9.8万m^3,主要污染物COD和氨氮排放量分别为13.41 t和1.47 t;2030年废污水排放量为14.7万m^3,主要污染物COD和氨氮排放量分别为20.13 t和2.21 t。

规划水平年那河流域废污水及主要污染物排放情况见表6-18。

表6-18　规划水平年废污水及主要污染物排放量

规划年	废污水排放量(万m^3)	COD排放量(t/a)	氨氮排放量(t/a)
2020	9.8	13.41	1.47
2030	14.7	20.13	2.21

2. 面污染源

根据《青海省那棱格勒河流域综合规划修编报告》,2030年,那河流域COD和氨氮等面源产生量分别为30.78 t、53.62 t,入河量分别为0.7 t和9.41 t。

那河面源污染产生量及入河量见表6-19。

表6-19　规划水平年那河面源污染物产生量及入河量

水平年	面源产生量(t/a)				面源入河量(t/a)			
	COD	氨氮	总氮	总磷	COD	氨氮	总氮	总磷
2020	46.10	57.26	488.53	691.31	1.01	9.49	93.19	133.47
2030	30.78	53.62	480.15	688.45	0.70	9.41	93.02	133.41

6.2.2.2　库区水质预测影响

预测分析建库后库区水体富营养化和水质变化,评价运行期间库区水质变化可能带来的影响。

1. 库区富营养化预测

1)预测模型

根据《环境影响评价技术导则 水利水电工程》,本次选取狄隆模型进行库区水体富营养化预测,选择N和P作为主要预测因子,预测库区富营养化影响。预测模型形式如下:

$$c = \frac{L(1-R)}{\rho H} \tag{6-8}$$

式中:c为库水中磷(氮)的浓度,mg/L;L为(湖)库单位面积年磷(氮)负荷量,g/(m^2·a);H为水库平均水深,m;ρ为水力冲刷系数,1/a;

$$\rho = \frac{Q_{入}}{V} \tag{6-9}$$

式中：$Q_{入}$为入湖(库)水量，m^3/a；V为湖库容积，m^3；R为磷(氮)滞留系数，1/a；

$$R = 1 - \frac{W_{出}}{W_{入}} \tag{6-10}$$

式中：$W_{出}$、$W_{入}$为入、出(湖)库年磷(氮)量，kg/a。

2)预测条件

以水库多年平均来水流量作为入库流量，考虑上游来水及水库周边面源污染物进入水库的不利情形，水库水位按多年水库平均蓄水位控制。根据工程可研报告中水库及大坝相关设计参数，确定狄隆模型公式参数(见表6-20)。

表6-20　水库富营养化模型参数选取情况

参数	单位	取值
H	m	59.59
ρ	1/a	5.23
Q	亿 m^3	12.43
R	1/a	0.24
V	亿 m^3	2.38

3)计算结果

根据狄隆模式预测，总磷为0.014 mg/L，总氮为0.20 mg/L，水库库区总体属于贫营养化状态。水库蓄水初期，水库淹没过程中面源对水库水体中总磷含量会造成影响，但总磷浓度不超标，其影响相对较小，主要是那河坝址上游及周边区域无磷矿等矿产资源，且无耕地、工业及人口居住，氮磷等污染物质入库概率相对小。水库运行期间，根据水库运行方式，水库为不完全年调节，水库兴利库容相对较小，水库水量交换系数较大，水库常年气温较低(多年平均仅为5.3 ℃)，库区面源污染造成的影响会随着水库运行逐渐降低。总体而言，水库运行期基本不满足水体富营养化的条件。

2.运行期库区水质预测

1)预测模型

结合项目库区实际情况，本次采用《环境影响评价技术导则 地面水环境》推荐的狭长型水库迁移混合模型，选择COD和氨氮作为主要预测因子，预测汛期和非汛期水库水质影响。

其计算公式如下所示：

$$C_r = \frac{C_p Q_p}{Q_h}\exp\left(-K\frac{V}{86\,400 Q_h}\right) + C_h \tag{6-11}$$

式中：C_r为狭长水库出口污染物平均浓度，mg/L；C_p、C_h为污染物排放浓度、污染物本底浓度，mg/L；K为污染物衰减系数；V为湖库水体体积，m^3；Q_p、Q_h为污废水排放量及湖库水量，m^3/s。

2）参数选取

根据建库后库区水文情势变化情况，工程建成后多年平均汛期入库流量为 87.8 m^3/s，非汛期的为 14.7 m^3/s；枯水年（$P=90\%$）最枯月的入库流量为 5.48 m^3/s，那河流域综合衰减系数建库后 K_{COD} 为 0.32/d，$K_{氨氮}$ 为 0.17/d。上游来水污染物浓度参照水质现状监测结果。

3）预测结果

根据建库后库区污染源预测情况，水库建成后按不同来水情况下的水环境影响进行预测（见表 6-21）：建库后库区总体水质较现状基本保持一致，能够满足Ⅱ类水质目标要求。

表 6-21　不同来水情况下库区水质预测结果　（单位：mg/L）

来水情况		预测结果	
		COD	氨氮
多年平均	汛期	13.8	0.23
	非汛期	13.8	0.24
枯水年（$P=90\%$）	最枯月	13.8	0.24

3. 库区水质影响分析

1）初期蓄水水质影响

水库水位随着水库初期蓄水逐渐升高，土壤溶出的 N、P 浓度亦会相应升高，此外水库水体交换能力变差，水温和流速会产生一定的变化，水质也会出现 TN、TP、氨氮等略微上升的趋势。工程运营后随着库区水位变化及水体交换，库区内水体因底质溶出的 TN、TP、氨氮量会逐渐下降。

随着水库蓄水量的增加，淹没面积越来越大。由于土壤养分多积在表层，土壤中污染物对水库水质的贡献主要发生在淹没初期，随着浸泡时间的增长，浸出量逐渐减少，土壤中的污染物大部分已浸出。土壤养分的浸出对水库水体的 pH 值、高锰酸盐指数、TN、TP、氨氮、硝酸盐氮、氯化物、粪大肠菌群指标有一定的影响。淹没区以沙地和戈壁滩为主，土壤的污染程度相对较低，水库淹没区土壤养分对库区的影响程度不大。

2）运行期库区水质影响

建库前后库区上游面源污染源和建库前变化不明显，建库后库区总体水质基本保持一致，能够满足Ⅱ类水质目标要求。

6.2.2.3　坝址至出山口河段预测影响

由于坝址下游没有水环境敏感区影响需求，那河干流沿岸几乎没有工业、生活集中排放污染源，工业园区主要集中在尾闾湖泊沿岸。同时，那河出山口以下河段为浅散河段，地表水和地下水转换频繁，其水文情势变化较为复杂。因此，报告选取坝址至出山口作为代表河段进行水环境影响预测。

1. 水质预测

1）预测模型

根据《环境影响评价技术导则 水利水电工程》，结合工程河段河道特征等边界条件，

选择综合削减模式进行水质预测，其表达式为

$$C_2 = (1 - K)(Q_1C_1 + \sum q_ic_i)/(Q_1 + \sum q_i) \tag{6-12}$$

式中：Q_1为上游来水水量，m^3/s；C_1为上游来水污染物浓度，mg/L；q_i为旁侧排污口的水量，m^3/s；c_i为旁侧排污口的污染物浓度，mg/L；C_2为预测断面污染物浓度，mg/L；K为污染物综合削减系数，s^{-1}。

2）预测条件

报告选择 COD 和氨氮作为主要预测因子，选用 58 年长系列月均流量作为设计流量的计算系列，并对汛期、非汛期进行不同预测。

坝址断面、出山口断面的设计流量见表 6-22。

表 6-22　那河坝址断面、出山口断面设计流量　　（单位：m^3/s）

水期		坝址		出山口	
		运行前	运行后	运行前	运行后
多年平均	汛期	87.81	70.20	92.67	75.07
	非汛期	14.73	9.67	15.55	10.48
枯水年（P=90%）	最枯月	5.48	5.48	7.60	7.60

3）计算结果

分别对坝址及出山口等下游控制断面按照多年平均（汛期和非汛期）和枯水年（P=90%最枯月）进行水质预测，具体结果见表 6-23。

表 6-23　那河水环境质量预测结果　　（单位：mg/L）

典型年	典型水期	坝址		出山口	
		COD	氨氮	COD	氨氮
多年平均	汛期	13.8	0.23	8.8	0.25
	非汛期	13.8	0.24	8.8	0.65
枯水年（P=90%）	最枯月	13.8	0.24	7.4	0.69

2. 矿化度预测

1）预测模型

报告根据水盐平衡原理，将那河水库、出山口断面和鸭湖等进行概化，建立水量平衡模型。

（1）那河水库的水量平衡模型：$Q_{1入} = Q_{1出} + Q_{1蒸} + Q_{1渗} + Q_{1调}$　　(6-13)

式中：$Q_{1入}$、$Q_{1出}$为入库和出库的水量，m^3；$Q_{1蒸}$、$Q_{1渗}$为水库的蒸发、渗漏损失水量，m^3；$Q_{1调}$为受水区供水水量。

（2）出山口断面的水量平衡：$Q_{2出} = Q_{1出} + Q_{2区}$　　(6-14)

式中：$Q_{2出}$为出山口下泄水量，m^3；$Q_{2区}$为坝址至出山口区间地表径流来水，m^3。

（3）鸭湖的水量平衡模型：$Q_{3入}+Q_{3初}=Q_{3蒸}+Q_{3供}+Q_{3终}$　(6-15)

式中：$Q_{3入}$为入鸭湖水量，m^3；$Q_{3初}$为鸭湖已有水量，m^3；$Q_{3蒸}$为鸭湖蒸发损失水量，m^3；$Q_{3供}$为鸭湖为企业采补平衡水量，m^3；$Q_{3终}$为鸭湖平衡后的水量，m^3。

盐量平衡，根据水量平衡结果，各项逐月均入（出）水量与水体矿化度的乘积为各项水体带入（出）水库（湖泊）的盐量。

（1）那河水库的盐量平衡模型：$Q_{1入}C_{1入}=Q_{1出}C_{1出}+Q_{1渗}C_{1出}+Q_{1调}C_{1出}$　(6-16)

式中：$C_{1入}$、$C_{1出}$为入库和出库水体的矿化度。

（2）出山口断面的盐量平衡：$Q_{2出}C_{2出}=Q_{1出}C_{1出}+Q_{2区}C_{2区}$　(6-17)

式中：$C_{2出}$、$C_{2区}$为出山口下泄的矿化度、坝址至出山口区间地表径流矿化度。

（3）鸭湖的盐量平衡模型：$Q_{3入}C_{3入}+Q_{3初}C_{3初}=Q_{3供}C_{3终}+Q_{3终}C_{3终}$　(6-18)

式中：$C_{3入}$、$C_{3初}$为入鸭湖矿化度、鸭湖原有矿化度；$C_{3终}$为鸭湖预测矿化度。

2）预测条件

报告选取那河坝址、出山口和鸭湖等控制点，按照水量平衡模型，针对多年平均汛期和非汛期、枯水年（$P=90\%$）最枯月等水文条件，进行水量平衡计算，那河干流不同控制点的水量平衡条件见表6-24。根据水质监测结果，那河坝址、出山口和鸭湖的现状矿化度为786 mg/L、1 020 mg/L 和 3 890 mg/L。

表 6-24　那河典型断面水量平衡条件　（单位：万 m^3）

典型断面	典型年	多年平均		枯水年（$P=90\%$）
	典型水期	汛期	非汛期	最枯月
那河水库	入库水量	33 934.6	1 706.0	1 751.4
	月初库容	9 683.3	6 788.9	6 346.7
	蒸发	433.1	56.5	45.9
	渗漏	101.4	58.4	54.5
	调水	2 121.5	2 034.8	2 063.6
	下泄水量	30 352.4	1 448.1	1 373.1
	月末库容	10 609.4	4 897.1	4 561.0
出山口	坝址来水	30 352.4	1 448.1	1 373.1
	区间来水	1 867.7	93.9	93.5
	出山口	32 227.9	1 542.3	1 470.8
鸭湖	入湖量	14 464.7	1 845.1	499.6
	月初库容	16 993.0	19 913.4	13 593.2
	蒸发	5 299.2	1 416.2	2 662.8
	采补供水	583.3	583.3	583.3
	月末库容	25 575.2	19 759.0	10 846.7

3)预测结果

按照水量模型和盐量模型,针对不同水文条件下那河水库、出山口、鸭湖等控制点的矿化度进行预测,结果见表6-25。

表6-25 那河典型断面矿化度预测结果 (单位:mg/L)

典型年	典型水期	那河水库		出山口		鸭湖	
		预测值	较现状	预测值	较现状	预测值	较现状
多年平均	汛期	793.9	1.0%	1 049.8	2.9%	4 539.80	16.7%
	非汛期	791.3	0.7%	1 060.4	4.0%	4 138.15	6.4%
枯水年($P=90\%$)	最枯月	790.5	0.6%	1 069.3	4.8%	4 785.31	23.0%

建库后那河坝址下游水文情势发生明显变化,坝址下游水量较建库前有所减少,坝址下游尤其是出山口至尾闾,随着地表水和地下水频繁转换,以及下游蒸发等因素,坝址下游尤其是出山口下游的矿化度总体呈现逐步升高趋势。其中,那河水库矿化度较现状升高1.0%左右,出山口断面矿化度较现状升高4.0%左右,鸭湖矿化度较现状升高20%左右。

3. 水环境影响分析

水库坝址至出山口河段,无排污口,区间水质主要受坝址下泄水质和区间面源影响,结合库区出库水质预测,那河水库建成后,该河段水质与现状水质基本一致。那河出山口至尾闾河段基本无入河排污口,尾闾东、西台吉乃尔湖区域主要企业有青海锂业有限公司和青海中信国安科技发展有限公司,生产和生活废污水处理后回用于生产,不排入地表水环境。因此,水库运行不会对那河及其下游尾闾等河段水质产生较大影响。

那河水矿化度垂直变化十分明显,即由河流的上游向中、下游逐渐增大。上游河水主要来自降水和融水,矿化度一般为790 mg/L左右,降水随着海拔的降低而减少,干燥度增大,加之山间谷地和河床渗漏加大,水流在汇流和渗流过程中把土体、风化壳及岩石中部分易溶盐和矿物质溶解于水,使河水至出山口时矿化度增至1 000 mg/L。山前冲洪积扇中、上部河水矿化度则更高。盆地腹地河水绝大部分为地下水汇流而成,加之气候极度干燥、日照强烈,蒸发旺盛,河水经强烈蒸发浓缩,矿化度达1 000 mg/L以上。由于库区蒸发增加,坝下径流减少等因素,该河段水体矿化度会有所增加,其中库区增幅在1%左右,出山口增幅在4%左右,增幅相对较小。鸭湖矿化度多年平均汛期较现状增幅为16.7%,非汛期为6.4%。主要原因是那河尾闾鸭湖为新形成的湖泊,总体矿化度较东台湖和西台湖相对较低,鸭湖未来趋势矿化度会逐渐升高,最后形成盐湖。建库后,由于入鸭湖水量减少,水面面积减少,会进一步促进鸭湖矿化度的升高。

那河山前冲洪积扇的戈壁砾石带地下水主要接受河水的渗漏补给,地下水位从南到北由深变浅,水位埋深在南部为100 m左右,在细土平原区约10 m左右,地下水矿化度一般在0.6 g/L左右,建库后由于河水的渗漏补给减少,造成地下水位下降3~20 m,这可能会减少该区域的地下水蒸发,矿化度将有所降低,但总体变化不明显。

那河绿洲地带那河冲洪积扇前缘的细土平原带,地下水位在0~3 m,地下水流为层流,径流速度变缓,水力梯度变小,溶滤作用时间增长,地下水溶解含水层中的盐分后,水化学组分发生变化，矿化度含量逐渐升高为0.7 g/L左右。建库后，由于出山口径流减少导致绿洲前缘1～2 km地下水位下降0～3 m，导致该区域绿洲蒸发消耗有所减少，绿洲大部分区域地下水位较现状变化不明显。整体而言，绿洲区域地下水矿化度将较现状有所升高，但总体变化不明显。

6.3　地下水环境影响分析

工程库区和坝址区域主要为山区基岩裂隙水，补给形式为地下水补给地表水，因此工程运行基本不会对库区和坝址区域地下水环境造成影响。那河出山口山前冲洪积平原区地下水主要补给来源为区域地表河水入渗补给，工程建设运行后坝址断面下泄水量减少，影响地表水径流过程和流量，进而影响对那河山前冲洪积扇地下水的补给，将对该区域地下水位产生一定程度影响。本次采用数值模拟方法，重点针对那河山前冲洪积和冲湖积平原区域地下水环境运行进行预测和评价。

6.3.1　地下水模型建立

6.3.1.1　数值模拟模型

1. 地下水流运动模型

评价区含水层平面分布范围较垂向范围大很多，采用非均质各向异性二维潜水非稳定流数学模型作为评价区地下水流运动的数学模型，模型公式如下：

$$\frac{\partial}{\partial x}\left[K_{xx}(h-b)\frac{\partial h}{\partial x}\right]+\frac{\partial}{\partial y}\left[K_{yy}(h-b)\frac{\partial h}{\partial y}\right]+W=u\frac{\partial h}{\partial t} \tag{6-19}$$

式中：K_{xx}、K_{yy}为主坐标轴方向多孔介质的渗透系数，LT^{-1}；h为水头，L；W为单位面积垂向流量，LT^{-1}，为源汇项和河流入渗补给；S_y为给水度；t为时间，T；b为含水层底板，L。

方程加上相应的初始条件和边界条件，就构成了描述地下水运动体系的数学模型。本次模拟的定解条件可表示为：

初始条件：$h(x,y,0)=h_0(x,y)$

第一类边界条件：$h(x,y,t)\mid\Gamma_1=h_0(x,y,t)$　　(6-20)

第二类边界条件：$K(h-b)\dfrac{\partial h(x,y,t)}{\partial n}\mid\Gamma_2=q(x,y,t)$

式中：Γ_1、Γ_2分别为第一类边界条件和第二类边界条件；μ为给水度；K为边界面方向渗透系数。

2. 地下水蒸发模型

浅埋区地下水蒸发、蒸腾主要发生在水位埋深小于4 m地段。据该地区地下水蒸发特征，选用柯夫达－阿维里杨诺夫经验公式来近似描述蒸发规律。

$$\varepsilon_{Evt}=\begin{cases}\varepsilon_0\left(1-\dfrac{\Delta}{\Delta_0}\right)^2, & \Delta<\Delta_0\\ 0, & \Delta\geqslant\Delta_0\end{cases} \tag{6-21}$$

式中：ε_{Evt}为地下水的蒸发强度，m/d，主要取决于水面蒸发能力ε_0和地下水埋深Δ；ε_0为水面蒸发能力，随季节变化，取多年逐月均值，m/d；Δ_0为地下水极限蒸发深度，m，近似取

4 m;Δ 为地下水埋藏深度,m,随水位动态变化。

3. 泉水排泄地下水模型

当水位高于泉水排泄高程时,潜水溢出汇成泉集河。用以下数学模型近似描述溢出规律:

$$\varepsilon_S = \begin{cases} \alpha_S(H - H_{\text{Top}}), & H > H_{\text{Top}} \\ 0, & H \leqslant H_{\text{Top}} \end{cases} \tag{6-22}$$

式中:ε_S 为泉水溢出强度,m/d;α_S 为泉水溢出系数,1/d;H 为潜水含水层水位,m;H_{Top} 为潜水溢出高程,m。

拟建项目运行一段时间后,随着潜水位的变化,泉水溢出与地下水蒸发自动减少,直至达到新的平衡。

6.3.1.2 模型边界

1. 预测评价区(模拟计算区)边界

拟建项目对地下水环境影响区域主要是山前冲洪积和冲湖积平原区域,因此确定模型预测评价范围为:南部取山前自然地质为第二类边界、那河出山口段为二类补给边界;东部沿着开木棋河与那河间分水岭延伸到西达布逊湖为边界;北部以西达布逊湖、东台吉乃尔湖、西台吉乃尔湖为界,为一类给定水头边界;西部边界取第三系隐伏隆起的隔水泥岩接触带,为隔水边界。模拟区上边界接受大气降水入渗补给,底部边界为隔水边界,可以概化为零流量边界。为相对独立的水文地质单元。预测评价区和调查评价区一致。

2. 含水层空间结构

结合区域水文地质资料、钻孔资料(见表6-26)、野外踏勘以及《那棱格勒河冲洪积平原地下水循环模式及其对人类活动的响应研究》和《那棱格勒河地区水文地质详查报告》,确定评价区不同地层岩性、构建预测评价区地下水含水系统,将评价区垂向上剖分为1层,为潜水含水层,含水层厚度150~180 m。

表6-26　那河出山口以下地下水钻孔情况

编号	x	y	地面标高	钻孔深度
ZK01	492 262.55	4 094 985.49	2 939.98	150.30
ZK02	494 618.28	4 093 985.20	2 925.72	151.50
ZK03	497 365.93	4 092 441.69	2 936.02	150.00
ZK04	499 870.19	4 091 228.91	2 933.93	150.60
ZK05	502 014.55	4 088 928.86	2 937.27	150.28
ZK06	503 607.89	4 086 517.53	2 937.74	150.20
ZK07	504 935.97	4 083 766.87	2 935.58	150.10
ZK08	504 864.32	4 079 974.91	2 957.81	150.20
ZK09	486 297.10	4 102 429.51`	2 904.62	120.01
ZK10	489 749.05	4 101 817.67	2 903.69	121.15
ZK11	500 018.52	4 097 626.58	2 889.18	120.00
ZK12	506 689.78	4 088 882.91	2 904.25	120.25
ZK13	511 313.43	4 082 379.35	2 892.28	120.00
ZK14	494 129.78	4 088 701.41	2 969.97	150.6

那河冲洪积平原位于预测评价区域南部，开木棋河位于预测评价区东边界附近。为确定评价区域的含水层结构和厚度，选取那河冲洪积平原和开木棋河冲洪积扇的剖面，并结合评价区的钻孔资料进行分析，见图 6-26。

图 6-26　评价范围钻孔和剖面位置示意图

其中：沿 ZK01—ZK02—ZK03—ZK04—ZK05—ZK06—ZK07—ZK08 一线为Ⅰ—Ⅰ′剖面（见附图 6-1）。该剖面中 ZK01—ZK02—ZK03—ZK04—ZK05 大致沿东西方向，ZK05—ZK06—ZK07—ZK08 大致沿南北方向。沿 ZK09—ZK10—ZK11—ZK12—ZK13 一线为Ⅱ—Ⅱ′ 剖面（见附图 6-2），大致为东西方向。剖面地层厚度约为 150 m，且沿剖面基本保持不变。沿 ZK14—ZK02 一线为Ⅲ—Ⅲ′剖面（见附图 6-3），大致为南北方向，从那河一直延伸向北。该剖面底板高程由南向北逐渐变小、含水层厚度变大，南部山前底板较高、含水层厚度较小，北部冲洪积扇底板高程和含水层厚度趋于不变。沿 ZK07—ZK08 一线为开木棋河洪积扇水文地质剖面图（见附图 6-4），剖面地层岩性主要是砂砾石，透水性较好。由剖面图确定了地层的厚度，并且由剖面可以看出地层中间除少量的夹层外连通性较好，所以把含水层概化为一层潜水含水层可行。

根据预测评价区内钻孔和水文地质剖面资料，结合 DEM 高程数据，通过插值得到评价范围含水系统三维空间分布如图 6-27 所示（图显示时 z 方向放大 30 倍），山前高程以及含水层底板高于北部平原地带，北部地形及底板变化小。

6.3.1.3　模型参数

1. 水文地质参数

本次预测评价区模拟渗透系数和给水度参数分区见图 6-28 和表 6-27。

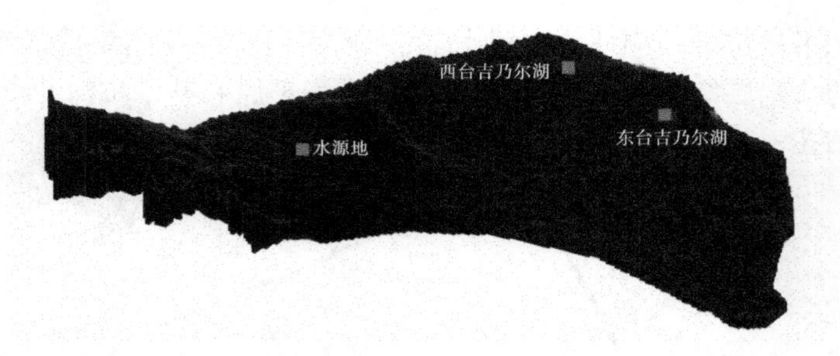

图 6-27　预测评价区含水系统三维空间分布示意图

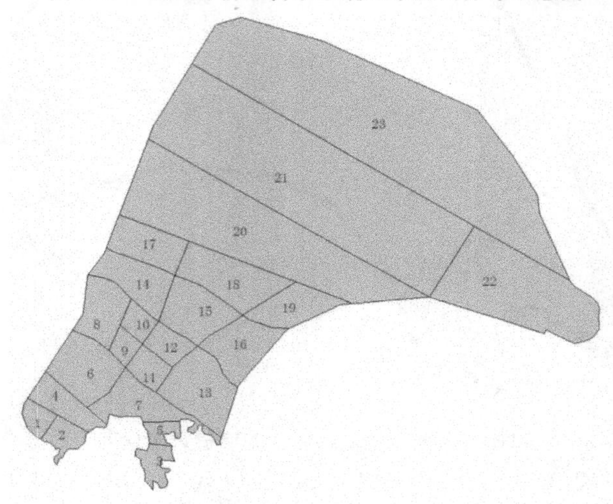

图 6-28　预测评价区渗透系数和给水度分区图

表 6-27　渗透系数和给水度分区　　(单位:m/d)

参数分区	1 区	2 区	3 区	4 区	5 区	6 区	7 区	8 区	9 区	10 区	11 区	12 区
渗透系数	160	165	160	155	150	120	125	108	130	110	110	108
给水度	0. 23	0. 23	0. 21	0. 22	0. 2	0. 22	0. 19	0. 21	0. 18	0. 22	0. 2	0. 18
参数分区	13 区	14 区	15 区	16 区	17 区	18 区	19 区	20 区	21 区	22 区	23 区	
渗透系数	108	100	98	95	80	80	63	30	15	12	8	
给水度	0. 23	0. 12	0. 12	0. 12	0. 15	0. 11	0. 11	0. 1	0. 1	0. 1	0. 09	

2. 源汇项

模拟计算区主要的源来自于山前侧向补给和河流渗透补给,汇主要有潜水蒸发量和地下水开采量及侧向排泄量,结合水文气象资料以及拟建项目地表水资源量计算结果确定。河流入渗补给量占出山口径流量的62.2%,根据径流量可以估算地下水补给量。地下水蒸发参照小灶火气象站观测资料。

多年平均来水条件下,工程运行前那河出山口河流入渗补给量为8.42 亿 m^3,工程运行后河流入渗补给量减少为6.72 亿 m^3,较建库前减少1.70 亿 m^3,减少比例为20.2%。

各月入渗补给量减少比例范围为 9.9% ~66.2%。

6.3.1.4　模型求解

模型求解首先要对预测评价区进行空间离散,及网格剖分。预测评价区剖分为 200×200 的网格,黑色部分为不参与计算的区域,灰色部分为计算区域。模型网格剖分如图 6-29 所示。

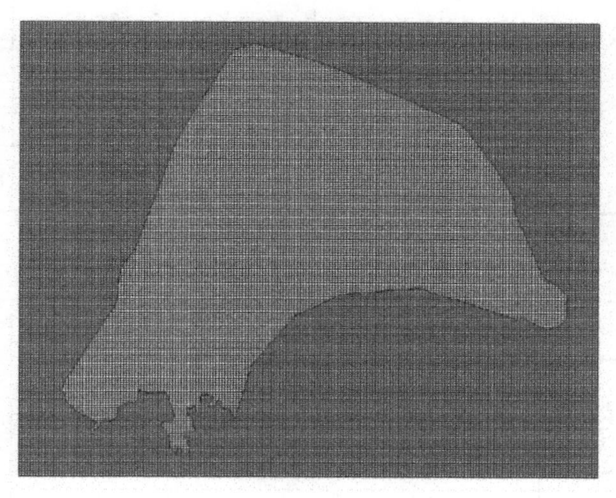

图 6-29　预测评价区空间离散图

根据评价区域内的水位数据,选取 2011 年 12 月 31 日流场作为模型计算初始流场,初始流场如附图 6-5 所示。采用 GMS 的 MODFLOW 进行水流模型求解。

6.3.2　模型的率定及验证

根据区域水文地质及抽水试验资料赋参数初值,对数值模型进行计算求解,将模型计算结果与实际观测地下水位数据比较,分析两者的差异程度,对模型进行校正检验。在对比地下水流场的基础上,进行地下水位动态和水均衡分析,以期对模型进一步验证。

将模型的识别验证期设置为 2011 年 12 月 31 日至 2012 年 12 月 31 日,附图 6-6 为识别验证期末计算水位与观测水位拟合情况。由附图 6-6 可以看出,评价预测区地下水流场模拟计算结果与观测流场的拟合结果较好,说明识别后的模型基本能反映评价区域水文地质条件的实际情况,可以用于后期预测评价。

从水均衡角度对模型进行再次验证。以东西向的东台吉乃尔河为界将评价区域分为南盆地和北盆地,分别统计地下水均衡,见表 6-28 和表 6-29。南盆地的地下水总补给量为 2 310 000 m^3/d,总排泄量为 2 310 000 m^3/d,补给源主要为河水入渗补给,排泄去向主要为泉排泄和蒸发排泄。北盆地的地下水总补给量为 435 654 m^3/d,总排泄量为 435 600 m^3/d,补给源主要为南盆地对北盆地的补给,排泄去向主要为泉蒸发排泄和北部的定水头边界排泄。总体而言,模型与《那棱格勒河出山口径流转化和消耗专题报告》的地下水的补给和排泄比例基本一致,表明所建模型总体可靠,可用于地下水环境影响预测。

表 6-28 现状南盆地水均衡 (单位:m^3/d)

源	比例(%)	汇	比例(%)
河水入渗补给 2 310 000	100	地下水向泉和泉集河排泄 809 195	35.03
		潜水蒸发 1 063 850	46.05
		人工开采 1 300	0.06
		南盆地到北盆地 435 654	18.86
合计 2 310 000	100	合计 2 310 000	100

表 6-29 现状北盆地水均衡 (单位:m^3/d)

源	比例	汇	比例
南盆地到北盆地 435 654	100	蒸发 409 737	94.06
		定水头边界 25 862	5.94
合计 435 654	100	合计 435 600	100

6.3.3 地下水环境影响预测与评价

拟建项目对地下水环境影响分库区至出山口段、出山口以下区域分别进行评价。库区至出山口段,主要是由于蓄水等对山区地下水环境的影响;出山口以下区域,主要模拟计算工程运行后由于地下水补给量减少导致那河出山口前冲洪积和冲湖积平原区域地下水流场的变化情况。重点预测工程建设运行引起区域流场变化对平原中段绿洲生态系统、宏兴水厂所在区域地下水位的影响。

6.3.3.1 库区和坝址至那河出山口段地下水环境影响分析

工程建设运行会导致蓄水库区河水水位上升、坝址至出山口段减水河段河水水位下降。库区和坝址至下游减水河段,河床两侧几乎为基岩山区,山区的地下水以接受大气降水的补给为主,地下水补给地表水或以泉的形式排泄。现状条件下,库区回水河段至那河出山口河段,河水均以接受山区地下水排泄为主;工程运行后,河水水位变化会改变地下水排泄面标高发生一定变化,但不会根本改变地表水—地下水补排关系,仍以地下水补给地表水为主。河流水位变化,河流两侧地下水位相应发生一定变化。

坝址上游回水范围内,河水位上升,周边地下水位会相应抬升,但由于河流两侧基本无基岩山体,蓄水范围河流和两侧地下水位小幅上升不会加剧滑坡等环境水文地质问题。同时,经资料收集和野外踏勘,回水范围内未有正在开采或闭库的矿床等可能潜在的地下水污染源,因此地下水位回升不会因为浸没在开采矿床而导致地下水污染这一环境地质问题;此外,结合拟建项目陆生生态调查,回水范围内几乎没有对地下水位很敏感的珍稀植被等保护目标,因此分析拟建项目在该地段对地下水环境影响很小。

类似库区蓄水段,在坝址至出山口段的地下水类型仍以基岩裂隙水为主。工程建成运行后,坝址至出山口段,河流水位下降、但河流生态需水基本保持,水位下降幅度很小,对该段两侧基岩地下水位影响非常有限,同样不会加剧滑坡等环境地质灾害的发生。坝址至出山口段,经调查,无居民取水水源和重要依赖于地下水的陆生植物,因此拟建项目建成运行对该区段地下水环境影响很小。

综上所述,拟建项目建设运行,对库区及坝址至出山口下游减水河段的地下水环境影响很小。

6.3.3.2　那河出山口以下区域地下水环境影响分析

1. 不同来水条件下区域地下水位影响分析

1)典型点位选取

根据工程运行情况,丰水年($P=25\%$)、平水年($P=50\%$)、枯水年($P=90\%$)和多年平均条件下逐月地下水补给量存在差异,区域地下水位会随月份变化,结合地下水环境保护目标分布,本次评价选取了 4 个典型点位作为分析重点,其中:点 1 位于山前,点 2 位于绿洲带前缘,点 3 位于绿洲带后缘,宏兴水厂在绿洲前缘带点 2 附近,具体位置如附图 6-7 所示。

2)不同典型年区域地下水位影响

(1)不同典型年各典型点位地下水位变化。

不同来水条件下,各典型点位的地下水位逐月变化情况如图 6-30 ~ 图 6-33 所示。由图可知,在不同保证率及多年平均月地下水补给量条件下,逐月地下水位有一定变化,并与地表径流量正相关,说明地下水与地表水联系紧密。在地表水丰水期(6 ~ 9 月),地下水位也较全年平均值偏高,其中绿洲带前缘地下水位高于年平均值 30 cm 左右;枯水年,6 ~ 9月绿洲带前缘地下水位较全年平均值高 10 ~ 20 cm。此外,距离出山口越远,年内水位动态变化越小。

不同来水条件对区域逐月地下水位存在一定影响,$P=25\%$ 条件下地下水位最高,$P=90\%$ 条件下地下水位最低,其他来水条件下的地下水位介于两者之间。逐月径流量不同,导致年内地下水位呈现相应的动态变化特征,4 ~ 9 月地下水位高,其他月份水位相对较低。四种典型年来水条件下,点 1(山前)月地下水位变化差最大为 3. 05 m,水源地月地下水位变化差最大为 0. 85 m,点 2(绿洲前缘)月地下水位变化差最大为 0. 51 m,下游尾闾湖泊的水位最大变幅小于 0. 05 m。

以上分析结果说明,点 1(山前)、水源地和点 2(绿洲前缘)的地下水位会受到不同典型年河流径流的影响,与地表径流量密切相关;下游尾闾湖泊的地下水位基本不受河流径流的影响;受影响程度依次为:点 1(山前) > 水源地 > 点 2(绿洲前缘) > 下游尾闾湖泊。

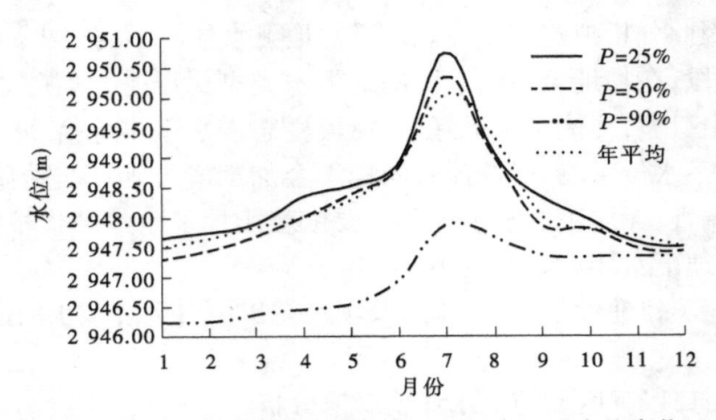

图 6-30　点 1(山前)不同条件下地下水逐月水位变化

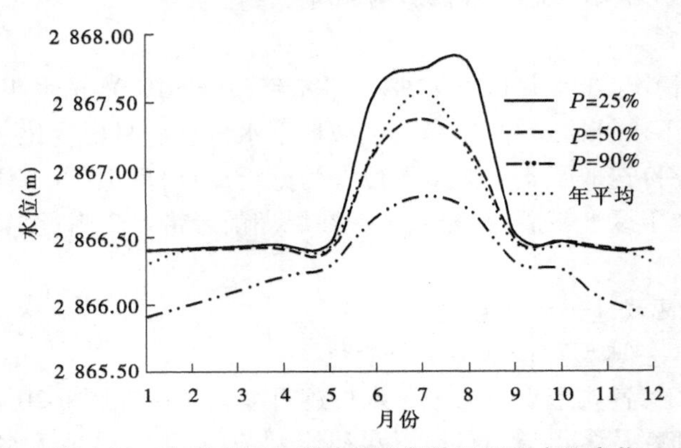

图 6-31　宏兴水厂水源地不同条件下逐月水位变化

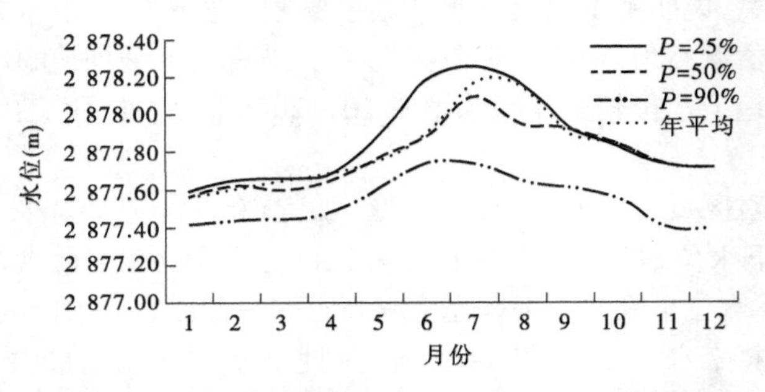

图 6-32　点 2(绿洲前缘)不同条件下逐月水位变化

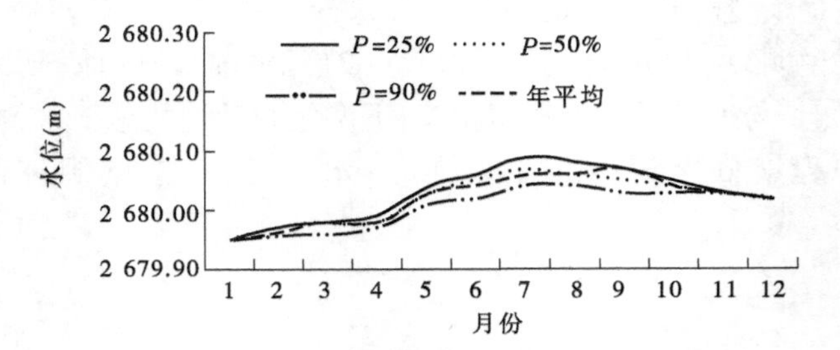

图 6-33　下游尾闾湖泊不同条件下逐月水位变化

(2)工程运行前后典型点位地下水位变化。

本次评价选取重点关注的点2(绿洲前缘)作为代表点位,进行工程运行前后不同典型年条件下地下水位变化分析。分析结果显示:工程运行前后不同典型年条件下地下水补给量(见图6-34～图6-37)呈现6～9月补给量大、其他月份地下水补给量小的规律;工程运行前后各月地下水补给量间的差别在枯水年比丰水年小(见图6-38～图6-41),如$P=90\%$相比$P=25\%$各月地下水补给量的差别小;在点2(绿洲前缘)的地下水位(见图6-38、图6-40)动态曲线相应表现为$P=90\%$相比$P=25\%$各月差别小,即$P=25\%$时水位的峰值及动态变化更明显。

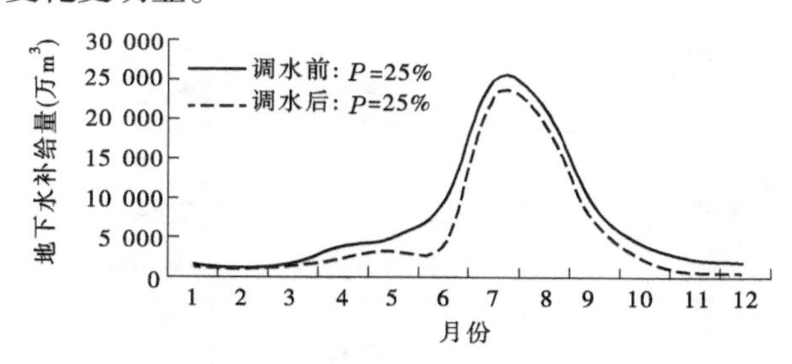

图6-34　工程运行前后$P=25\%$时点2(绿洲前缘)逐月地下水补给量

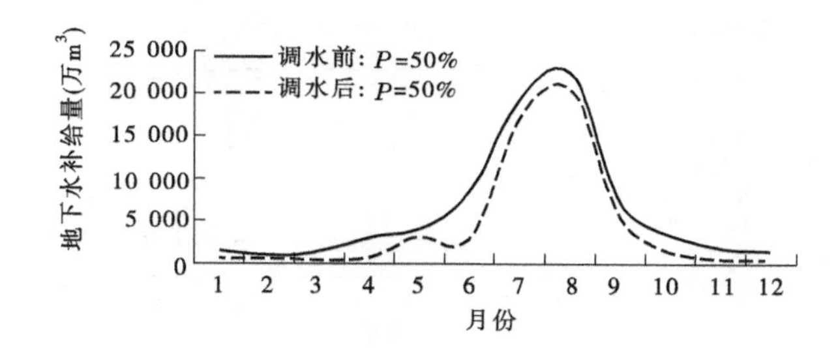

图6-35　工程运行前后$P=50\%$时点2(绿洲前缘)逐月地下水补给量

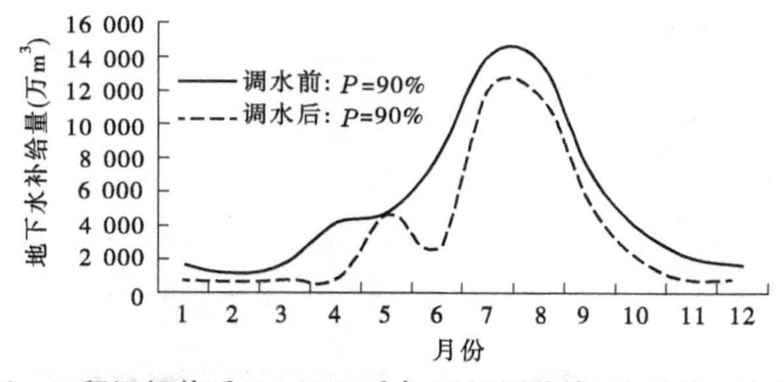

图6-36　工程运行前后$P=90\%$时点2(绿洲前缘)逐月地下水补给量

2. 工程运行对区域地下水位动态特征分析

利用识别验证后的水流模型对现状和工程运行10年、20年及50年后评价区域流场进行计算。工程运行条件下相比现状条件下由于河流入渗减少$-466\ 000\ m^3/d$,相应水均衡发生变化,南盆地水均衡中,潜水蒸发、地下水向泉及泉集河排泄、南盆地进入北盆地的量分别减少了17.24%、55.62%、0.72%,北盆地的水均衡总体上变化不大。

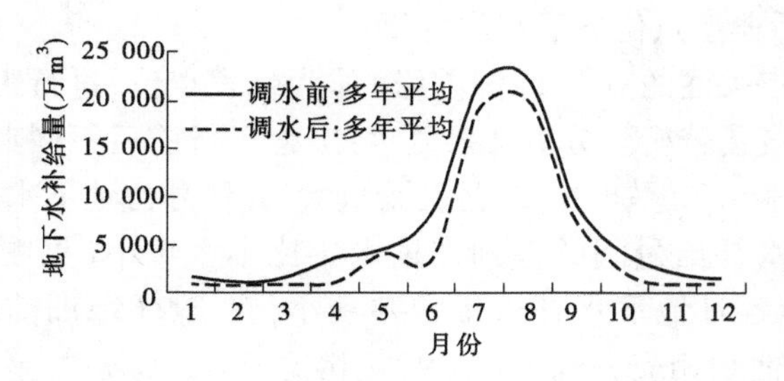

图 6-37　工程运行前后多年平均点 2(绿洲前缘)逐月地下水补给量

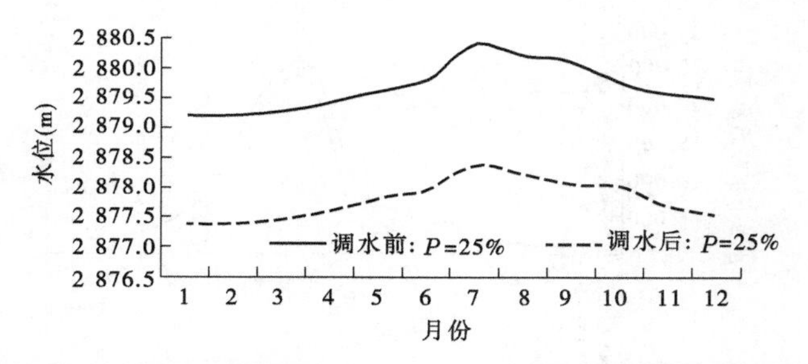

图 6-38　工程运行前后 $P=25\%$ 时点 2(绿洲前缘)逐月地下水位

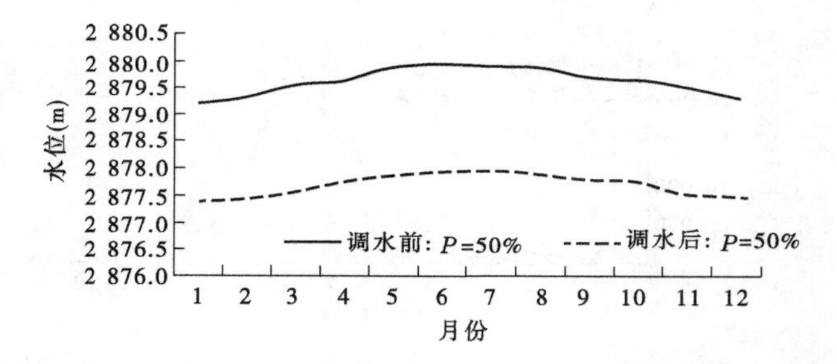

图 6-39　工程运行前后 $P=50\%$ 时点 2(绿洲前缘)逐月地下水位

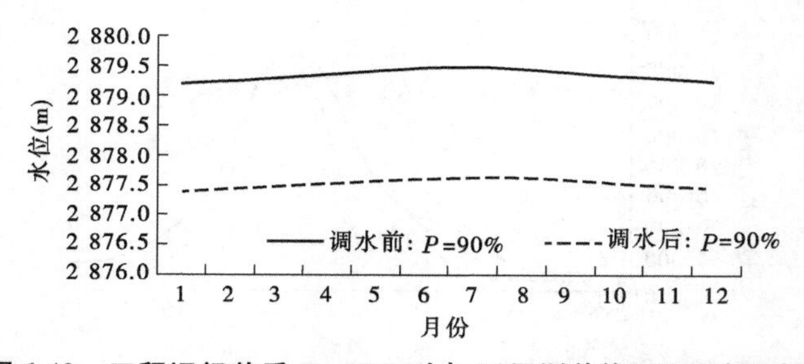

图 6-40　工程运行前后 $P=90\%$ 时点 2(绿洲前缘)逐月地下水位

区域地下水位变化情况分别如附图 6-8 ~ 附图 6-10 所示,图中蓝色表示现状条件下的地下水位,红色表示工程运行后达到平衡后的地下水位,下游绿色部分为绿洲带。工程运行 20 年后和运行 50 年后水位差别很小,表明工程运行 20 年后地下水位变化基本稳定。

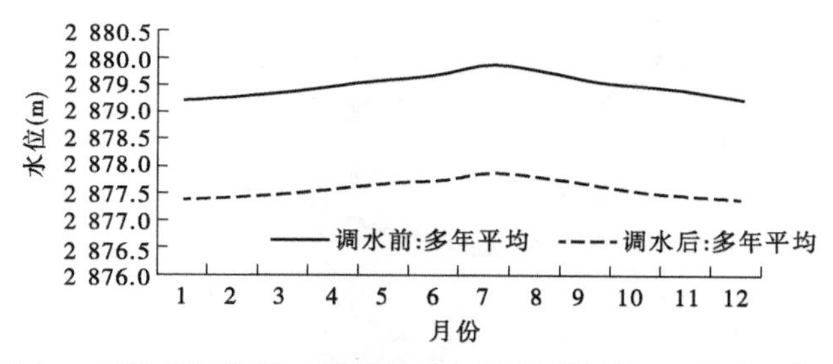

图 6-41　工程运行前后多年平均时点 2(绿洲前缘)逐月地下水位

1)工程运行 0～20 年内地下水位动态特征分析

分析 20 年内水位变化过程通过选取典型点进行分析。结合环境敏感目标分布,选择同附图 6-7 分布典型点,分析工程运行 20 年内水位动态变化。点 1(山前)、绿洲前缘(点 2)、绿洲后缘(点 3)以及宏兴水厂 20 年内水位动态过程分别如图 6-42、图 6-43、图 6-44 和图 6-45 所示。不同位置点表现出的动态变化特征不完全相同,山前点 1 水位出现连续下降态势,从工程运行时的 2 960.2 m 持续下降到第 17 年时的 2 937.5 m,水位下降 22.7 m,然后稳定;绿洲前缘地带在工程运行第 4 年降至最低,然后小幅回升,在第 16 年左右逐步恢复稳定。绿洲前缘点 2 工程运行时水位2 879.3 m,运行 4 年后,降至最低水位2 876.3 m,最大下降 3.0 m,然后逐步回升。工程运行 16 年后回升到 2 877.4 m,达到稳定,稳定后水位相比运行前下降 1.8 m;宏兴水厂工程运行前水位 2 869.6 m,工程运行 4 年,水位降至最低的 2 866.4 m,下降 3.2 m,随后水位逐步缓慢回升,至工程运行的第 15 年水位稳定在 2 866.7 m,稳定后水位相比工程运行前下降 2.9 m;绿洲带东南角水位持续下降,20 年后水位下降最大,达 3.4 m。绿洲后缘点 3 工程运行前水位 2 780.5 m,工程运行 7 年后水位降至最低的 2 778.78 m,水位下降 1.72 m,然后逐步缓慢回升,至工程运行 18 年后基本稳定,水位恢复到工程运行前水位,表明地下含水系统在工程运行后重新达到新的稳定状态后,拟建项目对绿洲后缘水位无影响。

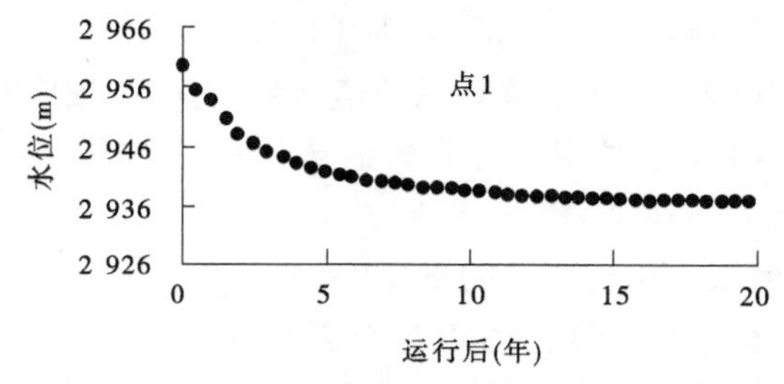

图 6-42　工程运行 20 年内点 1(山前)地下水位动态变化

根据典型点 20 年内水位动态变化特征,选择典型年,预测工程运行引起区域水位变化。考虑环境敏感目标主要为绿洲,结合绿洲陆生植被需水特点,考虑地下水位下降对陆生植被的影响分析需求,分别绘制典型年工程运行后第 4 年,第 8 年以及第 15 年大于 2 m 以上水位降深等值线。不同典型年 2 m 以上水位降深等值线分别如附图 6-11～附图 6-13 所示。工程运行第 4 年、第 8 年,绿洲带最大水位降深为 3 m,绿洲中部和东南角受 2～3 m降深等值线影响;第 15 年,绿洲东南角很小范围内降深大于 3 m,绿洲中部受 2～3

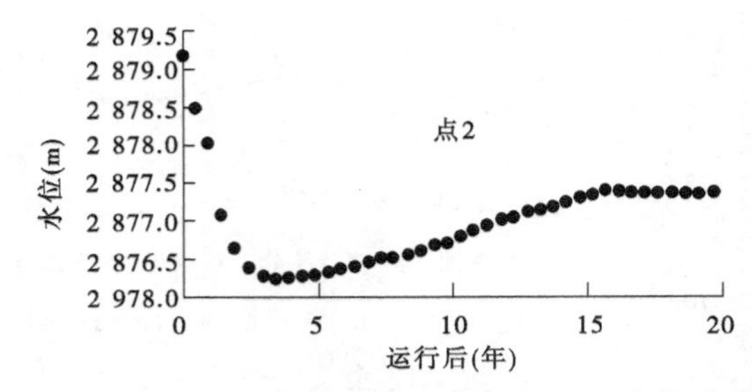

图 6-43　工程运行 20 年内点 2(绿洲前缘)地下水位动态变化

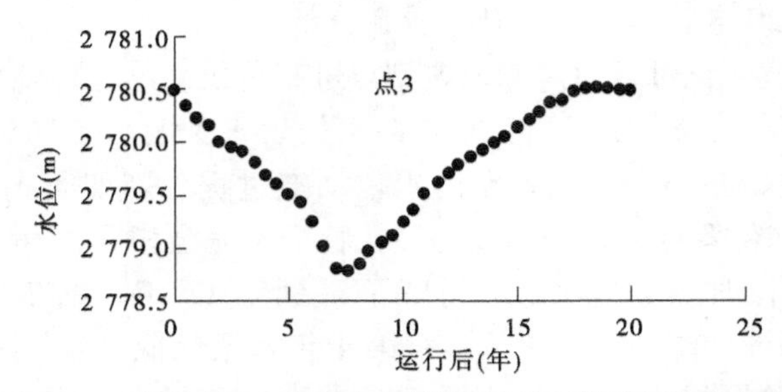

图 6-44　工程运行 20 年内点 3(绿洲后缘)地下水位动态变化

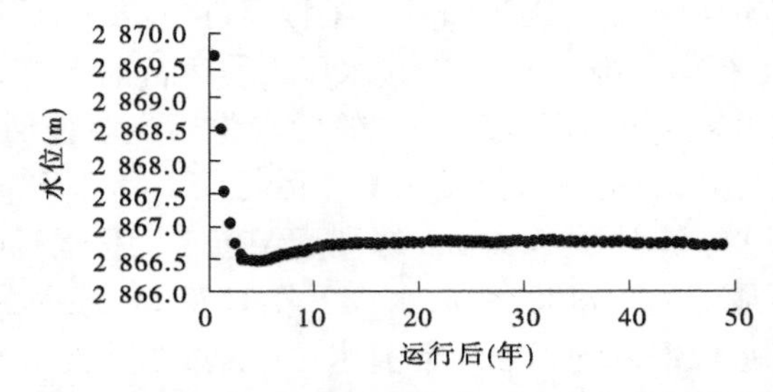

图 6-45　工程运行 20 年内宏兴水厂水源地地下水位动态变化

m 降深等值线影响范围明显减小。工程运行时间不同,对绿洲影响范围和程度不一致,在工程运行第 4 年和第 8 年,2 ~ 3 m 水位降深等值线主要影响范围在绿洲中部,但面积有限;工程运行 15 年后,2 ~ 3 m 水位降深等值线主要出现在绿洲前缘的东南侧。

2)工程运行 20 年后对区域地下水流场影响分析

工程运行 20 年后,区域水位达到新的平衡后,相比工程运行前,水位总体呈现一定幅度的下降。绿洲带工程运行前和运行后水位重新稳定后的水位变化(降深等值线)如附图 6-14 所示。表明工程运行地下水系统达到新的平衡后,工程运行对冲洪积扇前缘地下水位产生一定影响,绿洲带前缘水位降深等值线向北移动 1 ~ 2 km,绿洲带前缘和东南角附近地下水位下降 0 ~ 3. 4 m,最大降幅出现在绿洲东南角。工程运行对绿洲带前缘地下水出露地带有一定影响,但对绿洲后缘地下水位几乎无影响。

为分析工程对不同区域地下水位影响,在预测评价区域取 *A*—*A*′、*B*—*B*′和 *C*—*C*′典型剖面,剖面位置见图 6-46。剖面大致为西南—东北方向,与区域地下水径流方向一致,三条剖面由南至北均经过山前戈壁、绿洲及盐化草甸区、尾闾湖区。*A*—*A*′剖面位于地下水评价区中部,*B*—*B*′剖面位于评价区西部,*C*—*C*′剖面位于评价区东部。

沿 $A—A'$、$B—B'$ 和 $C—C'$ 剖面，不同位置工程运行前后水位埋深变化如图 6-47 ~ 图 6-49 所示。可以看出，工程运行后，预测评价区地下水位总体下降，下降幅度由山前至尾闾逐渐减小。工程运行前后水位埋深在山前到宏兴水厂的区段变化较大；而宏兴水厂到尾闾区段地下水埋深下降幅度则较小，和区域地形及水文地质条件吻合。

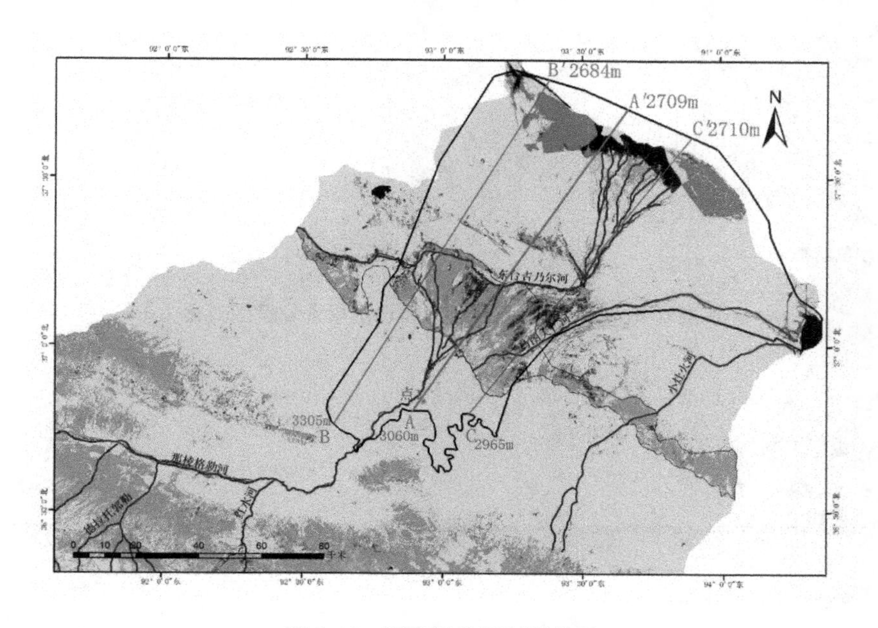

图 6-46　预测评价区剖面位置

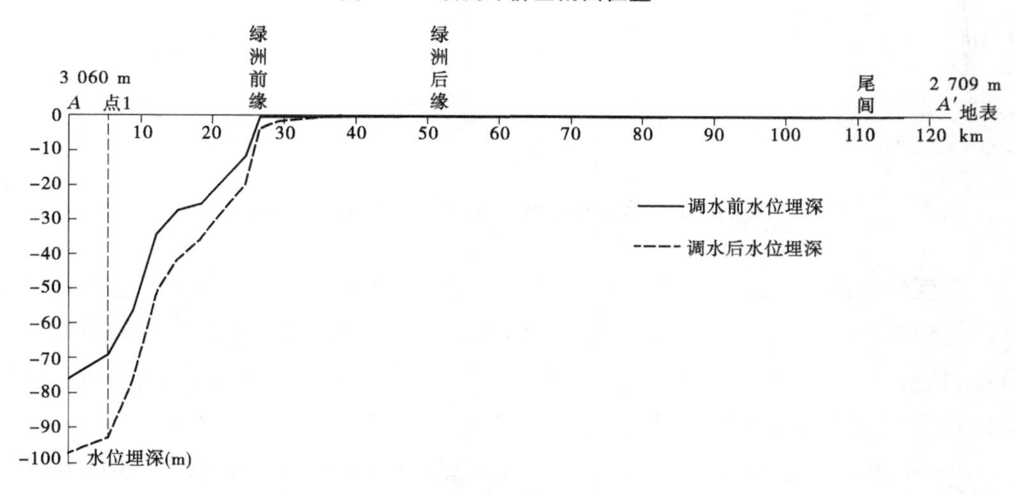

图 6-47　$A—A'$ 剖面调水前和调水后水位埋深对比

根据剖面经过区域，分山前戈壁、绿洲及盐化草甸区、尾闾湖区分别模拟项目建设前后区域地下水埋深的变化情况。

(1) 山前戈壁区。

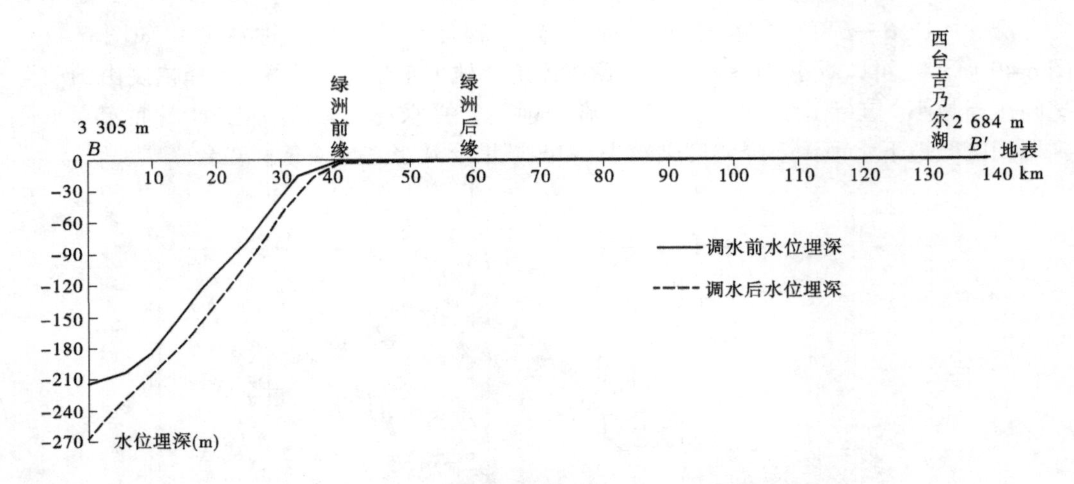

图 6-48　B—B′剖面调水前和调水后水位埋深对比

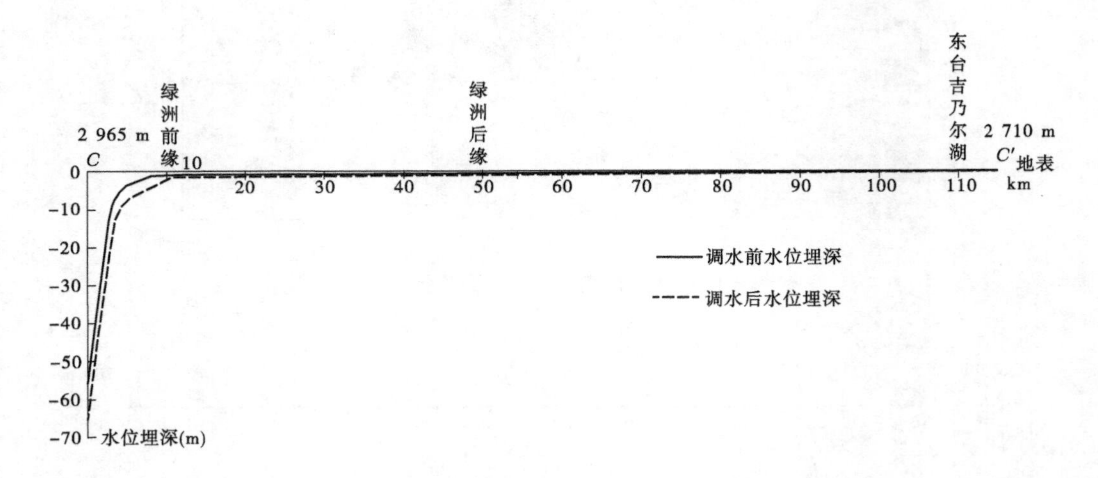

图 6-49　C—C′剖面调水前和调水后水位埋深对比

那河经出山口后山前戈壁区,该区域具备良好的贮水空间,河水大量垂直渗漏赋存其中。工程运行前,A—A′剖面山前戈壁区地下水最大水位埋深约 70 m,地表仅靠零星降雨补给,植被极少。山前戈壁区为山前平原区域地下水补给区,工程运行后,径流量减少对该区地下水位影响相对较大,水位下降 20 多 m,水位埋深增大到 90 多 m。

B—B′剖面的地下水埋深变化显示,山前隔壁区西部地下水埋深较深,超过 100 m,工程运行后地下水位埋深下降 30 ~ 50 m。C—C′剖面山前水位埋深相对 A—A′剖面小,工程运行后地下水埋深下降约 8 m。

(2)绿洲及盐化草甸区。

绿洲及盐化草甸区位于区域地下水径流和排泄区,地下水位埋深较浅。绿洲上游分布有宏兴水厂,工程运行前水位埋深 10 m 左右,工程运行后水位下降 3 m 左右,水位埋深增大到约13 m。而绿洲带前缘,工程运行前水位埋深0～0.5 m,工程运行后绿洲带前缘和东南角水位下降0～3.4 m,最大降幅出现在绿洲东南角,水位降深等值线向北移动1～2 km,水位埋深增大到0～3.9 m。工程运行对绿洲带前缘区域地下水位产生一定程度的影响。在绿洲带,*B—B′*剖面水位降深总体较*A—A′*剖面要小,*C—C′*剖面水位降深较*A—A′*剖面大。

在绿洲带后缘及盐化草甸区,工程运行前后水位埋深大致相同,表明工程建设运行对该区域地下水位影响很小。

(3)尾闾湖区。

尾闾湖区位于区域地下水的排泄区,根据模型模拟预测结果,拟建项目工程运行前后该区域地下水位埋深基本没有增大,工程运行对尾闾湖区的地下水补给量影响甚微。

3. 工程运行对地下水环境保护目标的影响

山前冲洪积平原地下水环境保护目标主要为平原中部的绿洲区、宏兴水厂和下游尾闾湖泊鸭湖。

1)绿洲区

工程运行20年地下水位重新稳定后,前缘地带水位出现一定下降,绿洲中缘及后缘水位几乎无变化。工程运行20年,水位影响程度最大区域位于绿洲东南角,最大降深3.4 m,该区域草甸前缘地下水位下降达2～3 m,水位降深1 m等值线已深入绿洲2 km左右;绿洲前缘水位影响程度最小区域位于西南角,该区域草甸前缘水位下降0.5 m,水位降深1 m等值线未到达绿洲。分析主要是由于拟建工程建设运行,那河下游河道沿线及河道东北向区域受地下水补给量减少影响最为直接,导致绿洲带东南侧水位变化较大;而绿洲带西南侧,地下水补给来源主要为东台吉乃尔河,因此受那河水利枢纽工程建设运行影响小。

2)宏兴水厂

宏兴水厂在工程运行20年后,水位下降2.9 m,水源地水位埋深增大,由10 m左右增加到13 m左右。根据《青海省格尔木市那棱格勒河地区水文地质详查报告》,水源地所在区域含水层为砂砾潜水含水层,厚度为110 m左右。水源井井深80 m,潜水泵位于地表以下30～40 m,水位埋深略微增加不影响开采井正常开采,但略微增加扬程,对水源地影响不大。

3)鸭湖

鸭湖位于评价区北部,介于东、西台吉乃尔湖之间。分析工程运行前后鸭湖所在区域地下水均衡的变化。根据模型计算结果,工程运行前湖区地下水流入17 144 m^3/d,流出17 143 m^3/d;工程运行后湖区地下水流入17 134 m^3/d,流出17 131 m^3/d。工程运行前后地下水均衡变化幅度为0.06%,前后水位基本不变。

6.3.4　模型预测结果合理性分析

评价区为一资料相对稀少的无人区,水文地质工作程度较低,会在一定程度上影响水文地质概念模型的不确定性。但对于本次地下水环境影响预测评价的重点区域——南盆地,由于宏兴水厂建设前期开展了那棱格勒河地区(那河出山口到绿洲带)水文地质详查工作,因此,在区域水文地质普查工作基础上进一步完善了较好的水文地质钻孔和水文地质剖面资料。同时,吉林大学在出山口到绿洲带开展了区域水循环、地下水数值模拟工作,积累了一个完整水文年的水位长观资料。此外,基于评价区地表水—地下水复杂转化关系,拟建项目可研工作期间,委托了水利水电科学研究院进行了评价区地表水—地下水转换关系专题研究,所有这些工作为本次地下水环境影响预测评价模型奠定了较好的基础资料,并为模型识别提供了监测数据。基于此,本次预测评价构建的模型及相应模拟结果总体应该可信。

地表水入渗补给地下水不同计算情景的设置会对模型预测结果产生一定的不确定性。工程建设前后,对区域地下水的主要影响是工程调水使地表径流量产生一定程度减少,进而减少了出山口地表水入渗补给地下水量,导致部分区域地下水位出现下降。工程建设并未改变地表水补给地下水的关系,也没有改变出山口段洪水等的产生及径流过程,因此工程建成后,出山口段仍会有季节性河流出现和洪水过程出现,沿着出山口下游季节性河流和洪水过程线,地表水沿途入渗补给地下水。而本次预测评价工程建设导致地表水入渗补给地下水量减少的工况,由于洪水期和季节性河流河床分布不确定,同时从风险评价最大化原则出发,模型中处理为南侧出山口段(即模型南部边界)补给量减少来进行计算的,基于此的模型计算结果评价区域地下水的影响大于实际工况影响。从该角度出发,本次模拟预测的地下水影响是工程建设可能产生的最不利影响。此外,径流过程具有季节特征,特别是在绿洲带植物生长需水高峰期,进行人工径流过程调节,根据模型预测结果,相应地下水位在年内也会出现 1 ~ 2 m 的波动幅度,在植物需水期地下水位较高。而目前地下水受工程建设对绿洲带的影响分析,是基于多年平均的水位降深结果进行评价,因此工程建设对绿洲带的实际影响也应小于目前基于多年平均水位降深进行的影响结果分析。

6.4　水环境保护措施研究

6.4.1　地表水环境保护措施

6.4.1.1　水库水质保护措施

库区管理机构应加强富营养化的巡查工作,制订处理应急预案;加强库区管理,禁止库区网箱养鱼,禁止下库游泳、划船等对水质有影响的活动;强化落实水土保持方案,加强水源涵养林保护和建设,尤其在水库库周应采取绿化措施,如栽植乔木、灌草等,进行空地绿化,形成对氮、磷的阻隔和吸滤带,减少向库区的汇入量;另外,利用水利设施的多目标优化调度,加快水体的流动性,也可达到改善水环境的目的,如洪水期多采用泄洪排沙洞和溢洪道泄流,可减缓水库富营养化的进程。

由于那河山区上游无水库工程,汛期高温融雪加上强降雨形成的洪水可能将上游的树木及其他可能污染水体的漂浮物带入库区,进而污染水库水体水质。鉴于主体工程在发电引水洞前设有拦污栅闸,以保护发电引水的水质和工程的安全运行,因此不需要配备专门的漂浮物打捞设施,打捞工作纳入工程的管理日常工作范围。

6.4.1.2　生活污水处理措施

水库运行期间,配备管理人员 74 人,按照生活用水标准 100 L/(人·d),污水排放系数 0.8 计算,生活污水排放量为 5.92 m^3/d,主要污染物为 COD、BOD_5、氨氮、SS,浓度分别为 300 mg/L、200 mg/L、50 mg/L 和 250 mg/L。沿用工程施工期管理人员生活污水成套处理设备,采用地埋式一体化生活污水处理装置一套,包括曝气系统、风机、水泵、控制柜、填料等。具体设计见“施工管理区生活污水处理措施”。此外,项目区位于高寒地区,昼夜温差大,最大冻土深度 105 cm,应对地埋式一体化生活污水处理装置采取保温措施。

处理后的污水回用,用于绿化及道路喷洒等,不可排入库区(库区水质执行Ⅱ类标准)。一体化生活污水处理装置采用 MBR 膜生物处理工艺,可有效去除 COD、BOD_5、氨氮等,经该设备处理的污水,出水水质能够达到《城镇污水处理厂污染物排放标准》(GB 18918—2002)一级 A 标准。

约每 3 个月清理的底泥与生活垃圾一起外运至格尔木市环保局指定的区域处理。

6.4.1.3　水资源管理要求及保护措施

(1)加强库区水质保护及生活污水处理措施,建立水源地水质保护体系,统一实施管理与监督水源保护的各项工作;严格落实受水区工业园区污水处理要求,提高受水区污染防治水平,提高污水处理能力,从源头减少污染物的排放量。

(2)严格控制那河流域外调水量规模在 2.69 亿 m^3 以内,统筹考虑察尔汗盐湖引水量和那河水利枢纽引水量。

(3)下泄足够的河道生态环境需水,保障流域内社会经济用水,做好那河流域水量监控设施建设,在工程引水渠首,以及那河出山口安装水量监控设施,严格执行水资源总量控制要求。

6.4.2　地下水环境保护措施

拟建项目运行调水,不可避免对坝址下游、特别是山前平原地下水位产生一定程度的影响,对地下水环境保护目标产生不利影响。因此,应严格监控下泄水量,保持适当的水量下泄。做好管理区旱厕防渗,加强地表水水质保护。做好地下水长期监测、跟踪评估等,重点在宏兴水厂、绿洲前缘进行监测。

由于那河流域地下水与地表水转化关系复杂,单独运用地表水或地下水模型均难以完成对整体水资源信息的预测。应结合新建地表水、地下水一体化监测站点网络,建立全耦合的分布式流域水文模型与地下水数值模型。

6.4.3　水环境监测措施

6.4.3.1　地表水环境监测

工程运行期地表水环境监测断面设置见表6-30。

表6-30　工程运行期水质监测断面设置

分区	监测断面	监测因子	监测频率
库区	库尾	pH值、SS、溶解氧、高锰酸盐指数、COD、BOD_5、氨氮、总磷、总氮、铜、锌、氟化物、砷、汞、镉、六价铬、铅、氰化物、挥发酚、石油类、阴离子表面活性剂(LAS)、硫化物、矿化度、粪大肠菌群等24项,水温、全盐量	每年丰、平、枯水期各监测2次
	库中		
	坝后(发电尾水出口下游200 m)		
乌图美仁河	乌图美仁河上游		
绿洲区	东台河入那河口		
尾闾	鸭湖进水断面		

水库运行期,在库尾河道中心处设置1个水温采样点;在库前垂向上的表温层、温跃层与滞温层布设3个水温监测点;坝下河道中心处、及两岸浅水区设置3个水温监测点;在出山口水流潜入地下前河道中心设置一个水温观测点。每年丰、平、枯水期各监测2次。

6.4.3.2　地下水环境监测

建立那棱格勒河流域地表水、地下水监测管理体系。有效保护区域地下水的前提是区域地下水动态特征的长期监测,监测年限暂定20年。布置地下水长期监测点10个,监测点位置如附图6-15所示,分别是坝址CG1、那棱格勒河出山口CG2、绿洲前缘(东侧)CG3、绿洲中部CG4、绿洲前缘(西侧)CG5、绿洲后缘CG6、宏兴水厂CG7、乌图美仁乡CG8、东台吉乃尔湖CG9和鸭湖CG10。出山口下游及绿洲、尾闾区的监测点,尽量和陆生生态监测点布置位置一致,同步进行地下水、地表水及陆生生态的监测。监测点信息及预估监测计划和费用见表6-31。由于区域内交通目前不是十分便利,建议水位、水温等采用自动仪器监测(应预留部分监测费用,以备仪器损耗),定期采集数据。监测数据及时汇总整理,根据长观数据构建水位和水力枢纽调水方案之间的回归方程,分析二者之间关联,为最终优化水库调水方案提供数据支撑。由于那棱格勒河流域地下水与地表水转化关系复杂,单独运用地表水或地下水模型均难以完成对整体水资源信息的预测。应结合新建地表水、地下水一体化监测站点网络,建立全耦合的分布式流域水文模型与地下水数值模型。此外,结合生态监测数据,分析地下水位、水质陆生生态演化间联系。

监测方法:采用《地下水质量标准》(GB/T 14848—93)和《地下水环境监测技术规范》(HJ/T 164—2004)。

表6-31　地下水环境长期监测计划和费用

监测井编号	监测井位置	大致井深(m)	监测因子	监测频次	井的性质	成井预估费用(万元)	监测费用(万元/年)
CG1	坝址下游	30	水位、水温	1月/次	新打井	18	3.6
CG2	那棱格勒河出山口	120	水位、水温、pH值、氯化物、溶解性总固体	水位、水温1月/次;水质每季度一次	新打井	72	2.4
CG3	绿洲前缘(东侧)	15	水位、水温、pH值、氯化物、总硬度、溶解性总固体		新打井	12	2.8
CG4	绿洲中部	15			新打井	12	2.8
CG5	绿洲前缘(西侧)	15			新打井	12	2.8
CG6	绿洲后缘	10			新打井	10	3.0
CG7	宏兴水厂	80			现有,水厂井		1.0
CG8	乌图美仁乡	50			现有,民用井		2.4
CG9	东台吉乃尔湖	50			现有,企业井		3.0
CG10	鸭湖	50			新打井	36	3.0
费用合计						172	26.8

第 7 章　生态环境影响与保护措施研究

7.1　陆生生态环境影响分析

7.1.1　生态完整性影响

工程建设对评价区自然生态系统生物量、生产力及稳定状况的影响均不大,其影响程度是可以承受的。工程建成后,评价区增加特殊用地,对区域景观格局会造成一定影响。其中,草地、稀疏草地和灌丛景观优势度相对有所下降,但下降幅度较小,对评价区的整体景观结构不产生影响。在景观多样性方面,评价区虽增加特殊用地,但其占用的主要是荒漠和盐碱地,景观多样性虽有所增加,但增加幅度较小,不会对该地区景观比例及复杂性造成影响。

7.1.2　对野生植物影响

7.1.2.1　对库区植被影响预测

水库建成后,库区生态环境发生了变化,水库淹没区由原来的陆地生态环境变成水生生态环境。天然植物被淹没,原来的自然河流变成深水型水体,将对库区陆生植物种类、数量和分布造成一定影响。据现场调查,库区分布的植物种类十分稀少,调查时仅发现了蒿叶猪毛菜、白刺、水柏枝、柽柳及冰草。因此,库区淹没对这些常见陆生植物的影响微弱。其中,水库消落带在正常蓄水位的情况下,柽柳还可以存活,只有在最高蓄水位时柽柳才完全被淹没。此外,对于库周植被,水库建设有利于其生长,该区域原有植被有可能会变得相对茂盛。总之,水库淹没引起的生物量损失有限,且可以通过生态恢复措施得到补偿。

7.1.2.2　对中游坝下减水河段植被影响预测

工程建设后,坝址至出山口段为主要减水影响河段,多年平均情况下减水河段内的来水量较建库前减少 23.5%,其中汛期减少量占建库前同期天然来水量的 19.8%,非汛期减少量占建库前同期天然来水量的 30.1%,水量减少可能对河道滩地及河道两侧植被带来一定的不利影响。

据现场调查,坝下减水河段河道下切明显,两侧山坡及高阶地基本与河流无直接的水力联系,无河谷林草分布,河段减水区阶地上实际分布的植物种类数量十分有限,主要灌木种类为蒿叶猪毛菜、珍珠猪毛菜及合头草,伴生的草本植物为雾冰藜、盐生草和沙蒿,基本上以天然降水维持生存,主要来自空气中的凝结水,因而坝下径流变化只要维持水面蒸发不变,对沿岸荒漠植被无明显的影响。分布在该区域的自然植被稀疏,灌木层盖度平均为 15% ~20%,而草本层的盖度平均在 5% 左右。所分布的这些植物种类多数具有相对较强的抗旱特性,生产季各时期对地表及地下水的需求没有太大差异,在确保必须的下泄生态流量后,原则上不会产生较为明显的不良影响。只要不出现长期断流的现象,一般不会造成植物种类死亡及植物群落消失的严重后果。山口至绿洲前缘的洪积扇以戈壁和沙漠为主,基本没有植被生存。因此,除长期断流的极端情况外,坝下河段减水不会对该区域植被造成明显的不利影响。

7.1.2.3 对下游绿洲区植被影响预测

1.流域洪水生态学意义

我国西北干旱区山前平原地区由于气候干旱,降水稀少,蒸发强烈,基本上是不产流区,只在稀遇情况下可形成短暂的暴雨径流,但其总量微不足道。干旱区的洪水基本上形成于山区,从洪水出现的时间上基本上可分为春汛与夏汛两大类,春汛发生的时间一般为每年的4~5月,夏洪发生的时间一般在每年的6~8月。由山地积雪融化所形成的春汛流量一般可为年平均流量的10倍或更多些。干旱区大部分地区是以夏洪为特点的,径流量为年径流总量的60%~80%,是全年径流量的主要组成部分。每年洪水总量往往与当年的年径流总量有着密切的关系,且洪水直接与山前平原地区广大绿洲息息相关。

洪水形成的垂直地带性可概括为:中低山带主要为暴雨洪水;中山带主要为季节积雪融水形成的洪水;高山带在冰川发育的地区,属于高山冰雪融水洪水(冰川洪水)。洪水的成因比较复杂,主要受积雪厚度、气温高低等诸多因素的影响。洪水主要可分为融雪型、降雨型、混合型三种类型。融雪型洪水发生在春、夏季,完全受气温控制,春洪以中、低山区季节性积雪消融为来源,夏洪以高山区冰川及永久性积雪消融为来源,这类洪水较有规律,有明显的一日一峰。在整个洪水期水量中融雪型水量占很大的比例。降雨型洪水洪量较小,一般与降雨笼罩面积、走向和强度有关,形成的洪水具有陡涨陡落的特点。混合型洪水为上述二种洪水的组合,多发生于夏季6~8月,具有洪峰高、洪量大及历时相对较长的特点。

那河下游绿洲区地表水和地下水的水力联系主要表现为该区为地下水溢出补给河水和表层植物用水。同时,河水补给时,河水入渗速率受河水径流影响明显,河水量丰枯季节性变化对地下水溢出速率有一定的影响,但总体影响较小,说明含水层的调蓄作用减小了河水流量变化对地下水溢出速率的影响。

夏季的自然洪水是绿洲前缘土壤水和潜层地下水的主要来源。其主要生态学意义为:①对绿洲前缘以柽柳、白刺等为主的多年生植物的更新和生长具有明显的促进作用,其中更新方式以根蘖苗更新为主,种子实生苗更新较少;②洪水使得绿洲前缘区域群落中的一年生杂草大量出现,群落物种多样性增加,群落盖度也相应的增加;③洪水可有效增加群落生境中土壤上层的水分和养分,同时改变了土壤养分在垂直剖面上的再分布,地表以下3 m范围内土壤速效N、P、K和全量P、K含量显著增加。从长远来看,这种洪水的生态学意义在于说明洪水作为一种生态脉冲对干旱区生态系统中荒漠—绿洲过渡带植物的更新、对绿洲地下水位的补充以及土壤养分的增加有重要的促进作用。

2.植被生态用水特征

那河流域共有多条集水河流。一个水文年中河水流量在4月和6~9月各出现一次峰值。4月是由于气温回升,气候变暖使表层的季节性冻土、山区积雪和河谷区的冰开始融化，液态水就地补给地下水和地表水，紧接着会使那河河水变大，冲洪积扇的潜水水位升高，促使河水流量增大；第二次峰值出现在汛期，是因山区降雨主要集中在6~9月，占全年降水量的70%~80%。因此，6~9月随着那河地表水流量的增大，地表水的渗漏补给量也增大，从而使潜水水位升高，地下水泄出量变大。由于水资源的时间和空间的分布不均，导致了水分的供应不能满足植被的客观需要，从而那河流域内生物的生态用水也具有自己独特的特征：在水分丰沛的时间或空间内，植被与生物的水分用量变大；而在水分时空配置不能满足植被生长的优越条件时，植被和生物的用水额度必然要减少。同时，那河流域内大部分天然植被都对盐分形成了适应性的机制，对于高矿化度、中矿化度和低矿化度等不同的水质具有不用的适应性范围，柽柳等植物的耐盐性最具有代表性。区域内的天然植被可以适应地表径流、地下水、土壤水等不同的水分来源。

3. 绿洲区水文情势及地下水影响

工程建设后，由于水库供水和库蒸发渗漏损失，那河年内月均径流量和流量等基本较建库前有所减少。出山口断面多年平均情况下径流量较建库前天然径流量减少22.3%，其中汛期减少量占建库前汛期天然来水量的18.9%，非汛期减少量占建库前非汛期来水量的32.5%。植被关键期6~9月减少量占建库前同期来水量的18.9%，地下水补给量较建库前减少1.70亿m^3，绿洲区泉水溢出量减少1.31亿m^3。多年平均情况下受水库建设引起水量减少幅度相对较大的月份主要集中在非汛期的11月至翌年4月以及汛期的6月，受水库供水影响下泄水量影响比例最大的是4月、6月和11月，并且4月和11月处于结冰期。其中4月为植物初始萌发期，需水量少，11月为植物生长末期，不受水量影响。6月那河进入汛期，上游来水量较多，但那河水库6月开始蓄水至正常水位以及水库供水等因素，使得6月河道下游来水量较建库前变化比例相对较大。

由于水文情势变化引起工程运行20年后戈壁带与绿洲带交界区域地下水位下降0~3 m，水位降深等值线向北移动1~2 km，由于水文情势变化及地下水位变化引起绿洲区前缘植被物种及盖度发生变化。

4. 对绿洲区植被生态用水的影响

水资源是干旱区社会经济发展的限制性资源。干旱区降水稀少，蒸发能力极强，地下水是十分活跃的因素，能够影响并在一定程度上制约一些自然过程及植被生长的方向和程度。当天然降水、冰川融水不能满足下游绿洲天然植被生长所需的生态用水要求，其生长基本依赖于地下水与土壤水的供给，一旦地下水的环境条件发生改变，天然植被不可避免的发生一系列变化。

下游绿洲区分布的天然植被均为耐盐喜温的草本、小灌木和灌木。以芦苇（*Phragmites australis*），白刺（*Nitraria tangutorum*），柽柳（*Tamarix ramosissma*）等构成该区盐化低地草甸。芦苇是一种典型的浅水植物，在适应我国西北干旱少雨的环境过程中，逐渐分化的旱生芦苇，成为绿洲区植物的优势种，其通过较为发达的根系利用土壤水分甚至地下水来维持生存。根据大量在干旱区绿洲对天然盐生草甸植被和灌木的研究结果，旱生植物的生长阶段耗水量不同，其中6月和9月土壤水分状况是植物生长的关键时期，在生长期内，4~6月耗水量不断增加，持续强烈的耗水作用会使土壤的水分含量降低，在干旱地区6月3.5 m土层储水量相较4月会有大约200 mm的下降。6~8月气温升高，生长处于一种稳定的状态,需要较为充足的土壤水分供给植物的生长。而 9 月是旱生植物一年中第二个耗水期,这一时期植物蒸腾作用强烈,与此同时地下水位不断下降,3.5 m 土层储水量与 6 月相差无几,也需要对土壤水分进行补充。10 月是旱生植物的生长末期,用水量较弱,这一时期土壤储水量也处于稳定状态。综上,水利枢纽的建设需要通过一定的径流下泄保证绿洲区 6 ~ 9 月的土壤水分含量来满足基本的植物生长用水量。

天然植被生态需水量可根据潜水蒸发蒸腾量的计算来间接确定,即用某一植被类型在某一潜水位的积乘以该潜水位下的潜水蒸发量与植被系数得到的乘积即为生态耗水量,计算公式为

$$W = \sum A_i E C_i K_i \tag{7-1}$$

式中:W 为某研究区天然植被生态需水量;A_i 为某一植被类型 i 在某一潜水位的面积;E 为某一计算单元水面蒸发量;C_i 为某计算单元裸地条件下 i 处某一地下水埋深时的潜水蒸发系数;K_i 为植被系数,即其他条件相同的情况下有植被地段的潜水蒸发量与裸地潜水蒸发量的比值。

由于绿洲区主要以芦苇植被为主,因此,参照相关学者在西北干旱区的研究成果,将绿洲区地下水埋深按 2 m 和 4 m 分为 2 个区,前者为以中高覆盖度为主的灌丛—芦苇盐化草甸,后者为以低覆盖度为主的杂类草—芦苇盐化草甸,以 WFO 提供的参考作物蒸发量和林草需水系数为依据,分别给出两个区域逐月生态需水参考值,见表 7-1。

表 7-1　不同覆盖度植被逐月生态需水参考值　(单位:mm)

月份	高、中覆盖度草地(芦苇)	低覆盖度草地(盐化草甸)
4	83	41
5	178	97
6	225	138
7	241	145
8	183	113
9	100	60
10	46	23
合计	1 056	618

可以看出,6 ~ 9 月是植被需水的高峰期,如何满足这 4 个月植被生态需水,保障绿洲植被正常生存是水库调节的关键问题。4 ~ 5 月植物开始生长,耗水增加,但因冬季积雪和冻土消融,大量水分补给土壤,保障这一时期植物的需求,至 5 月中旬土壤水分已被大量消耗,需及时补充,根据水库调度方案,为保障水库汛期进行防洪运用,5 月底水库水位需降至死水位,库存水量下泄能够补充土壤水分。6 ~ 8 月、9 月分别是植物第 1 个、第 2 个生长旺盛期,大量消耗水分,为保障植被的正常生长,需要在蓄水期加大生态下泄量,增加绿洲区地下水补给量,以补充土壤水分和满足泉集河涌水的需要。其中 7 ~ 9 月小于 15 年一遇的洪水全部下泄,能够进一步补充绿洲的生态用水;而 6 月水库处于蓄水期,下

泄水量有明显减少,9 月处于汛期末,来水及下泄水量较汛期 7、8 月明显减少,地下水位开始降低,为满足植被需水过程,6、9 月应通过人工调度各下泄 1 次洪水过程。

5. 工程运行对绿洲区植被的影响预测

1)植被根系与地下水埋深关系分析

评价区气候干旱,降水稀少,地表蒸发量极大,绿洲区植被生长主要依靠根系吸收地下毛细水,当地下水埋深较浅时,毛细水带供给植被根系水分较为充足;当地下水埋深较深时,毛细水带供给植被根系水分较少。当地下水埋深超出植被生长的生态水位范围时,植被生长会受到抑制甚至枯萎死亡,干旱区绿洲会发生退化。

根据刘圣(2014 年)、金晓媚(2010 年)等对干旱区绿洲植被的研究结果表明,干旱区影响植被地下水埋深极值约为 5.5 m,当地下水位埋深小于 5.5 m 时,地下水对植被生长发育具有明显的控制作用。

那河下游绿洲区总面积约 2 180.77 km^2,主要植被为芦苇、柽柳和白刺,芦苇属于干旱区草本植被,是那河下游绿洲区根系相对较浅的植被,最大根系深度为 3.0 ~ 3.5 m,毛细根系有效吸水深度在 2 m 左右,受地下水位变化影响相对较大;柽柳等属于干旱区灌木植被,根系相对较深,属较耐旱的植物,最大根系深度为 5.0 ~ 5.5 m,根系很长,可以吸到深层地下水,对水分的适应性很强。

2)地下水与绿洲区植被变化分析

根据 6.3.3 地下水环境影响预测与评价结果可知,区域地下水位在 20 年后达到一种新的平衡状态,故对绿洲区植被的影响可分为"工程运行 0 ~ 20 年"及"工程运行 20 年后"两个阶段分别进行预测分析。

(1)工程运行 0 ~ 20 年。

根据地下水位降深等值线特征,选择工程运行第 4 年、第 8 年和第 15 年作为典型年份进行分析,各典型年份对应的地下水位降深在 2 ~ 3 m 的绿洲区植被类型详见表 7-2。

表 7-2 典型年份绿洲区地下水位降深 2 ~ 3 m 植被类型 (单位:km^2)

地下水位降深典型年份	草地		灌丛		水域面积		荒漠及盐碱地		总计	
	对应面积	所占比例	对应面积	所占比例	对应面积	所占比例	对应面积	所占比例	对应面积	所占比例
第 4 年	78.86	3.62%	38.13	1.75%	14.29	0.66%	11.20	0.51%	142.48	6.53%
第 8 年	87.26	4.00%	45.49	2.09%	17.84	10.84%	14.03	0.64%	164.62	7.55%
第 15 年	27.33	1.25%	31.82	1.46%	9.89	0.45%	10.60	0.49%	79.64	3.65%

从表 7-2 中可以看出:在工程运行第 4 年、第 8 年和第 15 年,地下水位降深在 2 ~ 3 m 之间的区域面积分别占绿洲区总面积(2 180.77 km^2)的 6.53%、7.55%、3.65%,其中以芦苇为优势种的草地面积分别占绿洲区总面积的 3.62%、4.00% 和 1.25%,为地下水位下降的主要受影响区域。

那河工程运行 20 年期间,绿洲受影响区域主要位于绿洲前缘中心区域和绿洲东南角。其中,绿洲前缘中心区域地下水位出现先下降后上升的趋势,绿洲前缘中心带2 m水位降深等值线也随着时间先向绿洲后缘移动然后随着水位回升而逐步南移,绿洲前缘中心区域水位最大降幅可达3 m,随后水位逐步回升,地下水位稳定后最大降深为1.8 m;绿洲东南角,2 m水位降深等值线持续缓慢向北侧移动,在工程运行第15年该区域出现地下水位降深等值线大于3 m的部分,面积大约为4.1 km^2,至20年地下水位达到稳定时该区域面积可达到4.85 km^2。

在地下水位下降初期,植被根系会随着地下水位降深的变化而发生变化,由浅根变深根,随着地下水拐点过后,有所恢复。总体来说,绿洲区植被会随着地下水位埋深变化而受到一定影响。其中,柽柳等灌木植被根系相对较深、对水分有很强的适应性,随着地下水位变化所受影响有限;芦苇等草本植被根系相对较浅,有效吸水深度为2 m左右,绿洲区前缘地下水位下降2 m以上的草本植被生长会受到一定限制,具体表现为芦苇密度开始降低,高度增加,呈现明显的自疏特征;地下水位回升后,芦苇等草本植被面积相应恢复。

综上所述,在那河水利工程运行20年期间,受影响的植被面积呈现逐年增加而后减少直至最终达到平衡状态,随着绿洲区地下水位波动,芦苇等草本植被主要在生物量、盖度、组成多样性等方面发生变化,但仍可维持其生长,水位回升时该植被面积也有所恢复,能够维持绿洲区生态功能的基本稳定。

(2)工程运行20年后。

根据地下水现状流场,绿洲区前缘地带地下水位埋深为0~0.5 m。预测该水利枢纽工程运行20年后,现状条件下绿洲带前缘和东南角附近地下水位下降0~3.4 m,水位埋深变为0~3.9 m,草地后缘水位降幅很小,基本和建设前水位相同。绿洲区地下水位及植被变化预测分析见附图7-1、附图7-2。

根据绿洲区地下水位降深分布图可知,工程运行后对绿洲前缘有一定影响,绿洲带草甸前缘1~2 km处于地下水下降区域,面积约328.35 km^2,占绿洲区总面积的15.06%。

由于干旱区芦苇根系有效吸水深度为2 m左右,伴随着地下水位的下降,草地前缘地下水位下降2 m以上的区域,为绿洲植被的受影响区域,草本植被芦苇等的生长会受到限制。地下水位下降2 m以上的影响区域面积为59.02 km^2,其中草地27.51 km^2,灌丛14.33 km^2,水域面积6.26 km^2,荒漠及盐碱地10.92 km^2,植被覆盖度小于10%的区域占57.80%,覆盖度在10%~60%的占38.39%,大于60%的占3.82%。其中以芦苇为优势种的草地影响比例占绿洲区总面积的1.26%。

地下水位降深变化与绿洲区植被现状对照分析、地下水位下降区域各等级植被现状覆盖度详见表7-3和表7-4。

表 7-3 地下水位降深变化与绿洲区植被现状对照 （单位：km^2）

地下水位降深	草地		灌丛		水域面积		荒漠及盐碱地		总计	
	现状面积	所占比例	现状面积	所占比例	现状面积	所占比例	现状面积	所占比例	现状面积	所占比例
未变化	1 142.29	52.38%	138.44	6.35%	214.87	9.85%	356.83	16.36%	1 852.42	84.94%
0～2 m	161.65	7.41%	80.73	3.70%	13.22	0.61%	13.73	0.63%	269.33	12.35%
2～3 m	25.96	1.19%	13.06	0.60%	5.58	0.26%	9.57	0.44%	54.17	2.48%
3 m 及以上	1.55	0.07%	1.27	0.06%	0.68	0.03%	1.35	0.06%	4.85	0.22%
（下降区域）合计	189.16	8.67%	95.06	4.36%	19.48	0.89%	24.65	1.13%	328.35	15.06%
（绿洲区）总计	1 331.45	61.05%	233.50	10.71%	234.35	10.75%	381.48	17.49%	2 180.77	100.00%

表 7-4 地下水位下降区域各等级植被覆盖度 （单位：km^2）

植被覆盖度	0～2 m		2～3 m		3 m 及以上	
	对应面积	所占比例	对应面积	所占比例	对应面积	所占比例
＜10%	136.69	50.75%	31.11	57.42%	3.01	61.96%
10%～20%	34.20	12.70%	5.39	9.95%	0.33	6.72%
20%～30%	30.55	11.34%	5.14	9.49%	0.49	10.08%
30%～45%	35.83	13.30%	6.49	11.98%	0.62	12.79%
45%～60%	18.56	6.89%	3.92	7.24%	0.28	5.70%
60%～75%	9.13	3.39%	1.55	2.86%	0.11	2.30%
＞75%	4.38	1.62%	0.57	1.05%	0.03	0.52%
合计	269.33	100.00%	54.17	100.00%	4.85	100.07%

工程运行后，绿洲区前缘 1～2 km 范围内地下水位下降 0～3 m，该区域植被会受到一定影响。本次评价将地下水位下降区域分成降深 3 m 及以上、降深 2～3 m、降深 0～2 m区域，分别对绿洲植被进行影响预测分析。绿洲区植被变化预测分析见附图 7-2。

● 地下水位下降 3 m 及以上区域

地下水位在下降过程中的下渗速率以及运移状态随着气温、降水等气候因素的影响处于波动状态，随着地下水位下降，绿洲区最前缘即地下水位下降 3 m 及以上的区域植被对水资源条件的变化率先做出反应。由影像资料分析可知，该区域总面积约 4.85 km^2，其中植被面积约 2.82 km^2，包括草地 1.55 km^2、灌丛 1.27 km^2；植被覆盖度小于 10% 的区域占 61.96%，覆盖度在 10%～60% 的占 35.28%，覆盖度大于 60% 的占 2.82%。

地下水位下降初期，草本植被芦苇等的生长会受到限制，区域密度降低；柽柳等灌木短时间内生长停滞，由于柽柳等植被根系相对较深、对水分有很强的适应性，一段时间后即可恢复到原来的生长状态。

● 地下水位下降2～3 m区域

随着地下水位变化，降深2～3 m范围内的植被逐渐受到影响。该区域草地面积约25.96 km^2，灌丛面积13.06 km^2，水域面积5.58 km^2，荒漠及盐碱地面积9.57 km^2；植被覆盖度小于10%的区域占57.42%，覆盖度在10%～60%的占38.67%，覆盖度大于60%的占3.91%。

地下水位的下降会引起该范围内的部分植被受到影响，芦苇生物量、盖度、组成多样性等方面发生变化，具体表现为芦苇等湿生植被因水位降低而衰减，高盖度逐渐转变为低盖度，但芦苇仍可维持生长。

● 地下水下降2 m以下的区域

由于芦苇对应地下水埋深范围为2～3.5 m，柽柳等灌木对应地下水埋深范围为2～5.5 m，因此对于地下水位下降2 m以下的区域以及绿洲区后缘，植被影响较小。

综上所述，在工程建成运行20年期间，地下水位受天然来水影响而处于波动状态，总体趋势为下降，后逐步趋于平衡，且绿洲区植被受影响区域仅限于绿洲前缘地下水位降深超过植物根系有效吸水深度（即地下水位下降2 m以上）的区域，该区域面积共计27.51 km^2，占绿洲区总面积的1.26%。

项目区地处柴达木盆地西南部，那河下游绿洲对区域具有重要的防风固沙功能，根据现场调查绿洲区人迹罕至，属于天然绿洲，地下水的开采程度极低，绿洲演化主要依靠自然条件。总体而言，工程运行后对绿洲前缘的影响范围、影响程度有限，不会影响区域生态功能的发挥。运行期加强绿洲前缘植被和地下水位监测，对于芦苇等草本植被发生退化的区域通过人工种植柽柳、白刺等，保证绿洲区的植被覆盖度，可维持绿洲区的生态功能稳定。

6. 对盐化草甸的影响预测

盐化草甸区植被的演化趋势强烈依赖于土壤中的水分与盐分状况，根据水分和盐分的增加或减少而向草甸或荒漠（盐漠）方向演变。地下水埋深愈小，土壤积盐作用愈强烈，盐化草甸植被向盐生荒漠方向演替的强度就愈大，反之愈小。那河水利枢纽工程建设运行后，盐化草甸区的地下水位不会发生明显的改变，植被基本会维持现有的生长态势。

7. 对下游尾闾区植被影响预测

那河水利枢纽工程建设后，使得尾闾湖区多年平均情况下径流量减少1.52亿m^3，占建库前天然径流量的26.4%。虽然建库后会造成一定的水量减少，但因尾闾湖区现状水分盐度含量较高，几乎无植被生长，根据水环境影响预测，规划年尾闾湖区盐度会有所上升，不会改变现有湖区的性质，总的来说，该工程的建设对下游尾闾区植被基本无影响。

8. 坝下径流减少对荒漠植被的影响

水库坝下至出山口属于峡谷区，河道狭窄，深切至基岩，两侧山坡及高阶地基本与河流无直接的水力联系，其生长除靠天然降水外，主要来自空气中的凝结水，因而坝下径流变化只要维持水面蒸发不变，对沿岸荒漠植被无明显的影响。山口至绿洲前缘的洪积扇以戈壁和沙漠为主，基本没有植被生存。

7.1.3 对野生动物影响

随着那河水库的逐步实施,将会在评价区内形成新的生态景观格局,改变野生动物原有的熟悉环境,可能会因野生动物多疑、回避危险的本性而不再继续使用原有生境,进而影响到野生动物的生活习性改变及栖息生境破碎化,导致形成一定程度的不利影响。但是评价区绝大部分区段并未造成野生动物生境的实质性改变,其局部生境变化也不会对特殊地位造成实质性的伤害。野生动物虽有可能会在初期对部分地段(如蓄水区)产生短时猜疑,短时间内便可适应新的自然生境,恢复正常的生活规律。结合考虑建设期相对较长的因素,此类影响造成的后果极为有限且程度微弱。

7.1.3.1 对鸟类的影响

分布于评价区中的鸟类主要栖息于人烟稀少的悬崖、山地或绿洲中,觅食活动范围大,且主要活动在湖泊区及附近的灌丛、草地、荒漠半荒漠等食物较丰富的地区。那河水利枢纽主体工程区分布的鸟类很少,因此工程建设对它们的栖息地不会产生影响。对觅食活动可能有轻微影响,但因其活动范围大,捕食对象分布广,所以影响也很小。此外,工程实施后绿洲区前缘由于地下水位降深的变化会导致植被覆盖度及生物量的改变,但影响范围有限,对鸟类部分生境变化会造成一定的影响,工程实施后随着对绿洲区实施保护措施,能够减缓对鸟类生境的影响。因此,那河水利枢纽工程建设对鸟类的栖息地影响微弱,对觅食活动可能有轻微影响,但因其活动范围大,捕食对象分布广,因而工程运行期不会对生存造成明显的影响,更不会导致种群的灭绝。

7.1.3.2 对两栖爬行类的影响

评价区无两栖动物,分布有两类爬行动物,分别为青海沙蜥和密点麻蜥。青海沙蜥主要生活在青海高原的荒漠和半荒漠地区,植被稀疏的干燥砂砾地带是它们栖息的场所,白昼活动,草丛、灌丛下觅食;密点麻蜥生活在海拔 3 500 m 以下的高原、丘陵和盆地的干草原及荒漠、半荒漠边缘的灌丛地带。晴天一般 9 时左右外出活动,觅食各种小型昆虫及其幼虫。由于水库蓄水将淹没爬行类动物的适宜生境,密点麻蜥和青海沙蜥可能会迁移离开影响区。因此,那河水利枢纽工程建设对两栖类和爬行类基本无影响。

7.1.3.3 对哺乳动物的影响

在评价区分布的哺乳动物,其栖息的生境类型主要为各类高山裸岩、高山灌丛、草甸草原、山地森林、荒漠半荒漠、干草原、羌塘草原、沼泽草甸等地。其中,鼬科、鼠兔科和鼠科多栖息于工程直接影响区内海拔较低的山间河谷灌草丛、河谷荒滩地及流石山坡。犬科、猫科、熊科、鹿科、牛科、马科等物种栖息于工程直接影响区内较高海拔的高山林地、草甸、裸岩石砾、流石山坡及岩峭等地,其趋避和活动能力较强,在海拔较高的山顶分布有大面积适宜各类哺乳动物生存活动的栖息环境。因此,那河水利枢纽工程建设对它们的影响较小。

7.1.3.4 对重点保护动物的影响

评价区分布的 8 种国家重点保护哺乳动物中,其生境类型多为高山灌丛、干草原、荒漠半荒漠、草甸草原、山地森林及裸岩石砾。河段下游为大型野生动物的饮水点。运行期,下游水量减少影响到大型哺乳动物的水源,但评价区分布的动物种类有限,只要保证下游河段不断流和在动物饮水时段采取减少运输和人类活动的措施便不会威胁到野生动物的正常饮水。水库蓄水后将占用、淹没部分河谷浅水区，使原来生长的植物群落被淹没而死亡，其间的动物栖息环境发生改变，由于评价区分布的保护物种多以禾本科植物及盐碱类草本植物为食，活动能力强，且评价区物种单一，工程占用的植物数量有限。因此，水库蓄水及运行初期对保护物种的食源区影响也十分有限。

道路阻隔影响方面，大型动物一般都具有比较大的活动领域，道路分割了保护动物的活动区间，保护动物需经常穿越道路觅食和寻找配偶，阻隔效应的大小与保护物种的运动能力、道路宽度和交通量有关。评价区分布的大型保护动物中，藏野驴是青藏高原特有的野生动物物种，喜群居，擅奔跑，且位于那河上游，工程建设不会对其产生影响。活动于坝下减水河段的藏原羚个体很小，其集群规模以2～8只最为常见，个体小以及集群规模小造就了藏原羚生性机警的特征，能够及早发现捕食者，减少被捕食的概率，从而能够迅速适应高捕食风险的环境。藏野驴和藏原羚的分布区远离工程直接影响区，工程建设和运行道路阻隔对其基本无影响；鹅喉羚生性胆怯，行动敏捷，跳跃能力较强，夏、秋季多集小群或分散活动，初冬集大群，以后又分散成小群活动。施工道路的新建和改建导致野生动物成为道路附近高捕食对象，动物本能会产生回避道路的行为，当干扰具有一定规律维持一段时候后，大多数动物对干扰的敏感度降低，能够逐渐适应干扰的存在或寻找新的生境。考虑工程新建施工道路仅有8 km，大部分采用原有便道改建。因此，道路产生的阻隔影响有限。

其他保护物种中，藏雪鸡、高山雪鸡、棕熊、荒漠猫均位于那河上游高山灌丛带，工程建设对以上5种动物几乎无影响；工程占地区岩羊在区域广泛分布，水库蓄水淹没一定的生境，对局部活动范围产生影响，会重新找到适宜的生境生存；坝下减水河段分布的兔狲、鹅喉羚因运行期没有改变其生境条件，几乎无影响；绿洲及盐化草甸区分布的赤狐由于前缘植被盖度发生变化对其生境产生一定的影响，但影响范围有限，周围适宜生境较大，不会对数量产生影响；分布于尾闾湖区的疣鼻天鹅，虽然工程建设后尾闾湖区面积有一定的缩减，但影响程度有限，不会对疣鼻天鹅生境产生大的影响。

总的来说，运行期对动物生境条件改变有限，并且评价区类似生境广泛分布，严格控制施工人员活动、施工时间、施工作业范围、施工道路后，那河水利枢纽工程对评价区内分布的国家重点保护动物影响十分有限。

7.1.4　生态系统影响预测

那河水利枢纽工程的建设，从工程建设活动对植被覆盖区的占用以及水库大坝建设改变了那河流域的水文情势，库区水域面积增大，下游形成减水河段等方面对库区及以下河段陆生生态环境产生一定的影响。工程供水后引起坝址以下河段河道内来水量减少，地表地下径流转化关系引起地下水位下降，对依赖于地下水的绿洲前缘植被产生一定的影响，但工程运行后由于地下水位下降引起绿洲前缘的影响范围、影响程度有限，不会影响区域防风固沙生态功能的发挥。工程建设运行对评价区域生态系统的影响是可控的，不会引起生态系统的异常转变。

7.2 水生生态环境影响分析

7.2.1 对水生生境影响

那河水利枢纽的建设与运营直接对那河干流形成了阻隔,库区河段流水生境改变为静水生境,造成部分河段生境的破碎化及异质生境丧失,主要表现为生境类型转变和连通生境被分割成两个河段,对于水生生物来说,生境的改变降低了物种迁移和散布的速率以及局部水域群落结构的转变。

运行期那河水库为不完全年调节水库,库区以丰水期蓄水、枯水期供水,供水后下游河道水量将会减少,鸭湖入湖水量减少,对下游生态会造成一定的影响。该河段河流型生境转变为湖泊型生境,湖泊生境为该河段鱼类的适宜生境,适宜生境的增加和生产力的提高将有利于高原鳅种群的增加。该水利枢纽坝高 78 m,库区水温存在分层现象,下泄水温冬季高于建库前河道水温,夏季低于建库前河道水温,下泄水对河流生态会有一定的影响。大坝的阻隔效应导致的水生生态环境破碎化,将会对整个河道的水生生物和生态完整性造成影响。

7.2.1.1 生境破碎化

该河段原有连续流水生境被那河水利枢纽大坝所隔离,生境的破碎改变了原有生境能够提供的食物的质和量,并通过改变水温、流速等水文条件来改变隐蔽物的效能和物种间的联系,增加坝下部分河段的捕食率和种间竞争,并放大了人类的影响。另外,生境破碎显著地增加了边缘与内部生境间的相关性,使小生境在面临外来物种和当地有害物种入侵的脆弱性增加。生境的改变使原物种栖息地适宜度下降,物种不易扩散,残存的斑块形成了两个不连通的“生境岛屿”。生境的破碎化在减少部分鱼类栖息地面积的同时也增加了生存于这类栖息地的动物种群的隔离,限制了种群的个体与基因的交换,降低了物种的遗传多样性,威胁着种群的生存力。

7.2.1.2 异质生境丧失

那河库区形成后,库区河段原有流水生境转换为静水或缓流水生境,异质生境在库区河段消失,会对水生态环境和部分水生生物产生影响。调查发现工程河段水体流速较大,水体透明度低,生产力较低,非喜缓流生境鱼类的适宜生境,异质生境减少,但静水水面增大,水体透明度上升,库区水温增高,有利于水体生产力的提高。随着浮游动植物生物量的增加,底栖生物、鱼类资源饵料来源充足,鱼类资源量在库区河段会增加,库区浅水水域的增加有利于产卵场的形成,有利于鱼类产卵繁殖。由于生境的改变基本不会影响高原鳅类的繁殖,所以随着饵料和适宜生境的增加,其种群数量也会增加。

7.2.1.3 坝下水文情势变化对生境的影响

那河水利枢纽工程向格尔木、茫崖、冷湖供水量占流域总水资源量的 19.0%,由于工程供水引起坝下减水河段水文情势发生时空变化。通过分析鱼类群落组成、空间分布和生态习性,认为那河流域无特殊需水目标鱼类(洄游或大型鱼类),均为小型鳅科鱼类,其对水量和流速要求较低,适宜浅水缓流区索饵、繁殖,但需具有一定深度的水潭越冬。

受水量减少影响的水生生境为坝址至出山口河段、地下水渗出河段至鸭湖。供水后，峡谷河段流速下降、水深变小、梯级电站库尾库区缓流和静水水体仍会保持，该河段高原鳅的繁殖和索饵不会受到较大影响，其种群可以保全，水生态环境仍可保持平衡。

工程建设后，地下渗出汇集河至鸭湖水域受上游工程供水影响，水量将会减少。出山口断面多年平均情况下径流量较建库前天然径流量减少22.3%，地下水补给量较建库前减少1.70亿m^3，泉水溢出量减少1.31亿m^3，该河段上游70%以上来水主要集中于丰水期，多为洪水，非水生态环境可利用水资源，该区域水生态环境功能完整性和面积的稳定依赖于地下水的渗出汇集，供水后，在保证仍有地下水渗出的情况下，该河段的水生生物群落结构和物种多样性仍可保持。

鸭湖区多年平均情况下，水量较建库前天然来水减少28.2%，建库后面积在120～200 km^2波动，较天然状态下盐度上升速度会加快，仍处在微咸水湖向咸水湖泊演替的过程中。水生生境变化不大，水生生物群落结构和物种多样性仍可保持。

7.2.2　对浮游生物影响

那河水利枢纽建成运行后，原有的河流急流生境将变成湖泊生境，水面面积增大，局部水域水温升高，浮游植物的种类和数量均会发生变化。水体流速减缓，水体营养物质滞流时间延长，泥沙沉降，水体透明度增大，浮游生物光合作用增强，繁殖能力上升。被淹没区域土壤内营养物质渗出，水中有机物质及营养盐将增加，这些条件的变化均有利于浮游植物的生长繁殖，生物量增加。一段时间后会趋于稳定，群落组成将会发生改变，硅藻等清水藻类将是其主要类群。随着浮游植物生物量的增加，浮游动物种类会发生变化，生物量将会增加。轮虫类种类和数量可能增幅较大，枝角类和桡足类将会出现并成为常见种，但原生动物的优势种地位不会改变。由于该水库位于高海拔地区，水温常年维持较低水平，水体初级生产力较小，所以对浮游动物的影响不大。

7.2.2.1　对浮游生物种类组成的影响

经过实地调查分析，该河段的浮游动、植物种群数量较小，生物量较低，物种多样性较差，浮游动物现存种类丰度较低，属于生态脆弱型群落，易受到破坏而不易恢复。所以，工程建设期对浮游生物有一定的影响，但从整个河段来看，群落组成将不会发生较大的变化。

工程运行后，库区河段浮游动植物种类组成将由河流型转变为湖泊型或湖泊型与河流型混杂的状态，在非库区河段其种类组成将不会有明显变化。由于该河段所处的地理环境因素较特殊，在该河段浮游生物物种存量有限，虽然群落中物种组成变化不大，但单个物种的种群数量可能会发生较大变化。工程属不完全年调节水库，水体交换速度慢，库区稳定的水体有利于浮游生物的繁衍，库区河段浮游生物生物量相对增加。

7.2.2.2　浮游生物的种群数量和生物量

运行期库区生境有利于浮游动、植物的繁殖与生长，该区域的浮游动、植物的种类和生物量会上升，但受地理位置、气候条件、低温水、高泥沙、透光差等因素的限制，增加的幅度不会很大，经对比龙羊峡库区历史资料证实了这一点。总体来讲，工程建设不会对浮游生物种群和生物量产生明显影响。

7.2.3 对底栖生物影响

那河水库位于柴达木盆地，为干旱区，河流水量主要靠上游雪山融水，水体营养物质匮乏，水温较低，水体生产力较低，且该河段水流湍急，实地调查中在坝址河段未调查到底栖生物。工程运行后，由于淹没使库区营养物质增加，加上库底底质泥沙化，由砾石、砂卵石为主逐步向泥沙型、淤泥型发展，浅水区域的增大和饵料的增加对该区域底栖生物适宜生境有利，使种类及数量增加，最终趋于稳定。

总之，运行后库区的形成对底栖生物生境有利，使种类及数量有所增加并趋于稳定。但由于该河段底栖生物较少（坝址河段未采集到），生物损失量较小，综合分析认为：工程建设运行对该河段底栖生物影响不大。

7.2.4 对水生植物影响

调查发现由于该河道频繁的水位变化和洪水冲刷，河道稳定性较差，具有一定的游荡性，湿生、水生植被无法附着生长，工程涉及河段两岸为裸露大型砾石、沉积泥沙，边滩湿生植被和河道水生植物无适宜生境，生物量较小。

水库蓄水过程中水位上升会淹没原有的水生植物和在河岸交错带的湿生植物，淹没到一定范围会影响植物光合作用和呼吸作用受阻，从而造成水生植物死亡；淹没区分布少量多年生乔木，在此不做评价。运行期形成消落带，频繁的水位消涨导致河床和河岸较不稳定，对挺水植物和水生植物的生境破坏较大，消落区内植物生存困难。

运行期随着库区蓄水量的提高，库周湿度将增加，有利于湿生植物的生长，在新的水陆交错地带，会形成新的湿生植物群落，水域面积更大，湿生植物生物量将会增加。

综上，考虑现状边滩湿生植被和河道水生植被生物量较小，所以工程运行对湿生和水生植物的影响有限。

7.2.5 对两栖类影响

对两栖类影响主要为建设期的驱赶作用，但该河段未调查到两栖类动物，查阅历史资料则未发现有明确分布记载，工程本身为非污染生态类项目，运行期水域面积增加，浅水水域、静水环境的增多有利于两栖类的繁殖和生存。

7.2.6 对鱼类影响

7.2.6.1 对鱼类生态环境影响

大坝产生的阻隔效应和水文情势的时空改变对该河段鱼类生境产生一定影响。工程的建设使得大坝以上 11.68 km 河段水流变缓，水深变大，水面更加宽阔，河流型转变为湖库型，有利于水生生物的繁殖和生长，也为鱼类的索饵、越冬提供了更为理想的场所，但水库形成后淹没了河段内大部分的湿地和河道，该河段的阶地、浅滩以及激流水域均将随之消失，造成部分鱼类在短期内失去产卵场，鱼类繁殖受到一定程度的影响。大坝以下减水河段受水库下泄水量变化的影响，水位的变化会形成一定的消落区，消落区对在边滩、浅水区产卵的小型鱼类繁殖干扰强烈，鱼类栖息地稳定性和完整性有所降低。

7.2.6.2　对鱼类群落结构影响

水利枢纽建成后由于水文情势发生时空变化形成库区，静水和浅水水体的大面积出现，河道型产卵场将会被库区型所取代，产黏性卵和沉性卵鱼类将会形成较大种群。库区适宜小型鱼类的栖息地增多，有利于小型鱼类的繁殖、生长，小型鱼类种群规模在该河段会明显增加。该河段土著鱼类自然分布状态并不是全河段平均分布，种群密度是上、下游大中间低，呈"V"态势，库区的形成会延续这一现象，但上游种群规模会有所增加。库区的形成可能还会引发外来鱼类品种入侵，并迅速形成优势种群，破坏大坝以上河段土著鱼类的原有区系平衡，压缩、抑制该河段土著鱼类的生存空间。河流流水生境减少，湖泊生境增加，可能使经过长期自然选择而适应流水生境的高原鱼类的生存环境大幅度减少，使部分原来生活在该河段鱼类的产卵场功能退化，种群繁衍能力降低，进而导致群落结构改变。

由于工程调度运行使得干流坝下河段受上游不稳定来水影响，水位每天涨落范围在0.2～1.0 m，调度洪峰有利于刺激产卵期的鱼类洄游、产卵，但对于在岸边浅水区产卵的鱼类造成不利影响。工程运行过程中消落区的形成，使得产在低水位线之上的鱼卵会失水、缺氧死亡。而水体的涨落，会在河滩消落区形成很多小的积水洼地（特别是天然河床遭到破坏形成的沙坑等），高原强烈的阳光照射，使水温迅速升高，适合小型鱼类的繁殖（如鳅科等），这类鱼在局部水域会形成优势种群。结合该河段鱼类生态习性特点认为水位变化对那河流域鱼类组成和群落结构产生影响较小，种群组成基本不变，群落结构仍可保持稳定。

7.2.6.3　对种质资源影响

大坝建设将对原有河流产生阻隔，大坝上、下游河道原本的一个生物群落快速阻隔成两个相对独立的群落，单个种群规模变小，基因交流受到一定的阻碍，使近亲繁殖的概率增大，破坏了原有基因多样性，但上下游河段仍有相对稳定和较大规模的种群，所以基本不会导致种质资源的退化。同时，流水生境淹没，水生生物由河流向湖泊演变，鱼类饵料结构发生变化，相应地鱼类的种类组成和群落结构也可能会相应发生变化，流水性鱼类向库尾及坝下河段迁移，土著小型鱼类在库区深水河段的资源量会大幅度下降，甚至在库区消失。但在该河段以浮游生物为食的缓流、静水性鱼类成为优势种群。考虑现状调查那河流域鱼类物种多样性较差，分析认为工程建设前后该河段鱼类种类组成不会发生较大变化，但种群规模会变大，资源量会增加。

7.2.6.4　河道水温变化对鱼类影响

评价河段地处青藏高原，那河的形成主要来自上游雪山融水和降水汇集，上游水温随季节变化不大，中下游水温受气候环境和水文情势影响，河道内微生境单元和主河道水体温度差别较大。如中下游河段主河道水温和回水湾、静水缓流浅水区水温有所差别，这与水体流速、深度和接受日光量有关。调查发现高原鳅类繁殖行为主要在水深较浅，静止或缓流的高水温环境中进行，评价河段水温在12.6～26.1 ℃，同一河段主河道水体水温与边滩水温差别也较大，同一河段产卵场水体日间温度甚至可高于主河道水温6 ℃以上，而高原鳅类的产卵繁殖主要在水温较高的浅水水域进行，仔幼鱼的索饵也在该类型水域。调查发现同一种类高原鳅在那棱格勒河下游繁殖期差别较大，鸭湖高原鳅产卵要早于上游河段 1 个月以上,可见该流域鱼类的繁殖主要依赖于静水缓流微生境,可耐受一定程度的主河道水温变化。

那河水利枢纽坝高 78 m,库区水体存在水温分层现象,夏季下泄水温比自然水温低,冬春季节下泄水温比自然水温高,坝下 7 月下泄水温比天然河道温度低 4.66 ℃,3 月要高 2.01 ℃。坝址至出山口河段,受气温、太阳辐射等的影响,下泄水有一定复温现象。冬春季节出库水温变高、库区浅水缓流区增多(水温较高的微生境单元增多),有利于小型鳅科鱼类的繁殖,库区河段高原鳅产卵期会有所提前,但仍会晚于鸭湖产卵期而早于上游河段产卵期。夏秋季节水温降低可导致水体生产力下降,导致坝下至出山口河段鱼类饵料的减少,可能对亲鱼产生一定的影响,间接影响产卵繁殖。

由于该河段鱼类均为小型定居型鱼类,无严格的繁殖洄游需求,而繁殖行为主要依赖于较高温度的浅水缓流区,冬春季节的河道水温升高将对该河段鱼类繁殖产生一定程度的积极影响。夏季水库下泄水水温低于天然河道水温,会导致坝下至出山口河段水温下降,但出山口以后河流进入潜流河段,在泉水汇集河(绿洲区)水温会恢复自然状态,不再对河道鱼类产生影响。综合来看,受下泄水水温影响河段仅为坝址至出山口河段,影响河段较短,该河段为峡谷生境,不是那河鱼类主要分布区,认为下泄水水温变化对那河河道水温的影响范围较小,对那河鱼类影响较小。

现状调查出山口以下漫滩段无鱼类分布,出山口至绿洲区之间已进行地表地下转化,到达绿洲区后基本和建库前天然水温一致,因此主要受影响范围为坝下至出山口河段。该河段已建二级电站,电站库区调蓄对夏秋季下泄水温影响有所缓解,水温影响有所减弱。同时,结合那河高原鳅上、中、下游鱼类繁殖期天然状况下相差接近 2 个月,因此由于水温导致坝下鱼类繁殖能力丧失的可能性较小,不会对鱼类区系产生影响,下泄水温影响鱼类可接受。

7.2.6.5　水量变化对鱼类繁殖影响

那河流域仅分布有高原鳅类,产卵场水深最低要求为大于鱼类的体长。目前,那河鱼类产卵场水深多小于 0.5 m,调查发现该河段小型鳅科鱼类体长多小于 10 cm,理论上水深大于 0.1 m 即可满足生长需求,所以分析认为该河段生境条件可满足河道内所有土著鱼类的繁殖需求。

那河枢纽工程年内下泄水量最大的月份为 4、6、11 月,坝址断面多年平均情况下减水量分别为 69.89%、50.40% 和 49.85%。通过资料分析发现,那河终冰在 4 月中旬,此时期鱼类索饵活动增强,离开越冬场,水量减少对其索饵行为会产生一定的影响。6 月是鱼类和其他水生生物的关键需水期,是鱼类的繁殖期,水量减少可能会对鱼类的繁殖产生影响,但分析发现,供水后下泄水量与工程建设前 5 月多年平均水量相当,水量可满足鱼类繁殖需求,影响不大。11 月那河进入冰封期,鱼类已进入越冬场,处于越冬期,该时期鱼类主要集中于梯级电站库区、鸭湖等深水区,减水影响较小。总体来看,减水影响最直接的河段为坝下梯级电站所在的峡谷河段,该河段水深较大,已建有水电站两座,形成了 3 ~5 km小型库区水体,减水对该河段的水文情势影响相对较小,作为鱼类产卵繁殖、索饵和越冬场所的库区依然存在,其功能性仍可保持完整,减水影响较轻微。出山口后河流进入漫滩,经过地表地下水转换,在绿洲区重新溢出汇集成河,减水后,地下水位线下移,但仍有泉水溢出,仍会汇集成河,根据该河段鱼类的生态习性和对水量的要求,评价认为工程建设后绿洲区产卵场仍可满足鱼类生存需要。

鸭湖为防洪渠修筑后形成的人工湖,于2008年后形成。鸭湖形成初期为淡水湖,目前已演变成微咸水湖,受湖区土壤盐碱地析出和湖区蒸腾作用影响,鸭湖盐碱化较快,从较长的时间尺度上来看,鸭湖演变成咸水湖是必然的趋势。工程建设会在一定程度上加快鸭湖盐碱化的速度,但不会改变盐化趋势。鸭湖水体盐化是自然规律,微咸水生境不可维持,随着水体盐度的增加,鸭湖内水生生物会向入湖口河段退缩,生境将会被逐渐压缩,在水体盐度超过水生生物耐受度后,湖区资源量锐减。

综合以上分析:工程进入运营期,引水会导致坝下至出山口、泉集河和鸭湖入湖水量减少,坝下至出山口为峡谷河段,水深3~20 m,那河水利枢纽运营后,该河段水文情势不会发生大的改变,流量过程变化符合原自然水文节律,该河段生境不会发生明显变化。泉集河段由于地下水位埋深发生变化,地下水汇集量会相应减少,由于高原鳅类对水深要求较低,5~10 cm水深即可满足索饵、繁殖需求。泉集河水量减少,但地表径流状态不会改变,所以不会影响该区域鱼类的分布。水库运营期鸭湖入湖水量会减少,根据预测,运营期鸭湖水面面积会萎缩,丰水期萎缩量不大于20%,枯水期面积则基本保持不变,鸭湖为人工湖,水体盐化是必然的趋势,目前湖水矿化度已大于4 g/L,矿化度仍以每年20%左右的速度递增,当矿化度达到35 g/L时,则演变成盐湖,湖区将不再适宜鱼类等水生生物存活,生态意义将会消失,水利枢纽的建设运营会加速该过程,且工程的存在与否不会对鸭湖盐化的趋势产生较大影响。所以,下泄水量的减少不会对坝下峡谷河段和泉集河高原鳅的分布和资源量产生较大影响,不会改变鸭湖盐化的演变过程。

那河水利枢纽工程库容较大,初期蓄水时间较长,在初期蓄水时应保证下游生态流量,蓄水时间应避开鱼类繁殖期(5~6月),结合鱼类重要生境基本情况和工程特性,分析认为工程运营导致的下游水量减少对鱼类和水生生态环境造成的影响不大。

7.2.6.6　坝下溶解气体过饱和对鱼类影响

天然水体由于高坝泄水可能出现溶解气体(溶解氧和总溶解气体)过饱和,水体溶解气体过饱和程度较高且维持较长时间的情况下,可能导致鱼类患气泡病甚至死亡。由于泄洪水流流速大、压强高、紊动剧烈,泄洪时坝下短距离内一般无鱼类长时间停留。其影响主要是坝下河道总溶解气体过饱和水体。研究表明距离大坝较近的浅水区域鱼类受过饱和气体影响较大。国内研究表明:过饱和气体>110%~130%时,鱼类会出现气泡病现象,这种病会在鱼类肠道上或体表和鳃上产生大量的气泡,使鱼体游动时失去平衡,病情严重时可引起鱼类的大量死亡,尤其对鱼苗的危害最大,不同鱼类耐受程度有区别。目前还没有专门开展水体过饱和气体对高原鳅的影响研究,但根据高原鳅的生活习性分析,其耐受程度应高于大个体鱼类,影响阈值也会高于鲫鱼、大马哈鱼等。

高坝下泄水产生的水体过饱和气体主要影响坝下河段鱼类,其影响不大。首先,气体过饱和主要是高坝泄洪所致,对应典型年(丰水年),那河水库汛期7、8月泄洪时,通过水面下45~48 m的泄洪洞下泄约117 m^3/s的水量,对应水温为4 ℃左右。考虑到那河水库泄洪频率小,且下泄洪水水温较低,另采用挑流鼻坎消能等措施,气体过饱和现象并不显著。其次,高原鳅类耐受性高,坝下河段资源量小。实地调查发现那河水库坝下河段生境具有独特性，那河水库下泄水经过约 40 km 峡谷生境后，进入地下潜流，峡谷生境存在两个梯级电站，有少量鱼类分布，潜流发散生境未调查到鱼类，均不是高原鳅类适宜生境，下泄水量经过两个低坝梯级存蓄后下放，水体过饱和现象会得到缓解。再次，影响河段为坝下至出山口约 40 km 河道，出山口后进入潜流，径流在进入地下后在绿洲区形成泉水，外溢过饱和现象会消失，不会影响泉集河和鸭湖鱼类。

综合来看，水体过饱和影响河段较短，对敏感目标影响不大，不会造成区域内鱼类群落结构和物种多样性的改变。

7.2.6.7　调水和电站调节运行对鱼类影响

那河水利枢纽工程向格尔木、茫崖、冷湖供水量占流域总水资源量的 19.0%，由于工程供水引起坝下减水河段水文情势发生时空变化。通过分析鱼类群落组成、空间分布和生态习性，认为那河流域无特殊需水保护鱼类(洄游或大型鱼类)，均为小型鳅科鱼类，其对水量和流速要求较低，适宜浅水缓流区索饵、繁殖，但需具有一定深度的水潭越冬。受水量减少影响的水生生境为坝址至出山口河段、地下水渗出河段至鸭湖，供水后，峡谷河段流速下降、水深变小、梯级电站库尾库区缓流和静水水体仍会保持，该河段高原鳅的繁殖和索饵不会受到较大影响，其种群可以保全，水生态环境仍可保持平衡。工程建设后，地下渗出汇集河至鸭湖水域受上游工程供水影响，水量将会减少。出山口断面多年平均情况下径流量较建库前天然径流量减少 22.3%，但高原鳅类为小型定居型鱼类，在有越冬生境存在河段，其索饵繁殖水体水深超过 5 cm 即可完成，由于那河鱼类越冬场主要位于峡谷梯级电站库区和鸭湖，工程运营后水量的减少基本不会改变现有越冬场的水深，所以径流减少不会对鱼类资源产生较大的影响。那河水库运营期日内不调峰，泄放水量根据天然来水确定，同时坝下两个小型梯级电站具有一定的反调节作用，所以坝下河段水量日内变化与建库前相比不会发生较大的变化，日间非恒定流影响不明显。

7.2.6.8　对保护性鱼类影响

该区域鱼类资源历史资料匮乏，鱼类本底资料处于空白状态。中国水产科学研究院黄河水产研究所 2014 年的规划环评对坝址至下游公路桥河段进行了水生态调查评价，在本区域共调查到鳅科鱼类 1 种。通过走访了解该河段无大型经济鱼类和裂腹鱼类，本次调查共采集到鳅科鱼类 4 种，未采集到地方或国家保护类或“三有”鱼类。

7.2.6.9　对鱼类“三场一通道”影响

该河段鱼类为高原鳅，游泳能力不强，鱼类的适宜生境较分散，而且该河段鱼类产黏性卵，不需要繁殖洄游，繁殖适应性较强，在施工期鱼类会向施工点上下游河段迁移寻找新的产卵场，因此工程建设对该河段鱼类的繁殖产生影响不大。

1. 索饵场

根据该河段的渔获物组成的情况，以及水生生物的数量和生物量的情况，分析认为评价调查河段的水域基本满足该河段鱼类的索饵需求。那河枢纽工程的建设使得该河段水库蓄水能力提高，库区河段水位上升，水面变宽，水流减缓，浮游动、植物和底栖生物量增加，索饵场面积会增大，使基础饵料生物资源量显著增加。坝下梯级电站、绿洲区泉集河、尾闾湖索饵场产生的影响较小。

2. 越冬场

该工程完成后，河道变为库区，水域面积增大，河流上游来水进入库区后随着水流变缓，泥沙逐渐沉降，水体清澈，水环境质量将会大幅提高，形成适宜鱼类越冬的场所。该河段河床底质主要为泥沙或砾石，河道宽阔，形成库区水面较大，库区周边浅水浅滩，库湾较多，水体多为缓流或静止状态，岸边水温在日照条件下上升较快，冬季饵料生物资源会增大，且不易受到外界干扰，会成为鱼类理想的越冬和索饵场。总体状况：新的大型越冬场会出现，更有利于该河段的越冬需求。

3. 产卵场

该河段鱼类均为产沉、黏性卵的高原鳅类，为冷水性高原鱼类，该类群鱼类对水流刺激和流水条件要求不高，水温条件是否满足繁殖成功的决定性因素。高原鳅喜产卵于微流水砾石底质浅水区域，大坝建设使得坝上河段产卵场消失或上移至库尾河段，淹没区浅水区域产卵场会随水位上升而向上、下游河段退缩，下游产卵场由于水量减少功能性将会减弱，短期内对鳅科鱼类的繁殖造成一定的影响；水库水量稳定后，水深增加，水域面积的增加，浅水区域面积增加，水生、湿生植被会增加，在沿岸地带，有利于产黏性卵鱼类的产卵场扩大，缓流区产卵的鱼类会向库尾和库区潜水区域迁移，寻找替代产卵场，坝上、坝下均具备这一条件。

根据现场调查，评价区域水量变化河段有鱼类产卵场2个，其中坝下河段1个，坝上库区河段1个。产卵场与大坝位置关系见表7-5、图7-1。

表7-5　鱼类产卵场与大坝位置关系及影响分析

地点	水深	位置	影响分析
二级电站库尾	<0.5	坝下17 km	下游减水河段
库区产卵场	<0.5	坝上6.5 km	位于淹没区，水深增加

图7-1　受影响产卵场与工程位置关系示意图

在水文情势显著变化河段有产卵场2个，其中受影响较大的产卵场为坝址上游产卵场，该产卵场位于库区河段，在建设期影响相对较小，但是运营期水位抬升会淹没该产卵场。下游产卵场受影响相对较小，运营期水位稍有下降，面积会有所减少，但不会影响其功能完整性。分析认为：那河枢纽建成后水位抬升，下游河段水位下降，水文情势变化较大，库区河段产卵场功能性丧失，但库区形成该河段水位抬升，河流生境转变为湖泊生境，水面宽度增加，水体面积增大，回水湾和浅滩面积会随之增大，水体生产力上升，部分浅水水域和库尾河段会形成新的产卵场，所以那河水利枢纽建设对该河段土著鱼类的繁殖影响不大。

4. 鱼类洄游通道

那河流域分布的所有鱼类都属于淡水定居性鱼类，无长距离的溯河、降河洄游性鱼类，但存在短距离的繁殖、索饵、越冬等区域性洄游鱼类。大坝建成后，将导致那河中游干流形成横断，阻断鱼类的洄游通道，造成大坝下游河段鱼类无法洄游至上游产卵索饵；大坝上游河段鱼类则无法通过大坝进入下游河段，基因交流受到阻碍，不利于鱼类种群的发展。调查发现那河仅分布有鳅科鱼类，为小型定居型鱼类，无长距离的溯河、降河洄游性鱼类，分析认为工程所在河段上下游仍能满足其生长繁殖需求，其中上游河段库区生境适宜度将会提高，但阻隔效应仍存在，但不会导致该河段鱼类资源种类组成及种群结构的变化。在没有引进种进入水体的情况下，该区域鱼类资源区系组成将不会发生改变。

7.2.6.10 小结

运行期，那河水利枢纽的建成将会使原有连通的河流形成横断，产生阻隔效应，导致鱼类生境片段化，影响鱼类的生存空间；水库蓄水后，流水生境淹没，水生生物由河流相向湖泊相演变，鱼类饵料结构发生变化，相应地鱼类的种类组成和群落结构也可能会相应发生变化，高原鳅类会向库尾、库区浅湾及坝下河段迁移，在库区深水河段的资源量会大幅度下降，甚至消失，但浅水区域则会明显增加。那河流域鱼类物种多样性较差，分析认为工程建设前后，该河段鱼类种类组成不会发生变化，但局部河段种群规模会发生变化。水库运行后，库区河段水量大幅度增加，浮游生物及底栖生物种类增加，饵料资源丰富，以浮游生物为食，喜缓流、静水性的高原鳅类将随着水流的方向逐渐迁移到该区域，并成为优势种群，鱼类数量在库区将会增加。由于高原鳅类性成熟时间短，繁殖能力较强，所以在库区形成后，浅水适宜生境大面积增加的情况下，库区河段高原鳅类种群规模将会明显增加，库区形成3～5年后资源量将会明显增加。

那河水利枢纽的建设使得那河中游河流流水生境减少，湖泊生境增加，可能使经过长期自然选择而适宜静水或缓流区域生存的高原鳅类适宜生境增加，特别是库区周边静水浅滩和库尾缓流区域的面积增加，有利于形成该河段鱼类产卵繁殖区域和索饵区域，库区深水区则能够提供良好的越冬场，在一定程度上有利于该河段鱼类种群规模的扩大，但不会影响物种多样性和鱼类的区系组成。综合分析认为：那河水利枢纽运行期对鱼类的影响存在两面性，坝上河段鱼类适宜生境增加，资源量会明显增加，坝下至出山口河段鱼类会受到一定程度的影响，资源量可能会下降，但种群可维持，泉集河鸭湖等水域影响不大。

7.3　生态环境保护措施研究

7.3.1　陆生生态环境保护措施

7.3.1.1　避让措施

水库蓄水期，淹没线以下陆生植物全部淹没，如蓄水前调查发现有保护价值的物种应人工迁至异地栽种。周围区域空旷，淹没线以下陆生动物逐步迁徙到周围区域重新寻找栖息地，运行期影响不大，应设置观测点和跟踪监测，确保陆生动物在周围能找到栖息地并安全。

7.3.1.2　生态影响减缓措施

(1)水库建成运行后，从坝址到出山口形成减水河段，由于水资源时空分布发生变化，将对坝址以下沿河植被及下游绿洲区造成一定的影响，工程必须下泄生态基流，满足坝址以下减水河段生态系统基本要求。工程非汛期最小下泄生态流量为5.48 m^3/s，汛期最小下泄生态流量为11.82 m^3/s，分别占坝址天然来水多年平均流量39.41 m^3/s 的13.7%、30.0%，比枯水期最小月平均流量4.59 m^3/s 大，能够减缓工程建设对减水河段植被的影响。

(2)根据大量在干旱区绿洲对天然盐生草甸植被和灌木的研究结果，旱生植物的生长阶段耗水量不同，其中6～9月土壤水分状况是生长的关键时期，需下泄大流量过程保证绿洲区6～9月的土壤水分含量来满足基本的植物生长需水量。其中7～9月凡小于15年一遇的洪水全部下泄，能够进一步补充绿洲的生态用水；而6月水库正常蓄水，下泄水量有明显减少，为满足植被需水过程，应下泄1次洪水过程满足6月植被用水要求，以保证绿洲区植被生长旺盛期的生态需水，减缓对植被的影响。

7.3.1.3　管理及后期监测评估措施

(1)根据国家及省市环境保护部门的要求，拟定本项目建成后环境管理机构、人员设置计划与管理制度。根据有关规定，对工程各阶段的监测内容、监测制度和人员配置等方面提出具体要求或建议。拟定环境监测的项目，确定监测点、监测频率、监测方法等，建立长期监测机制，防治绿洲生态恶化和区域荒漠化，并及时反馈优化工程调度运行方案。

(2)工程实施后，为保障绿洲边缘带地表水补给，维持适当的地下水位，建议相关管理部门成立流域生态环境保护管理机构，保障生态用水需求，从流域角度协调好生态环境保护与经济发展的问题，对用水部门实行总量控制和统一调度措施，确保生态环境可持续发展。

(3)水电开发建设单位参与地方生态保护工作，共同制定《那河水电开发生态功能保护制度》，以流域为单元，实行植被保护与恢复等综合治理。加快建立自然资源和生态环境统计监测指标体系，积极探索定量化的自然资源和生态环境价值评价方法，为建立健全生态补偿机制提供科学依据。

(4)加强陆生生态跟踪和评估，运行期设置生态监测平台，分析监测时段遥感影像达到动态监测的目的；设生态观测站9处，针对观测结果及时反馈给有关部门；建设生态观测救护站，建设面积100 m^2，对上游动物迁徙受伤者提供救助和治疗。同时，加强宣传教育、设立标牌等保护措施。

7.3.1.4　生态补偿及修复措施

评价区沙生植物分布面积较广，沙生植物物种大多是在严酷的自然条件下经过长期选择而保留下来的，具有顽强的生命力，是特殊荒漠系统的组成部分，对区域防风固沙、改变荒漠面貌和保护绿洲生态环境等方面具有重要作用。

1. 生态补偿方案研究

生态补偿是保护和改善生态环境的重要措施，通过建立公平合理的激励机制，使那河下游受影响区影响程度得到最大程度的减缓。本着"谁受益、谁补偿"的原则，由国家承担生态补偿责任，受益方格尔木市、茫崖、冷湖工业园区为生态补偿责任主体，那河下游受影响区域作为生态补偿的对象，受益方出资成立生态补偿基金，根据后期监测评估结果开展生态补偿方案研究，建立区域生态环境保护的长效机制。

2. 库周植被修复措施

建议在水库运行期对库周的灌草丛及未利用地进行植被恢复，使这些地类由生产力低的灌草丛向生产力高的植被演替，从而使库周的生产力达到乃至超过当前植被生产力水平。

3. 减水河段植被修复措施

通过水库下泄生态基流及洪峰过程，促使区域植被在自然条件下维持本身持续发展。

4. 绿洲区植被修复措施

(1) 在近绿洲边缘的沙丘上，种植柽柳等旱生灌木，有灌溉条件的区域，如牧民居住附近区域，可以人工栽培耐旱物种，促进植被恢复或重建。

(2) 绿洲带与山前戈壁带过渡带通过绿洲外围带保护，人工封育，减缓人为及牲畜干扰，保护前缘高大植被生长，制动外力的继续作用，使残存植物得到一定程度的发展，地下水位较高区域形成一定簇植后，采用嫩苗移植、分散簇栽形成植丛，逐步稳定绿洲前缘防风固沙植被。

(3) 针对下游绿洲区前缘产生的影响，以自然修复为主，采用草方格固沙措施，给种子萌发和幼苗生存准备"安全场所"，阻止沙丘流动，然后栽植柽柳等当地优势沙生植物。

(4) 采用免灌植被造林技术，利用绿洲区优势种进行人工育苗，配以短期有限灌水培植，引导根系伸延到地下水源，促进植物在自然条件下生长，进而实现植被恢复技术。利用人工辅助，帮助幼苗度过其异质生活周期中湿生阶段的生长，减少了萌芽初期水资源不足造成植被死亡的风险，减少荒漠对绿洲造成的威胁。

(5) 绿洲区边缘低地草甸植被保护措施。该类植被多利用地下潜水维持生存，考虑利用绿洲出露泉水进行灌溉，在地下水溢出区亦可采取播种和扦插造林来扩大植被盖度。

(6) 绿洲区植物萌发和幼苗的定居与一定的地表径流相联系，在植被关键期 6 ~ 9 月充分利用 6 月关键期下泄大洪水过程为植被群落更新创造条件，7 ~ 9 月凡小于 15 年一遇的洪水全部下泄，进一步补充绿洲的生态用水。

(7) 对于退化草场及时采取生态补偿措施，通过补种、经济、浇灌等手段补偿给牧民，减缓绿洲区植被影响，确保牧民利益受损程度降到最低。

7.3.2　水生生态环境保护措施

7.3.2.1　水生生境保护措施

(1) 大坝下游生态需水量：在那河水利枢纽运行期间，按照多年平均流量的 10% 考虑，保证下泄流量，满足下游生态需水的需要。为防止水量不足导致下游水生生态系统不稳定，导致和各种水生生物生境改变而造成生物量损失，枢纽运行须保证连续下泄不小于3.94 m^3/s 的生态流量。

（2）监测到位：在枯水期要对工程建设区域，特别是下游进行流量流速、鱼类资源、浮游生物，水质等监测，做到发现问题并及时反馈。

（3）做好生态恢复工作：各项工程施工结束后要及时恢复原来的河床地貌，对于湿生植被破坏严重的区域要进行必要的绿化，以尽快恢复其湿生植被覆盖率，防止因雨水冲刷导致大范围的水生生态环境恶化。部分库区由陆生生态系统变为水生生态系统，自然条件下这一变更替代周期较长，生态脆弱，应采取必要的修复措施，以尽快完善水库水生生态系统。

7.3.2.2　浮游生物、底栖生物保护措施

工程运营期要加强宣传教育，防止工作人员将废弃物品丢弃而污染河道，防止各类污染物进入水体，减免对生物生境和鱼类饵料资源产生的不利影响。

7.3.2.3　湿生植物保护措施

施工便道建设使用，河床开挖、施工占地等湿生植物破坏严重区域要进行生态修复恢复，恢复后要做好保护工作。

7.3.2.4　鱼类保护措施

（1）工程运行初期、枯水期需要对大坝以下河段鱼类进行监测。工程运营后下泄水量理论上满足鱼类生存需要，但由于各种不确定因素的存在，下游河段水量是否满足鱼类生长繁殖需求还需要实地调研，调研过程中如发现河水较浅、水流停滞等现象，则需调整下泄水量以保证鱼类生存需水。

（2）保证鱼类繁殖期水量和水温稳定。在鱼类产卵季节，控制下泄流量，控制因水库调蓄导致的下游水温变动，以保证下游河道水温基本稳定。

（3）对电站工作人员做好宣传工作。库区的形成使得边滩浅水区域面积增加，有可能导致库区鱼类更容易捕获，繁殖期捕捞将会使鱼类种群数量锐减，所以要对电站工作人员做好教育工作，树立对鱼类的保护意识。

7.3.2.5　鱼类资源影响修复和补偿措施

1.过鱼设施

采取过鱼的措施，减少大坝阻隔对下游鱼类和上游鱼类遗传交流的影响，避免鱼种的单一化和退化，保证该河段遗传基因的稳定和群落结构的稳定。从完成生活史价值、保护其物种多样性价值和保护生态系统健康稳定等三个方面分析，确定那河水利枢纽主要过鱼对象为斯氏高原鳅、修长高原鳅、小眼高原鳅、细尾高原鳅。根据调查，评价河段鱼类繁殖季节集中于每年4～6月。大坝过鱼的措施较多，主要包括仿自然通道、鱼道、鱼闸、升鱼机、集运鱼系统等，不同的过鱼方式对不同类型的阻隔影响和不同生态习性的鱼类的过鱼效果差异较大，将各种过鱼设施应用范围、效果以及对那河水利枢纽的适应性进行对比分析后发现：该河段无敏感过鱼目标，过鱼难度较大，生态意义不明显。见表7-6。

表 7-6　那棱格勒河水利枢纽过鱼设施应用对比分析

序号	过鱼措施	原理	应用范围	优点	缺点	过鱼效果	国内外已实施的工程	本工程的可行性
1	仿自然型鱼道	绕过大坝并模仿自然外观，呈现自然形式的鱼道	适合于中、低坝，且有地形条件的工程	适合多种鱼类过坝，能够连续过鱼，可完成下行过坝	占地面积大，枢纽区两侧以及上游具备布置空间	所有水生生物均可通过，是唯一能绕过大坝的方法	大渡河安谷水电站(待建)	①属于高坝，工程河段两侧高山狭窄，河道弯曲，鱼道设计难度大，修建鱼道较长；②现状过鱼目标为高原鳅类，突进和持续游泳能力均较差，且无洄游习性，效果难以保障。综合来看：适用性较差
2	工程鱼道	采用混凝土式通道，内部设有各式隔板、狭槽等，将水槽分隔成一系列互相沟通的水池，有时呈阶梯式	采用形式较多，适合于中、低水头大坝	能够连续过鱼；能够维持一定的水系连通，少量个体可下行过坝；鱼类自行溯游过坝	鱼道对过鱼对象有一定选择性；过鱼效果受诱鱼系统影响较大，鱼道建设完成后，修改调整较困难	鱼道型式有三种：狭槽型可形成较好的吸引水流；水池型所需流量较低；丹尼尔需较大流量，有较好的消能效果	西藏狮泉河鱼道、Bosher 大坝垂直竖缝式鱼道、江苏斗龙港鱼道	①鱼类个体较小，游泳能力较差，资源较少，设计难度较大；②高坝鱼道过长，鱼类顶水上溯，效果难以保障；③鱼道长，开挖、混凝土用量大，施工条件复杂，工期长，投资大。综合考虑：适应性较差
3	鱼闸	为凹形通道，上下游两端都有可控制的闸门，通过控制闸门的开关或往通道注水来形成吸引流	适用于高水头，或空间以及水流量有限的区域	对水消耗较低，适用于大型鱼类(如鲟鱼)	需要较高的设计和建造技术要求，频繁维护和运行所需费用高	主要适用于大型鱼类(如鲟类)及游泳能力较弱的鱼类	英国奥令鱼闸、爱尔兰阿那克鲁沙鱼闸、苏联伏尔加格勒鱼闸	①不能够连续过鱼；②对枢纽主体工程影响较大，施工难度大，技术要求高；③过鱼效果依赖集诱鱼系统，均为小个体鱼类，无大型鱼类，坝下河段资源较少，诱鱼难度较大。综合考虑：适用性差

续表 7-6

序号	过鱼措施	原理	应用范围	优点	缺点	过鱼效果	国内外已实施的工程	本工程的可行性
4	升鱼机	为配置有运送水槽和机械装置的升降机，通过把鱼从下游吊起送到上游，通过渠道连通上游	适用于高水头，或空间以及水流量有限区域	适于高坝过鱼，能适应水库水位的较大变幅，与同水头的鱼道相比，造价较省、占地少，便于在水利枢纽中布置	机械设施结构复杂，发生故障的可能性较大，需频繁地维护和运行，不能连续过鱼且过鱼量有限	对鲑鳟鱼类以及游泳能力弱的鱼类效果较好	美国 Round Butte 坝，坝高 134 m，采用索道吊罐系统运鱼过坝；Baker 坝，坝高 87 m，采用缆车起吊容器方式过鱼。苏联齐姆良升鱼机（高 23.5 m），伏尔加格勒升鱼机（高 2.5 m）。法国多尔多涅河图伊列雷斯升鱼机	①需布置较长的运输通道；②对枢纽影响较小，便于布置，但受大坝运行影响较大；③设计难度小，易于布设，投资小；④不能够连续过鱼、对诱鱼系统有依赖。综合来看：适用性差
5	集运鱼系统	通过坝下、坝上集鱼设施把鱼收集后，利用运鱼船将鱼类运至库区、坝下放流，达到坝下、坝上鱼类繁殖交流	适用于高水头，或空间以及水流量有限的区域	适于高坝过鱼，集鱼点位可机动调整，能够在较大范围内变动诱鱼流速，集鱼效果相对较好，可将鱼运往适当的水域投放，实现双向过鱼，与枢纽布置无干扰	管理、运行费用大，人为因素干扰大	针对鱼类生物学特性设计集鱼、运鱼系统，过鱼效果良好	苏联在里海流域的伏尔加河、顿河和库班河流域为鲟科、鲱科和鲤科的一些种类设计了集运鱼船。我国乌江彭水水电站采用集运鱼系统作为过鱼设施，目前唐环 1 号集鱼平台已下水运行	①那河鱼类栖息于缓流浅水区域，均为小个体鳅科鱼类，易于捕捞，捕捞地点机动灵活，实施难度小；②可以双向过鱼；③不涉及主体工程，对主体工程布置无影响，投资较省；④技术上完全可行，但无敏感目标鱼类，生态意义较小。综合考虑：适用性差
综合比选结论		那棱格勒河水利枢纽最大坝高 78 m，坝址河段仅分布有鳅科鱼类，为定居型，个体均较小，喜缓流水体，结合那河鱼类生态习性和工程建设特点，对比分析各种过鱼方式的优缺点和技术上的可行性，认为该工程所处河段和工程主体基本具备布设升鱼机和建设集运鱼系统的条件，但目标鱼类缺失，故生态意义不大						
推荐方案		无敏感目标鱼类，且坝上河段鱼类资源短期内会增长，资源量会增加，过鱼生态意义较小，故本工程不推荐采取过鱼措施						

2. 资源恢复措施

该流域鱼类均为高原鳅类,该鱼类繁殖能力较强,但受恶劣生境、饵料匮乏等因素制约,资源不大,种群规模相对稳定。综合分析认为:那河流域建库后水域面积增大,高原鳅类适宜生境增加。高原鳅为定居型喜浅缓水体鱼类,无明显洄游习性,繁殖能力强,繁殖期对水量和水深要求较低,属于在适宜生境短期内可大量繁殖鱼类,所以在水库形成后,高原鳅类在库区会形成较大的种群,资源量会明显增加。坝下河段受电站影响会产生一定的影响,但水库运营后,坝下峡谷河段较短,适宜生境较小,环境承载力不大,增殖放流无法使鱼类种群增加。综合来看,工程建设对那河干流高原鳅类种群的稳定和资源量增加是有利的,开展增殖放流活动生态意义不大。因此,分析认为无须开展增殖放流。

3. 生态调度措施

那河水利枢纽工程是柴达木盆地重要的水资源配置工程,也是那河流域唯一的大(2)型水库,工程将那河流域水资源调配给以格尔木河为主的区域,对柴达木盆地水资源调配起到重要作用,在保证流域内工农业需水的同时,水库的调度运行还应考虑坝下鱼类敏感期需水。影响区鱼类以产沉性卵鱼类为主,受水温影响,鱼类在繁殖期将卵产于浅滩的砂砾上,为维持产卵场的面积和功能完整性,水利枢纽需下泄相对稳定的水量,维持一定的河床水位,保护鱼类繁殖。生长期为保证水体中丰富的饵料资源,需要水库下泄一定的水量维持浮游动植物、着生藻类的繁殖。

结合干流河道多年平均水温和实地调查情况,那河流域每年的4~9月是鱼类繁殖和仔幼鱼的重要摄食时间,其中尾闾湖泊在4月开始进入繁殖期;坝址河段在4月结冰开始消融,5~6月进入繁殖期;上游河段则在6月以后进入繁殖期。根据工程影响分析,工程建设和运营主要影响河段为坝址下游河段,在影响河段主要繁殖期需保证河道内的水量和饵料资源的充足。工程影响河段在7~9月为仔幼鱼和亲鱼主要生长期,该时期仔幼鱼个体具有一定的适应能力,活动范围增大,采食能力增强;10月至翌年的3月进入越冬期,个体活动减少,摄食较少或停止。

综合分析认为影响河段鱼类的主要需水期为每年的5~6月,结合高海拔地区气候特点和河道水温情况,建议在每年的5~6月下泄生态流量按照多年平均流量的30%,即11.82 m^3/s,浅水缓流区增加,产卵场面积变大,可有效地保证高原鳅顺利产卵繁殖和仔幼鱼索饵。7~9月为高原鳅重要生长期,是影响河段鱼类的另一个重要需水期,该月份高原鳅采食旺盛。浅水区域的增加,使得河道浅水水域水温快速升高,促进浮游动植物、着生藻类大量增殖,可保证其饵料资源充足,丰富的饵料可保证幼鱼的生长发育和亲鱼的育肥恢复。建议在每年的7~9月下泄生态流量按照多年平均流量的20%,即7.88 m^3/s,河道浅水水域和过水面积增加,河道初级生产力提高,可有效保证鱼类获得充足的饵料资源。10月至翌年4月受当地低温气候影响,该河段水温均不超过2 ℃,该河段鱼类活动逐渐减少,进入越冬期,栖息于河道局部深水区,活动范围和强度均较小,摄食基本停止,对河道水量要求减少,维持生态基流基本可保证越冬需要。

分析认为,在关键月份提高生态流量的生态调度方法,可有效保证该河段鱼类对水量的需求,可以很好地维持高原鳅种群数量,减少工程运营对高原鳅类的影响、维持河流生态健康。

4. 栖息地生境保护措施

栖息地保护是鱼类保护措施中最有利于实现和最有效的手段，见表7-7。那河水利枢纽建设后改变了库区及坝址以下河段水文水资源的时空变化过程，加之坝址下游已有梯级电站的建设。综合来看，梯级电站开发对土著鱼类生境会产生一定的影响。对于那河而言，梯级电站开发河段较集中，位于中游40.5 km峡谷河道内。那河干流下游流经荒漠，河道呈网状，不具备开发条件；上游河道为宽谷，地处高寒无人区，也不具备开发条件，除峡谷河段外无水电开发规划。那河上游库区回水末端以上至源头区约160 km，上游支流河段包括额尔浪赛埃图约50 km、德拉托郭勒约85 km，均为无人区，生境原始，处于未开发状态。上游河段河道流经宽谷草甸，多数河段水流平缓、多河汊、水质清澈，部分浅水区域分布有水草，水生态环境较好。在那河库区形成后，库区河段会成为上游鱼类的越冬场。越冬场形成后，上游鱼类资源量增加的主要制约因素不再是越冬，而是转变为饵料资源。库区形成后，饵料资源也会有所增加，则上游河段鱼类资源会明显增加，上游干支流具备作为栖息地进行保护的生态条件和社会条件。

表7-7　那棱格勒河鱼类栖息地生境保护河段

河流		流程(km)	海拔(m)	生境特点	适宜度
干流	库尾至源头	160	3 300～4 700	宽谷河道、多河汊、水深较小、砾石、泥沙底质、水流平缓	鳅科鱼类适宜度高
支流	额尔浪赛埃图河	50	3 540～4 350	宽谷河道、多漫滩、河汊、水流较浅、砾石底质、水流平缓	鳅科鱼类适宜度高
	德拉托郭勒河	85	3 650～4 400	宽谷河道、多漫滩、河汊、水流较浅、砾石底质、水流平缓	鳅科鱼类适宜度高

分析认为，从栖息地保护角度考虑：将那河水库回水末端以上干支流河段作为鱼类替代生境，划分为保留河段，进行栖息地保护，具有较为显著的生态意义。在库区以上干支流河段应禁止水电站开发，严格禁止涉水工程建设。实现手段：将那河上游水域设为县级水产种质资源保护区，根据《水产种质资源保护区管理办法保护区》进行严格保护。栖息地保护可维持那河鱼类物种多样性稳定和水生态系统的稳定性，促进鱼类种群规模的增大，具有较为显著的生态意义。

7.3.3　生态监测措施

7.3.3.1　陆生生态环境监测

陆生生态环境监测范围为工程占地区、坝下减水河段、山前戈壁带、绿洲区、盐化草甸区、尾闾湖区。

工程运行期陆生生态断面设置见表7-8。

表 7-8　工程运行期陆生生态断面设置

分区	监测断面	经度(°)	纬度(°)	监测时间及频次	监测方法
工程占地区	主体工程区			均安排在夏季监测。 施工结束后 1、3、5 年各进行 1 次监测	遥感解译、实地调查法与定位监测法相结合
	渣场区				
	运行管理区				
坝下减水河段	坝下 100 m 阶地	92.605	36.528	10 年/次,运行期 20 年共 2 次	
	坝下 5 km	92.613	36.578		
山前戈壁带	戈壁带	92.786	36.999		
绿洲区	前缘东侧	93.116	36.933	运行后 2、5、8、10 年各监测 1 次,此后运行期 5 年/次,运行期 20 年共监测 6 次	
	前缘中部	93.092	36.967		
	前缘西侧	92.030	37.037		
	前缘往北 3 km 处东侧	93.076	37.041		
	前缘往北 3 km 处西侧	93.034	37.069		
	绿洲区中部	93.122	37.127		
	绿洲区后缘	93.206	37.168		
盐化草甸区	盐化草甸区	93.287	37.470	10 年/次,运行期 20 年共 2 次	
尾闾湖区	鸭湖东侧	93.850	37.487		
	鸭湖北侧	93.647	37.570		
	鸭湖西侧	93.453	37.616		

监测因子:

(1)植物监测:植被信息,包括灌、草的种类,优势种、成活率、覆盖度、生长量等具有代表性、比较直观、易于调查的指标以及植物的分布和数量。

(2)动物监测:动物的种类及其数量,说明物种多样性、群落动态变化。

监测时间及频次:均安排在夏季监测,其中工程占地区施工结束后 1 年、3 年、5 年各进行一次全面陆生生态调查,共监测 3 次;绿洲区在工程运行后的第 2、5、8、10 年进行监测,此后每隔 5 年进行 1 次监测,运行期 20 年共监测 6 次;其他区监测 10 年/次,运行期 20 年共监测 2 次。

监测方法:采用遥感解译、实地调查法与定位监测法相结合。

除在运行期做好环境监测工作外,在那棱格勒河水利枢纽的整个运行过程中要做好长期监测工作。监测生境的变化,植被的变化,野生动物的种群、数量变化以及生态系统整体性变化。植被、土壤及荒漠化监测以遥感监测为主,配以地面调查,其中植被等监测时间为 7 ~8 月;野生动物监测以调查方式为主,分夏季和冬季进行。

可以充分利用当地各部门现有的机构、技术和设备力量(环境监测站、水文站、气象站等)与相关科研机构协作,组成完整的工程环境监测体系,共同做好长期的环境监测工作。

7.3.3.2 水生生态监测

水生生态环境监测范围为库区上游区、库区、坝址到出山口河段、出山口到鸭湖河段、鸭湖。工程运行期水生生态断面设置见表7-9。

表7-9 工程运行期水生生态断面设置

河段	监测断面	经度(°)	纬度(°)
坝址上游区	红水河入那河河口处	92.431	34.695
库区	坝前	92.617	36.637
	库中	92.606	36.593
	库尾	92.113	36.623
坝址到出山口	坝下100 m	92.467	36.570
	那河5号桥下游	92.993	36.963
出山口到鸭湖	那河8号桥	92.952	36.970
	乌图美仁河上游	93.198	36.979
	东台吉乃尔河入那河河口	93.199	37.186
鸭湖	东侧	93.768	37.794
	中部	93.716	37.591
	西侧	93.558	37.615

监测时间及频次:监测年限暂定20年。每年春季4~6月,秋季9~10月各一次。

监测方法:根据《水库渔业资源调查规范》(SL 167—96)和《内陆水域渔业自然资源调查试行规范》推荐的方法进行采样和鉴定。

7.3.3.3 生态流量泄放和监控措施

1. 生态流量泄放措施

那河水库共装设3台发电机组,其中1台为生态小机组,单机额定容量为4 MW,单机额定流量为8.52 m^3/s;另外2台大机组单机额定容量均为10 MW,单机额定流量为21.24 m^3/s;电站3台机组可以互为备用,保证下泄生态流量。①非汛期水库下泄5.48 m^3/s左右的生态流量时,开启1台生态小机组,通过电站尾水的形式向下游河道泄放生态流量;②当汛期、植被生长关键期水库下泄流量远大于河道生态流量11.82 m^3/s时,分别开启3台水轮发电机组和泄洪洞向下游泄放生态流量;③当出现所有机组检修或不发电等极端情况时,则通过埋设在生态机组进水管旁边的钢岔管下泄生态流量;④当遇到95%频率及以上来水年份时,供水破坏,优先保证泄放下游生态需水。

2. 生态流量监控措施

水库运行期安装坝下、出山口生态流量监控设施——自动水位计,自动监测坝下生态流量。

第 8 章　研究结论与建议

8.1　结　论

8.1.1　工程方案环境合理性

格尔木工业园区是国家重点开发区柴达木循环经济试验区的主要组成区域,区域生态环境脆弱。那河水利枢纽工程实施后,可以保障柴达木循环经济试验区中的格尔木工业园区及茫崖、冷湖工业园区的供水安全,提高那棱格勒河下游尾闾企业的防洪标准,并将合理配置格尔木河、那棱格勒河的经济社会与生态用水,协调优化格尔木河、那棱格勒河下游绿洲保护格局,工程经济效益、社会效益显著,项目对促进区域可持续发展具有重要意义。

考虑那河水利枢纽工程供水及那棱格勒河流域内国民经济需水后,多年平均情况下那棱格勒河流域水资源开发利用程度将达到25.8%,那河水利枢纽会对那棱格勒河中下游鱼类产生阻隔影响,绿洲前缘植被受影响的面积占绿洲区总面积的1.26%。总体来看,工程运行后多年平均情况下坝址断面仍有约76%的水量下泄进入下游河道,在保证下游河道生态用水,开展坝址上游替代生境保护,实行绿洲前缘人工封育、建立草方格沙障、补偿性种植等措施后,不利环境影响可以得到有效控制,工程建设运行不会影响区域防风固沙生态功能的发挥。从环境角度分析,那河水利枢纽工程建设方案可行。

8.1.2　生态需水合理性

那棱格勒河水库坝址断面非汛期的生态基流需求为5.48 m^3/s,汛期的生态基流需求为11.82 m^3/s;流域生态关键期对生态需水的具体要求为:鱼类繁殖期(5~6月)下泄水量不低于11.82 m^3/s,生长期(7~9月)下泄水量不低于7.88 m^3/s;植被需水高峰期(6月及9月),6月11~15号1次大流量过程、下泄流量不低于80 m^3/s,9月16~20号1次大流量过程、下泄流量不低于82.5 m^3/s。

那棱格勒河水库运行后,下泄水量能够满足流域生态基流;下泄水量可以较好地满足鱼类和植被需水高峰期所需水量。

8.1.3　对地表水环境的影响

那河坝址多年平均径流量12.43亿 m^3,年内径流主要集中于6~9月,占年径流量的75.0%。现状年水资源开发利用程度较低,为0.56%。水库建设后,坝址多年平均下泄径流量为9.51亿 m^3,较建库前减少径流2.92亿 m^3,减少幅度为23.5%。其中减幅较大的主要集中在非汛期,为34.7%。减少原因主要是水库运行期间将向格尔木、茫崖和冷湖多年平均调水量 2.63 亿 m^3，水库蒸发渗漏损失量 0.28 亿 m^3。那河下游出山口和入鸭湖等主要控制断面水资源量较建库前均减少了 23.0% 左右，其中非汛期减少幅度较大，为 35.0% 左右，汛期较小，为 20% 左右。工程运行将改变那河库区及其坝址下游河道的水文情势。

那河水库为不完全年调节水库，水库的兴利库容较小、水库供水保证率较高，建库后那河坝址处径流量、流量等水文情势变化趋势与建库前基本保持一致，月均径流量和流量等基本较建库前有所减少，主要是水库为受水区供水和水库蒸发渗漏损失所致。减幅相对较大的月份主要集中在非汛期的 10 月至翌年 4 月以及汛期的 6 月，变化幅度在 30% 至 80% 之间。5 月及汛期 7 ~ 9 月，那河坝址断面的径流量和流量等变化相对较小。坝址下游出山口和入鸭湖口等主要控制断面的径流和流量等变化与坝址处的较为相似。总体而言，那河水库建成后，多年平均条件下，那河下游各控制断面径流量较建库前减少了 22.3% ~ 28.2%，其中非汛期减少 32.5% ~ 43.2%，汛期减少 18.9% ~ 21.6%。

天然情况下，那河经由乌图美仁河补给西达布逊湖的水资源量为 0.87 亿 m^3；那河水利枢纽建成后，补给乌图美仁河的水资源量相应减少为 0.63 亿 m^3，补给量减少了 0.24 亿 m^3，占乌图美仁河多年平均径流量的 23.1%。由于乌图美仁河主要接受泉水补给，还有开木棋河等支流汇入，水量年际变化比较均匀，那河补给量的变化对乌图美仁河产生的影响有限。

此外，那河水库的防洪作用主要体现在拦蓄洪量而不是洪水过程上。由于那河水量主要集中在汛期，因此汛期水量减少量虽然较非汛期大，约为 1.9 亿 m^3，但水量减少幅度却相对较小，约为 20%；非汛期水量约减少 1.1 亿 m^3，减少幅度为 34% 左右。

那河现状调查断面常规水质监测数据符合水质目标的要求，4 个补充监测断面符合水质目标的要求。根据本评价数次现场查勘及走访调查，那河除尾闾湖泊外基本无人类活动、无人为排放。根据青海水文水资源勘测局多年的常规水质监测及中持依迪亚（北京）环境检测分析股份有限公司的补充监测结果，那河水质量好，符合Ⅱ类水质目标。乌图美仁河、东台吉乃尔河、鸭湖补充监测断面水质达到水质目标。评价认为项目区水质状况总体良好。

建库后，出山口以上河段及库区污染源较建库前变化不明显，根据模型预测结果可知，规划年 COD 和氨氮值较现状年变化不明显，均达到地表水Ⅱ类水质。那河水质与现状水质基本一致，水库运行不会对库区及坝址至出山口河段水质产生较大影响，但水库下游尤其是出山口下游的矿化度总体呈现逐步升高趋势。由于项目库区位于高海拔峡谷地段，上游以及库区范围内无大的污染源汇入，因此工程建成后基本不会发生库区富营养化。

那河水库为水温稳定分层型水库，垂向水温分层现象明显。在春季，出库水温高于建库前河流水温（最大温差 +2.01 ℃）；在夏季，比建库前河流水温低（最大温差 −4.66 ℃）。水库下泄的水流至出山口以下开始逐渐潜入地下，坝址至出山口河段水温存在一定程度的复温过程，据调查坝址至出山口河段鱼类均为小型定居型鱼类，无严格的繁殖洄游需求，鱼类的繁殖主要依赖于静水缓流微生境，可耐受一定程度的主河道水温变化。那河流域无大型灌区，规划 2020 年在出山口下游建设 5.9 万亩的井灌林地，6 ~ 9 月出山口处的低温水(最大温差为 -2.93 ℃)逐渐潜入地下,经地下水富集区调蓄拦截,水体升温作用加强,使来自那河水利枢纽的低温泄水温差受到进一步削减,水温应不致使植物的生长受到任何不良影响。

8.1.4 对地下水环境的影响

那河自山区流入山前戈壁带时渗入地下,转化为地下水;在戈壁带前缘,一部分地下水以泉的形式溢出地表,形成泉集河流入绿洲;其他的以地下径流形式进入下游低平原,通过潜水蒸发排泄,最后流入尾闾湖泊。项目区地下水水质基本达到《地下水质量标准》的Ⅲ类标准,区域人类活动较少、地下水水质总体比较好。

工程运行对地下水环境的影响区域主要是那河出山口的山前冲洪积平原。项目运行20年后,冲洪积平原区域地下水位基本达到新的平衡状态,冲洪积扇南盆地地下水位受影响较大,绿洲带前缘地下水位降深等值线向北移动1~2 km、地下水位相比现状下降0~3 m、地下水位埋深由0~0.5 m增大到0~3.5 m。绿洲带后缘地下水位与拟建项目运行前相比基本保持不变。

8.1.5 对陆生生态环境的影响

采用查阅资料、遥感和实地调查的方法,综合确定评价区属于宽阔平缓的滩地,气候极其干旱,植被以灌木、半灌木、草甸为主;评价区鸟类共22科71种,哺乳类15科40种,爬行类2科2种,是我国西部鸟类迁徙路线的重要停歇地和夏候鸟繁殖地;调查评价区分布的陆生野生动物中藏野驴(*Equidae kiang holdereri*)为国家Ⅰ级保护动物;藏原羚(*Procapra picticaudata*)、藏雪鸡(*Tetraogallus tibetanus*)、高山雪鸡(*Tetraogallus himalayensis*)、棕熊(*Ursus arctos*)、荒漠猫(*Felis bieti*)、兔狲(*Felis manul*)、鹅喉羚(*Gazella subgutturosa*)、岩羊(*Pseudois nayaur*)、赤狐(*Vulpes vulpes*)、疣鼻天鹅(*Cygnus olor*)为国家Ⅱ级保护动物。其中藏野驴、藏原羚、藏雪鸡、高山雪鸡、棕熊、荒漠猫分布于那河上游高山区,兔狲、鹅喉羚、岩羊分布于工程临时占地区及坝下减水河段,赤狐分布于绿洲区,疣鼻天鹅主要分布于尾闾湖区。

评价区主要为荒漠、稀疏草地、灌丛、草地、河流、湖泊、盐碱地。其中荒漠的面积最大,占评价区总面积的64.63%,广泛分布于整个评价区缓坡地、山前洪积冲积平原及高山裸岩石砾和重度盐碱化区域;其次为稀疏草地,占评价区总面积的23.36%;灌丛占评价区总面积的3.30%,且主要分布在绿洲区、盐化草甸区以及河流两侧的滩地上;草地占评价区总面积的3.11%,集中分布在河流中下游;河流、湖泊、盐碱地,分别占评价区总面积的2.31%、1.29%、2.00%,盐碱地、湖泊分布在河流下游的汇流处。评价区荒漠面积占总面积的64.63%,优势度为最高水平,整体属荒漠生态系统,生态环境脆弱,自然生产力等级低,90%以上植被覆盖度低于30%,系统的恢复稳定性与阻抗稳定性都较弱。项目区水土流失面积为329 520 hm^2,占项目区总土地面积的75.61%。项目区水土流失类型属于风蚀水蚀交错区,其中,以风蚀为主,伴随局部水蚀。水库建成后,评价区荒漠面积变化比例由建设前的64.63%变化为64.58%,减少了0.05%,而灌丛、草地等植被面积变化极小,水域面积增加0.04%,建筑用地面积增加0.001 8%。由于评价区土地利用类型以荒漠草原为主并在评价区广泛分布,因此那河水利枢纽工程的实施不会对评价区土地利用总体格局产生根本影响。

坝址至出山口段为主要减水影响河段,水库运行后多年平均情况下减水河段内的来水量较天然状况减少 23.5%,其中汛期减少量占建库前汛期天然来水量的 19.9%,非汛期减少量占建库前非汛期天然来水量的 34.2%。坝下减水河段河道下切显著,无河谷林草分布,阶地上分布的植物种类数量十分有限,具有相对较强的抗旱特性,基本上以天然降水维持生存,受河道补给量有限,在确保必须的下泄生态流量后,原则上不会产生较为明显的不良影响。除长期断流的极端情况外,河段减水不会对坝下减水河段造成明显的不利影响。

绿洲区植被影响:①94.76% 的绿洲区面积现状植被覆盖度均小于 30%,主要为芦苇、柽柳等物种,根系需水主要依赖于地下水,根据相关研究结果:干旱区影响植被地下水埋深极值约为 5.5 m,当地下水位埋深小于 5.5 m 时,地下水对植被生长发育具有明显的控制作用。绿洲区的主要植被为芦苇、柽柳和白刺,根系相对较深,属较耐旱的植物,6 ~ 9 月为生长关键期。柽柳最大根系深度为 5 ~ 5.5 m,对应的地下水埋深范围为 2 ~ 5.5 m。芦苇是那河下游绿洲区根系相对较浅的植被,对应的地下水位埋深范围为 2 ~ 3.5 m。②工程建设后,出山口断面多年平均情况下径流量较建库前天然径流量减少 22.3%,其中汛期减少量占建库前汛期天然来水量的 18.9%,非汛期减少量占建库前非汛期来水量的 32.5%,地下水补给量较建库前减少 1.70 亿 m^3,绿洲区泉水溢出量减少 1.31 亿 m^3,运行 20 年后戈壁带与绿洲带交界区域地下水位下降 0 ~ 3 m,水位降深等值线向北移动 1 ~ 2 km。③由于干旱区芦苇根系有效吸水深度为 2 m 左右,伴随着地下水位的下降,草地前缘地下水位下降 2 m 以上的区域,部分植被发生演替,表现为芦苇等湿生植被因地下水位降低而衰减并逐步被柽柳、白刺等灌木取代,绿洲植被实际受影响的区域面积为 27.51 km^2,占绿洲区总面积的 1.26%。柽柳等灌木植被根系相对较深,对水分有很强的适应性,在地下水位下降初期会暂时出现生长停滞,一段时间后即可恢复到原来的生长状态。而其他地下水位下降 2 m 以下的区域植被所受影响微弱,绿洲后缘基本不受影响,不会影响区域防风固沙生态功能的发挥。运行期加强绿洲前缘植被和地下水位监测,对于芦苇等草本植被发生退化的区域通过人工种植柽柳、白刺等,保证绿洲区的植被覆盖度,可维持绿洲区的生态功能稳定。

盐化草甸植被:那河水利枢纽工程建设运行后,盐化草甸区的地下水位不会发生明显的改变,植被基本会维持现有的生长态势。

尾闾湖区植被:尾闾湖区之前水分盐度含量较高,几乎无植被生长,预测规划年盐分将持续升高,工程建设对该区植被基本无影响。

水库蓄水将淹没部分荒漠草原、裸岩石砾,从而致使栖息于上述生境中的爬行类动物适宜生境减小。但周围适宜生境广阔,并且水库蓄水过程缓慢,其可迁移离开影响区,那河水利枢纽工程建设对爬行类基本无影响。库区新增水域,将给游禽和涉禽、鸟类提供更广阔的栖息环境。哺乳动物活动范围广,迁移能力强,由于工程建设导致部分生境的淹没,使其迁移至其他相同生境而远离人为活动频繁的区域寻找新的生境。

道路阻隔影响方面,大型动物一般都具有比较大的活动领域,道路分割了保护动物的活动区间,保护动物需经常穿越道路觅食和寻找配偶,阻隔效应的大小与保护物种的运动能力、道路宽度和交通量有关。评价区分布的大型保护动物中,藏野驴擅奔跑,且位于那河上游,工程建设不会对其产生影响;活动于库区回水末端以上及坝下减水河段的藏原羚生性机警,能够及早发现捕食者,减少被捕食的概率,从而能够迅速适应高捕食风险的环境;分布在中游坝下减水河段及绿洲区的鹅喉羚生性胆怯,行动敏捷,跳跃能力较强,本能会产生回避道路的行为。当干扰具有一定规律且维持一段时间后,大多数动物对干扰的敏感度降低,能够逐渐适应干扰的存在或寻找新的生境。考虑工程新建施工道路仅有 8 km,大部分采用原有便道改建,因此道路产生的阻隔影响有限。其他保护物种中,藏雪鸡、高山雪鸡、棕熊、荒漠猫均位于那河上游高山灌丛带,工程建设对 5 种动物几乎无影响;岩羊在工程占地区及中游河段广泛分布,水库蓄水淹没一定的生境,对局部活动范围产生影响,由于项目区生境条件类似,岩羊会重新找到适宜的生境生存;坝下减水河段分布的兔狲、鹅喉羚运行期没有改变其生境条件,几乎无影响;绿洲及盐化草甸区分布的赤狐、鹅喉羚由于前缘植被盖度发生变化对其生境产生一定的影响,但影响范围有限,周围适宜生境较大,不会对数量产生影响;分布于尾闾湖区的疣鼻天鹅,虽然工程建设后尾闾湖区面积有一定的缩减,但影响程度有限,不会对疣鼻天鹅生境产生大的影响。

本次参考地理条件和气候条件较为接近的龙羊峡水库。建库后,库区附近冬季升温 0.1 ~0.3 ℃,夏秋季减温 0.1 ~0.6 ℃,库区上空的年平均气温将比建库前低 0.2 ~0.3 ℃,水库沿岸 5 km 以内地区,年平均气温大约升高 0.1 ℃,而离岸 5 km 以外地区,年平均气温影响不明显,气温日较差将显著减少。降水量将随高程的增大而增加,当山体高度大于 3 000 m 时降水量则可增加 10% 左右。库面风速将比岸上风速增大 20% ~40%,水库两岸湖陆风将更加显著,由于水库库面上风速加大,冬春季大风次数也将相应增多,对局地小气候有明显的改善作用。

8.1.6　对水生生态环境的影响

研究河段共捕获鱼类 1 科 4 种,均为鳅科鱼类,未调查到其他科鱼类,鱼类组成简单,多集中于干流回水湾缓流区和库尾河段。鱼类资源欠丰富、物种多样性差,各种类分布不均匀,高原鳅分布区域生境基本相同。调查区域共发现较集中的适宜繁殖河段和水域共 8 个,其中,中上游(坝址以上)河段 3 个,产卵河段较分散,面积较大;中下游河段 2 个,产卵场所较集中,规模较小;下游河段产卵集中区域 2 个,为泉水汇集河,较分散,主要分布于绿洲区泉水汇集水体;尾闾湖泊产卵场 1 个,那河下游微咸水尾闾仅有鸭湖一个(其他为咸水或卤水),鸭湖水体水面较大,水深较浅,水温相对较高,但受水体盐度影响,其繁殖场所集中于上游鸭湖进水口湖区及其以上流水河段。梯级电站库区及库尾、绿洲区泉集河、鸭湖是流域浮游生物和底栖生物相对丰富区域,为鱼类主要的索饵场。

那河水利枢纽的建设与运营直接对那河干流形成了阻隔,流水生境改变为静水生境,造成部分河段生境的破碎化及异质生境丧失,主要表现为生境丧失和生境被分割成两个河段。生境的破碎化在减少部分鱼类栖息地面积的同时也增加了生存于这类栖息地的动物种群的隔离,限制了种群的个体与基因的交换,降低了物种的遗传多样性。根据水生现状调查结果,那河流域分布的所有鱼类都属于淡水定居性鱼类,无长距离的溯河、降河洄游性鱼类,但存在短距离的繁殖、索饵、越冬等区域性洄游鱼类。大坝建设后,鱼类在上下游河道浅湾能找到适宜生境即可生存。总体来说,那河上下游河段连通性虽较差,但阻隔效应未显现。

在水文情势显著变化河段有产卵场 2 个,那河枢纽建成后库区水位抬升,下游河段水位下降,水文情势变化较大,库区河段产卵场功能性丧失,但库区形成该河段水位抬升,河流生境转变为湖泊生境,水面宽度增加,水体面积增大,回水湾和浅滩面积会随之增大,水体生产力上升,部分浅水水域和库尾河段会形成新的产卵场。坝下产卵场水量有所减少,但面积、生境条件变化不大,影响不显著。下游绿洲区泉集河仍有地下泉水渗出,产卵场功能基本可维持;鸭湖面积有所减少,盐分逐步升高,产卵场面积逐步减小;升高增加到一定程度,鱼类会上溯到泉集河段生存。

根据库区水温预测结果,库区存在水温分层现象,下泄水温在冬季较天然河流水温偏高,夏季比天然河道低,冬春季节出库水温变高,和库区浅水缓流区的增多(水温较高的微生境单元增多),有利于小型鳅科鱼类的繁殖,库区河段高原鳅产卵期会有所提前,但仍应会低于鸭湖产卵期而高于上游河段产卵期。但夏秋季节水温降低可导致水体生产力下降,导致坝下至出山口河段鱼类的减少,可能对亲鱼产生一定的影响,间接影响产卵繁殖。

大坝建设使得那河中游河流流水生境减少,湖泊生境增加,可能使经过长期自然选择而适宜静水或缓流区域生存的高原鳅类适宜生境增加,特别是库区周边静水浅滩和库尾缓流区域的大面积增加,会增加该河段鱼类产卵繁殖区域和索饵区域。库区深水区则能够提供良好的越冬场,在一定程度上改变该河段鱼类的种群规模,但不会影响物种多样性和鱼类资源的区系组成。那河水利枢纽建设和运营在短期内对鱼类造成的影响有限,但其影响是长远的、深刻的。

那河与格尔木河水生生物具有高度的一致性,但格尔木河鱼类多样性高于那河,那河位于无人区,根据现状调查仅有鳅科鱼类,无外来物种。

8.2　建　议

考虑到那棱格勒河流域生态环境脆弱,为更好地做好区域生态保护工作,工程运行期应重点加强那棱格勒河下游减水河段及绿洲区的生态环境监测,做好跟踪评估。

(1)那河流域地表水、地下水转换频繁,地表水—地下水关系复杂,建议那河水利枢纽运行期委托相关科研单位开展长期地表水、地下水监测及跟踪评估。

(2)那河绿洲区生态环境与地下水关系密切,建议那河水利枢纽运行期委托科研单位开展相关研究工作,重点开展绿洲生态环境影响监测与评估,以便及时发现工程建设与运行存在的环境问题,并及时反馈给建设单位,尽量减少工程兴建造成的不利环境影响。

(3)建议进一步开展水生生物监测和保护工作。

(4)建议进一步优化那河尾闾盐湖的开发方式,开展盐湖生态保护、盐湖资源开发和保护专题研究。

附　录

附录1　区域植物名录

科	植物名称	拉丁学名	植被型	海拔	备注
木贼科	问荆	*Equisetum arvense*	草本	生于海拔 2 000～4 100 m 的山坡林下、沼泽水沟边、田边渠岸、河滩灌丛、疏林草甸	
麻黄科	膜果麻黄	*Ephedra przewalski*	灌木	生于海拔 2 700～3 300 m 的荒漠、戈壁沙滩上	实际调查到
杨柳科	密齿柳	*Salix characta*	灌木	生于海拔 2 100～3 600 m 的山坡灌丛、河岸林缘、沟谷石隙、砂砾滩地、湖滨灌林	
蓼科	珠芽蓼	*Polygonum viviparum*	草本	生于海拔 2 000～4 200 m 潮湿的草地、灌丛、林缘、河滩、沟边等	实际调查到
	细叶西伯利亚蓼(变种)	*Polygonum sibiricum*	草本	生于海拔 2 700～4 500 m 的寒旱地区湖边湿润砂地、河滩砂地以及荒漠地区的湖、河边碱湿地	
	沙拐枣	*Calligonum mongolicum*	灌木	生于海拔 2 800～3 000 m 的山前砂砾洪积扇、洪积平原和沙丘	
	青海沙拐枣	*Calligonum kozlovi*	灌木	生于海拔 2 700～3 100 m 的戈壁荒漠、荒漠河滩、湖滩及雨沟边	
	柴达木沙拐枣	*Calligonum zaidamense A. Los.*	灌木	生于海拔 2 800～3 200 m 的山前冲积扇、河谷阶地、荒漠沙丘、砂砾质戈壁荒原、河滩砾地	青海特有
	锐枝木蓼	*Atraphaxis pungens*	灌木	生于海拔 2 700～3 060 m 的荒漠平原或荒漠洪积扇地	
	沙木蓼	*Atraphaxis bracteata A. Los.*	灌木	生于海拔 2 800～3 300 m 的荒漠平原沙地	
	穗序大黄	*Rheum spiciforme*	草本	生于海拔 3 800～4 800 m 的高山流石滩、河谷阶地、山前冲积扇、沟谷岩隙砾石山坡、河滩砂砾地	

续表

科	植物名称	拉丁学名	植被型	海拔	备注
藜科	驼绒藜	*Ceratoides latens*	灌木	生于海拔 2 500 ~ 4 500 m 的干旱山坡、干旱河谷阶地及荒漠平原和河滩	
	垫状驼绒藜	*Ceratoides compacta*	灌木	生于海拔 4 100 ~ 5 000 m 的高寒荒漠、高原河滩砾地、干旱山坡、湖滨盐碱滩地、荒漠草原、河谷阶地、山前冲积扇	
	蒿叶猪毛菜	*Salsola abrotanoides*	灌木	生于海拔 2 800 ~ 3 500 m 的盐碱化荒漠滩地、沟谷、山坡、山前干旱砾质地及干旱荒漠化草原	实际调查到
	猪毛菜	*Salsola collina*	草本	生于海拔 1 700 ~ 4 000 m 的田边、路边荒地、半干旱山坡、河滩、阶地等处	实际调查到
	柴达木猪毛菜	*Salsola zaidamica*	草本	生于海拔 2 800 ~ 3 000 m 的荒漠沙地雨沟、湖滨或河滩沙地	
	珍珠猪毛菜	*Salsola passerina*	灌木	生于海拔 3 100 m 的砾质河滩、山前砾质平原	实际调查到
	地肤	*Kochia scoparia*	草本	生于海拔 2 300 ~ 3 300 m 的农田边、庭院及路边荒地、草滩羊圈和水沟旁	
	合头草	*Sympegma regelii*	灌木	生于海拔 2 300 ~ 3 600 m 的干旱阳坡、低山荒漠、盐碱旱谷及山麓盐碱滩地及沟谷	实际调查到
	盐爪爪	*Kalidium foliatum*	灌木	生于海拔 2 700 ~ 3 200 m 的重盐碱化滩地、盐沼地及盐湖边	实际调查到
	黄毛头(变种)	*Kalidium cuspidatum*	灌木	生于海拔 1 700 ~ 3 900 m 的荒漠山丘、干旱山坡和砾质洪积扇边缘	实际调查到
	西伯利亚滨藜	*Atriplex sibirica L.*	草本	生于海拔 1 900 ~ 3 100 m 的田边及干旱盐碱地	
	盘果碱蓬	*Suaeda heterophylla*	草本	生于海拔 3 100 m 的山麓砾质滩地及戈壁	
	粗咀虫实	*Corispermum dutreuilii*	草本	生于海拔 2 700 ~ 3 300 m 的沙质荒漠	
	蒙古虫实	*Corispermum mongolicum*	草本	生于海拔 1 800 ~ 2 800 m 的河滩砂、砾地	
	甜菜	*Beta vulgaris L.*	草本		

续表

科	植物名称	拉丁学名	植被型	海拔	备注
藜科	雾冰藜	*Bassia dasyphylla*	草本	生于海拔 2 700 ~ 3 200 m 的沙滩、盐碱地及沙丘	实际调查到
	藜	*Chenopodium album* L.	草本	生于海拔 1 700 ~ 4 200 m 的农田、湖边、地边、路旁及荒地	实际调查到
	盐角草	*Salicornia europaea* L.	草本	生于海拔 2 600 ~ 3 000 m 的盐湖湖沼、湖滨沙地和重盐碱滩地	
	白茎盐生草	*Halogeton arachnoideus*	草本	生于海拔 2 200 ~ 3 400 m 的荒漠盐碱滩地、沙地、干旱山坡及谷地	实际调查到
罂粟科	直立黄堇	*Corydalis stricta*	灌木	生于海拔 3 200 ~ 4 900 m 的山坡草地、阴坡、沙地、岩石缝隙	
十字花科	白菜	*Beta vulgaris* L.	草本		
	青菜	*Brassica chinensis*	草本		
	萝卜	*Raphanus sativus*	草本		
	芥菜	*Brassica juncea*	草本	农田栽培或在田边荒地成半野生	实际调查到
	独行菜	*Lepidium apetalum*	草本	生于海拔 1 700 ~ 5 000 m 的农田边、林边荒地及路边	
	钝叶独行菜	*Lepidium obtusum*	草本	生于海拔 2 800 ~ 2 900 m 的荒漠水沟边、沙地及绿洲田边和荒地	
	光果宽叶独行菜	*Lepidium latifolium* var. *affine*	草本	生于海拔 2 200 ~ 3 000 m 的盐碱沙滩、干旱山麓、田边及路旁	
	大果高河菜	*Megacarpaea megalocarpa*	草本	生于海拔 2 800 ~ 3 600 m 的荒漠洼地、干旱草地、砂砾滩地、沙丘周围	
	菥蓂	*Thlaspi arvense* L.	草本	生于海拔 2 000 ~ 4 200 m 的田边、路边、宅旁、沟边及山坡荒地	
	荠	*Capsella bursa - pastoris*	草本	生于海拔 1 700 ~ 4 000 m 的农田、地边、沟边、园林、灌木间及路边荒地	
	藏荠	*Hedinia tibetica*	草本	生于海拔 2 900 ~ 5 100 m 的河滩、湖畔、山坡砂砾质草甸草原或草原	

续表

科	植物名称	拉丁学名	植被型	海拔	备注
十字花科	盐泽双脊荠	*Dilophia salsa*	草本	生于海拔 3 300 ~ 4 700 m 的河滩、湖滨的低洼沙石地	
	矮喜山葶苈	*Draba oreades var. commutat*	草本	生于海拔 3 800 ~ 5 100 m 的高山岩屑坡和草甸、灌丛	
	沼泽葶苈	*Draba rockii*	草本	生于海拔 4 500 ~ 5 100 m 的高山冷湿岩屑坡、河滩疏草甸以及湖滨低洼地	
	紫花碎米荠	*Cardamine tangutorum*	草本	生于海拔 2 400 ~ 4 600 m 的河滩、山坡、林缘、林下、灌丛和草甸	
	大叶碎米荠	*Cardamine macrophylla*	草本	生于海拔 2 400 ~ 3 900 m 的林缘、林下、灌丛及河滩湿地	
	单花荠	*Pegaeophyton scapiflorum*	草本	生于海拔 4 100 ~ 5 400 m 的岩屑碎石山顶、坡地、滩地及盐化草甸	
	腺异蕊芥	*Dimorphostemon glandulosus*	草本	生于海拔 3 200 ~ 4 900 m 的河滩、湖滨砂砾地和沙质草甸	
	紫花棒果芥	*Sterigmostemum matthioloides*	草本	生于海拔 1 750 ~ 3 200 m 的荒漠沙滩、山麓砾地、山前洪积扇、河岸路边、干涸河谷、河谷阶地、砂砾滩地	
	蚓果芥	*Torularia humilis*	草本	生于海拔 1 700 ~ 4 200 m 的山坡、山沟、林下林缘、灌丛、草地及田边荒地	
	播娘蒿	*Descurainia sophia*	草本	生于海拔 2 100 ~ 4 600 m 的田边、路旁、河边及山坡砂质草地	
景天科	四裂红景天	*Rhodiola quadrifida*	草本	生于海拔 2 800 ~ 4 800 m 的高山碎石隙、高山草甸	
蔷薇科	月季花	*Rosa chinensis*	灌木		
	伏毛山莓草	*Sibbaldia adpressa*	草本	生于海拔 2 350 ~ 4 200 m 的农田边、砾石地、林间空隙间及干旱山坡	
	金露梅（原变种）	*Potentilla fruticosa L.*	灌木	生于海拔 2 500 ~ 4 200 m 的高山灌丛或高山草甸中、林缘、河滩及山坡、路旁	实际调查到
	垫状金露梅（变种）	*Potentilla fruticosa*	灌木	生于海拔 3 800 ~ 5 450 m 的高山草甸、山坡灌丛及冰川砾石破上	

续表

科	植物名称	拉丁学名	植被型	海拔	备注
蔷薇科	小叶金露梅（原变种）	*Potentilla parvifolia*	灌木	生于海拔 2 230～5 000 m 的高山草甸、林缘、灌丛中及河漫滩、沟谷山坡	
	二裂委陵菜（原变种）	*Potentilla bifurca var. bifurca*	草本	生于海拔 2 080～4 300 m 的干山坡、撂荒地、路边、河滩及疏林和灌丛下	
	蕨麻（原变种）	*Potentilla anserina L. var. anserina*	草本	生于海拔 1 700～4 400 m 的高山草甸、山坡湿润草地、河滩、水沟边、路旁及畜圈附近	
	多头委陵菜	*Potentilla multiceps*	草本	生于海拔 4 000～4 600 m 的河滩、山坡	
	多茎委陵菜	*Potentilla multicaulis*	草本	生于海拔 2 300～4 800 m 的疏林下、林缘、向阳山坡、草地及河滩、田边和路旁	
豆科	骆驼刺	*Alhagi sparsifolia*	灌木	生于海拔约 3 000 m 的荒漠、盐渍化沙滩	实际调查到
	苦豆子	*Sophora alopecuroides*	草本	生于海拔 1 700～2 800 m 的河谷、田边等阳光充足、排水良好的石灰性土壤或砂质土上	
	黄花草木犀	*Melilotus officinalis*	草本	生于海拔 1 800～2 800 m 的山沟林下、河岸、田边及山麓等处	
	草木犀	*Melilotus suaveolens*	草本	生于海拔 2 000～2 550 m 的河滩、沟谷、湖盆及林缘水边等低湿或轻度盐化的草甸	
	苦马豆	*Sphaerophysa salsula*	灌木	生于海拔 2 000～3 000 m 的河谷滩地的沙质土壤上	
	格尔木黄芪（原变种）	*Astragalus golmuensis*	草本	生于海拔 4 100～4 700 m 的河滩砂砾地、砾石山坡	
	短毛黄芪	*Astragalus puberulus*	草本	生于海拔 2 800～3 200 m 的砂砾滩地、丘间低地和撂荒地	
	丛生黄芪（原变形）	*Astragalus confertus*	草本	生于海拔 3 500～4 700 m 的高山草地、沙粒坡、河滩砂地或林缘草甸	
	多枝黄芪	*Astragalus polycladus*	草本	生于海拔 1 900～4 550 m 的山坡、沟谷河滩及林园草甸、草原、荒漠草原	

续表

科	植物名称	拉丁学名	植被型	海拔高度	备注
豆科	松潘黄芪（原变形）	*Astragalus sungpanensis*	草本	生于海拔 3 200 ~ 4 600 m 的高山草甸、高寒草原、山坡砾地	
	石生黄芪	*Astragalus saxorum*	草本	生于海拔 3 700 ~ 4 800 m 的滩地、山坡草地、河边砾地	
	长爪黄芪	*Astragalus hendersonii*	草本	生于海拔 3 200 ~ 5 000 m 的河滩砂砾地、砾石坡及半固定沙丘	
	斜茎黄芪	*Astragalus adsurgens*	草本	生于海拔 1 900 ~ 3 600 m 的林缘、河滩灌丛、盐碱沙地山坡草甸、草原	
	团垫黄芪	*Astragalus arnoldii*	草本	生于海拔 4 400 ~ 5 000 m 的高山草地、砾石河滩、砂砾山坡及冰川附近	
	雪地黄芪（原变种）	*Astragalus nivalis*	草本	生于海拔 2 800 ~ 4 400 m 的砾质山坡、河沟山隙砂砾滩地、干旱草原	
	胀萼黄芪	*Astragalus ellipsoideus*	草本	生于荒漠草原、砾石山坡、砂砾滩地	
	高山豆	*Tibetia himalaica*	草本	生于海拔 2 400 ~ 4 150 m 的高山草甸、林缘灌丛、河谷阶地、阳坡、河漫滩	
	刺叶柄棘豆	*Oxytropis aciphylla*	灌木	生于海拔 2 800 ~ 3 500 m 的砾石山坡、沙丘、砂砾滩地及阳坡阶地	实际调查到
	胶黄芪状棘豆	*Oxytropis tragacanthoides*	灌木	生于海拔 2 800 ~ 4 150 m 的山坡草地、砾石山麓、阳坡、沟谷石隙	
	甘肃棘豆	*Oxytropis kansuensis*	草本	生于海拔 2 300 ~ 4 600 m 的高山草甸、山沟林下、阴坡灌丛、河滩草地	
	冰川棘豆	*Oxytropis glacialis*	草本	生于海拔 4 500 ~ 5 200 m 的高寒草原、山坡砾地、河滩砂砾地、宽谷草地	
	少花棘豆	*Oxytropis pauciflora*	草本	生于海拔 3 600 ~ 5 000 m 的高山草甸、阴坡灌丛、高寒草原、滩地	
	云南棘豆	*Oxytropis yunnanensis*	草本	生于海拔 3 900 ~ 5 000 m 的高山草甸、山坡灌丛、河滩、砂砾地	

续表

科	植物名称	拉丁学名	植被型	海拔	备注
豆科	镰形棘豆	*Oxytropis falcata*	草本	生于海拔 2 700 ~ 4 900 m 的湖滨沙滩、砾石地、山坡草地、河滩灌丛	
	密丛棘豆	*Oxytropis densa*	草本	生于海拔 3 200 ~ 5 200 m 的高寒草甸、草甸、河岸石隙、砂砾山坡、湖滨沙滩	
	胀果棘豆	*Oxytropis stracheyana*	草本	生于海拔 3 200 ~ 5 000 m 的山坡草地、河滩砾地、砾石坡、沙丘	
	救荒野豌豆	*Vicia sativa*	草本	生于海拔 1 800 ~ 2 900 m 的沟谷林下、田埂、路边及荒地中、河滩疏林、麦田中	
蒺藜科	小果白刺	*Nitraria sibirica*	灌木	生于海拔 1 850 ~ 3 700 m 的山坡滩地、湖边沙地、荒漠草原、沙丘或路旁	
	大白刺	*Nitraria roborowskii*	灌木	生于海拔 2 300 ~ 3 300 m 的荒漠草原、戈壁沙滩、沙丘上及渠边和沟边沙地	
	白刺	*Nitraria tangutorum*	灌木	生于海拔 1 900 ~ 3 500 m 的干山坡、河谷、河滩、戈壁滩、冲积扇前缘	实际调查到
大戟科	青藏大戟	*Euphorbia altotibetica*	草本	生于海拔 2 560 ~ 4 400 m 的高山草甸、草原、山坡石隙、沙丘	
柽柳科	三春水柏枝	*Myricaria paniculata*	灌木	生于海拔 2 200 ~ 2 800 m 的河谷滩地、河床沙地、砾石滩及河边	
	宽苞水柏枝	*Myricaria bracteata*	灌木	生于海拔 2 200 ~ 2 800 m 的河滩、湖边、河岸两旁	
	具鳞水柏枝	*Myricaria squamosa*	灌木	生于海拔 2 200 ~ 4 000 m 的河滩、河谷阶地、河床、湖边沙地及流水边	实际调查到
	长穗柽柳	*Tamarix elongata*	灌木	生于海拔 2 700 ~ 2 900 m 的荒漠地区的河谷、河岸、湖边、冲积平原、阶地和沙丘	
	翠枝柽柳	*Tamarix gracilis*	灌木	生于海拔 2 700 ~ 2 990 m 的沙滩和盐碱滩地	
	刚毛柽柳	*Tamarix hispida*	灌木	生于海拔 2 700 ~ 2 870 m 的戈壁、河漫滩、洪积扇、沙丘间和盐碱地上	

续表

科	植物名称	拉丁学名	植被型	海拔	备注
柽柳科	盐地柽柳	*Tamarix karelinii*	灌木	生于海拔 2 900 m 左右的戈壁滩、盐渍化沙地	
	多枝柽柳	*Tamarix ramosissima*	灌木	生于海拔 2 700 ~ 2 950 m 的干河床、洪积扇、河漫滩、阶地、盐碱地和沙丘上	
	细穗柽柳	*Tamarix leptostachys*	灌木	生于海拔 2 750 m 左右的冲积扇、丘间地、河湖岸及河漫滩盐碱地	实际调查到
	多花柽柳	*Tamarix hohenackeri*	灌木	生于海拔 2 700 ~ 2 900 m 的轻盐渍化的洪积扇、河湖沙地、河谷及灌丛中	
胡颓子科	沙枣(原变种)	*Elaeagnus angustifolia Linn.*	灌木	生于海拔 2 080 ~ 2 900 m 的田边、道旁、河岸阶地	
锁阳科	锁阳	*Cynomorium songaricum*	草本	生于海拔 2 700 m 的白刺沙丘和田边	
伞形科	葛缕子	*Carum carvi L.*	草本	生于海拔 2 080 ~ 4 050 m 的高山草甸、高山灌丛、林下、林缘、道旁、田边	
报春花科	海乳草	*Glaux maritima*	草本	生于海拔 2 800 ~ 4 500 m 的河滩沼泽、草甸、盐碱地、沟边、阶地	
	鳞叶点地梅	*Androsace squarrosula*	草本	生于海拔 4 000 ~ 5 050 m 的山坡、山顶及滩地	
	垫状点地梅	*Androsace tapete*	草本	生于海拔 3 800 ~ 5 200 m 的山顶石隙、河谷滩地、山坡	
	天山报春	*Primula nutans*	草本	生于海拔 2 700 ~ 4 500 m 的沼泽、湿地、草甸、山坡	
白花丹科	黄花补血草(原变种)	*Limonium var. aureum*	草本	生于海拔 2 230 ~ 4 200 m 的林缘、荒漠、盐碱滩、山坡	
	巴隆补血草(变种)	*Limonium var. dielsianum*	草本	生于海拔 3 000 ~ 4 200 m 的山坡、荒漠、洪积扇	
龙胆科	岷县龙胆	*Gentiana purdomii*	草本	生于海拔 3 500 ~ 5 000 m 的山顶草地、草甸、沼泽草甸	
	管花秦艽	*Gentiana siphonantha*	草本	生于海拔 3 000 ~ 4 500 m 的河滩、山坡草甸、灌丛中	

续表

科	植物名称	拉丁学名	植被型	海拔	备注
夹竹桃科	白麻	*Poacynum pictum*	灌木	生于海拔 2 700 ~ 3 000 m 的荒漠草甸、低凹地	
紫草科	甘青微孔草	*Microula pseudotrichocarpa*	草本	生于海拔 2 700 ~ 4 500 m 的林下、林缘干旱草地、灌丛、草甸、滩地	
唇形科	细穗香薷（变种）	*Elsholtzia densa var. ianthina*	草本	生于海拔 2 300 ~ 3 700 m 的荒地、田边、山坡	
	白花枝子花（异叶青兰）	*Dracocephalum heterophyllum*	草本	生于海拔 2 000 ~ 4 700 m 的阳坡草地、田埂荒地、阴坡林下、灌丛河谷阶地	
茄科	黑果枸杞	*Lycium ruthenicum*	灌木	生于海拔 2 780 ~ 2 960 m 的沙地 - 河滩、田边	
	阳芋	*Solanum tuberosum L.*	草本		
玄参科	肉果草	*Lancea tibetica*	草本	生于海拔 2 240 ~ 4 400 m 的高山灌丛、草甸、河漫滩、弃耕地、砾石滩地、林缘灌丛、河边草地、疏林内	
	长果婆婆纳	*Veronica ciliata*	草本	生于海拔 2 450 ~ 4 600 m 的高山灌丛、草甸及草甸破坏处、林下、阳性干旱山坡、流石滩草甸处	
	阿拉善马先蒿	*Pedicularis alaschanica*	草本	生于海拔 2 300 ~ 4 300 m 的干旱山坡、河漫滩、山坡林下、岩石下	
	假弯管马先蒿	*Pedicularis pseudocurvituba*	草本	生于海拔 3 300 ~ 4 300 m 的干旱山坡、河漫滩、山坡林下、岩石下	
	大唇马先蒿	*Pedicularis megalochila*	草本	生于海拔 2 700 ~ 4 800 m 的林缘溪流处、高山草甸湿处，沼泽草甸、河滩灌丛	
	华马先蒿	*Pedicularis oederi*	草本	生于海拔 2 900 ~ 5 085 m 的高山灌丛草甸、沼泽草甸土丘上及流石滩草甸和石隙处	

续表

科	植物名称	拉丁学名	植被型	海拔	备注
紫葳科	大花角蒿	*Incarvillea mairei*	草本	生于海拔 3 000 ~ 4 100 m 的山坡、灌丛、草地、流沙中	
	密花角蒿	*Incarvillea compacta*	草本	生于海拔 2 400 ~ 4 600 m 的阳性石质山坡	
忍冬科	小叶忍冬	*Lonicera microphylla*	灌木	生于海拔 2 300 ~ 3 900 m 的山坡、河谷及林缘	
菊科	翠菊	*Callistephus chinensis*	草本		
	阿尔泰狗娃花	*Heteropappus altaicus*	草本	生于海拔 1 800 ~ 4 150 m 的河滩、山坡、荒地	
	柔软紫菀	*Aster flaccidus*	草本	生于海拔 2 800 ~ 5 000 m 的高山地区、河滩、草甸、高山草甸、高山流石滩	实际调查到
	中亚紫菀木	*Asterothamnus centraliasiaticus*	灌木	生于海拔 1 880 ~ 3 600 m 的干山坡、洪积扇、河岸、荒漠中的水边	
	弱小火绒草	*Leontopodium pusillum*	草本	生于海拔 3 600 ~ 5 000 m 的退化草地、河滩、高山草甸、沼泽草甸及山顶湿草甸	
	苍耳	*Xanthium sibiricum*	草本	生于海拔 1 800 ~ 3 700 m 的水边、荒地、农田及路边	
	灌木亚菊	*Ajania fruticulosa*	灌木	生于海拔 2 000 ~ 2 830 m 的干旱山坡、荒地	实际调查到
	蒙青绢蒿	*Seriphidium mongolorum*	草本	生于海拔 2 700 ~ 2 900 m 的山前平地、沙漠	
	大籽蒿	*Artemisia sieversiana*	草本	生于海拔 2 000 ~ 4 300 m 的田边、荒地、河滩、半阴坡、林缘和空中林地	
	莳萝蒿	*Artemisia anethoides*	草本	生于海拔 2 900 ~ 3 600 m 的干旱山坡、草原、荒漠	
	垫型蒿	*Artemisia minor*	草本	生于海拔 2 900 ~ 4 600 m 的沙滩、干旱山坡、洪积扇、河滩	
	香叶蒿	*Artemisia rutifolia*	草本	生于海拔 3 200 ~ 3 800 m 的山间盆地、阶地冲沟	
	紫花冷蒿(变种)	*Artemisia frigida var. atropurpurea*	草本	生于海拔 2 230 ~ 4 300 m 的干旱山坡、沙滩、河岸阶地	实际调查到

续表

科	植物名称	拉丁学名	植被型	海拔	备注
菊科	米蒿	*Artemisia dalai - lamae*	草本	生于海拔 2 300 ~ 3 800 m 的干山坡、荒漠、洪积扇	
	臭蒿	*Artemisia hedinii*	草本	生于海拔 2 700 ~ 4 700 m 的滩地、河滩、山坡、田边	
	毛莲蒿	*Artemisia vestita*	草本	生于海拔 2 400 ~ 3 900 m 的阳山坡、河边、田边、林缘及林下	
	圆头蒿	*Artemisia sphaerocephala*	灌木	生于海拔 3 100 ~ 3 250 m 的沙丘上	
	藏岩蒿	*Artemisia prattii*	灌木	生于海拔 2 900 ~ 3 300 m 的沙丘、山前洪积滩上	
	沙蒿（原变种）	*Artemisia desertorum var. desertorum*	草本	生于海拔 2 400 ~ 4 750 m 的田边、河岸、湖滨、滩地、山坡、林缘	实际调查到
	西域千里光	*Senecio krascheninnikovii*	草本	生于海拔 2 900 ~ 3 100 m 的水边、田边、荒地	
	北千里光	*Senecio dubitabilis*	草本	生于海拔 2 450 ~ 2 900 m 的河边、田边、山坡、荒地	
	盘花垂头菊	*Cremanthodium discoideum*	草本	生于海拔 3 000 ~ 4 500 m 的高山草地、灌丛中	
	车前状垂头菊（原变种）	*Cremanthodium ellisii var. ellisii*	草本	生于海拔 3 500 ~ 4 900 m 的高山草甸、流石滩	
	矮垂头菊	*Cremanthodium humile*	草本	生于海拔 3 500 ~ 4 900 m 的高山流石滩地	
	金盏菊	*Calendula officinalis L*	草本	生于海拔 1 800 ~ 3 290 m 的荒地、农田、河滩	
	红花	*Carthamus tinctorius*	草本		
	藏西风毛菊	*Saussurea stoliczkai*	草本	生于海拔 4 060 ~ 4 500 m 的河滩、阴坡草甸	
	中亚风毛菊	*Saussurea pseudosalsa*	草本	生于海拔 2 700 ~ 2 800 m 的水边及湖边	实际调查到
	达乌里风毛菊	*Saussurea davurica*	草本	生于海拔 2 670 ~ 3 600 m 的盐碱地、沼泽地、湖边	
	蒙古鸦葱	*Scorzonera mongolica*	草本	生于海拔 2 800 ~ 3 500 m 的沙地、盐碱滩地	

续表

科	植物名称	拉丁学名	植被型	海拔	备注
菊科	蒲公英	*Taraxacum mongolicum*	草本	生于海拔 2 080 ~ 4 000 m 的荒地、水边、田边、河滩	
	亚洲蒲公英	*Taraxacum asiaticum*	草本	生于海拔 2 600 ~ 4 800 m 的河滩、山坡、高山草甸	
	糖芥绢毛菊	*Soroseris erysimoides*	草本	生于海拔 3 300 ~ 5 400 m 的高山草地、高山灌丛中	
	乳苣	*Mulgedium tataricum*	草本	生于海拔 1 800 ~ 2 900 m 的河滩、沙滩、田边、山坡荒地	
	弯茎还阳参	*Crepis flexuosa*	草本	生于海拔 1 900 ~ 5 000 m 的山坡、田边、沙地、河滩及湖边	
	草甸还阳参	*Crepis pratensis*	草本	生于海拔 2 760 ~ 2 980 m 的盐湖滩、谷地和田边	
香蒲科	狭叶香蒲	*Typha angustifolia Linn*	草本	生于海拔 2 200 ~ 2 800 m 的淡水池沼、湖泊和渠边	
眼子菜科	水麦冬	*Triglochin palustre Linn*	草本	生于海拔 2 200 ~ 4 300 m 的沼泽、滩地、湖泊、湿地	
	海韭菜	*Triglochin maritimum Linn*	草本	生于海拔 2 200 ~ 4 300 m 的沼泽、滩地、湖泊、湿地、河流	
	篦齿眼子菜（原变种）	*Potamogeton pectinatus Linn*	草本	生于海拔 2 800 ~ 3 300 m 的池塘、湖泊和河流浅滩	
禾本科	芦苇	*Phragmites australis*	草本	生于海拔 2 000 ~ 3 200 m 的湖边、沼泽、沙地、河岸、田边等处	实际调查到
	紫羊茅	*Festuca rubra*	草本	生于海拔 3 200 ~ 4 650 m 的山地草原、草甸、山坡阴处、河漫滩	
	草地早熟禾	*Poa pratensis L*	草本	生于海拔 2 080 ~ 4 300 m 的山坡草地、草原、灌丛、河漫滩、林下、路旁、河边、	
	小早熟禾	*Poa calliopsis*	草本	生于海拔 3 000 ~ 5 000 m 的山地、阴坡、草甸、林下、山间河滩、草地、湖边、灌丛	
	波伐早熟禾	*Poa poophagorum*	草本	生于海拔 2 800 ~ 4 810 m 的高山草甸、草原、山坡草地、河漫滩、冲积扇前缘、路旁	

续表

科	植物名称	拉丁学名	植被型	海拔	备注
禾本科	冷地早熟禾	*Poa crymophila*	草本	生于海拔 2 300 ~ 4 300 m 的山坡草地、高山草甸、灌丛、河滩、林缘、草原	
	碱茅	*Puccinellia distans*	草本	生于海拔 1 900 ~ 4 400 m 的沟边、路边、草丛、河滩、林下	
	光稃碱茅	*Puccinellia leiolepis*	草本	生于海拔 3 050 ~ 3 200 m 的草地	
	鹤甫碱茅	*Puccinellia hauptiana*	草本	生于海拔 2 900 m 的路边草丛	
	微药碱茅	*Puccinellia micrandra*	草本	生于海拔 2 230 ~ 3 100 m 的渠边、路边草丛、田边	
	毛稃碱茅	*Puccinellia dolicholepis*	草本	生于海拔 3 900 ~ 4 300 m 的盐生草滩、砂砾地	
	雀麦	*Bromus japonica*	草本	生于海拔 2 420 ~ 3 200 m 的山坡草地、田埂、林缘、河漫滩	
	扁穗雀麦	*Bromus catharticus*	草本	适于大部分海拔	
	扇穗茅	*Littledalea racemosa*	草本	生于海拔 2 700 ~ 4 900 m 的山坡草地、灌丛、河边、滩地、草甸、沙滩	
	芒颖鹅观草	*Roegneria aristiglumis*	草本	生于海拔 3 400 ~ 5 000 m 的山坡、草甸、河滩	
	岷山鹅观草	*Roegneria dura*	草本	生于海拔 3 000 ~ 5 400 m 的山坡、草地、灌丛、砾石滩	
	梭罗草	*Roegneria thoroldiana*	草本	生于海拔 3 700 ~ 5 000 m 的山坡草地、谷底多沙处以及河岸坡地、滩地	
	冰草	*Agropyron cristatum*	草本	生于海拔 2 800 ~ 4 500 m 的干燥沙地、山谷、湖岸	实际调查到
	垂穗披碱草	*Elymus nutans*	草本	生于海拔 2 600 ~ 4 900 m 的山坡、草原、林缘、灌丛、田边、路旁、河渠、湖岸	
	老芒麦	*sibiricus*	草本	生于海拔 2 200 ~ 4 100 m 的山坡、路旁、河滩、沟谷、林缘、灌丛	
	披碱草（原变种）	*dahuricus*	草本	生于海拔 1 800 ~ 4 100 m 的山坡、草地、河滩、沟沿、林缘、路旁、灌丛	

续表

科	植物名称	拉丁学名	植被型	海拔高度	备注
禾本科	若羌赖草	*Leymus ruoqiangensis*	草本	生于海拔 2 500 ~ 3 000 m 的山坡、草甸、河边	
	弯曲赖草	*Leymus flexus*	草本	生于海拔 2 200 ~ 4 000 m 的山坡、渠边、撂荒地	
	赖草	*Secalinus*	草本	生于海拔 1 900 ~ 4 300 m 的山坡草地、河滩湖岸、林缘路边	
	毛穗赖草	*Leymus paboanus*	草本	生于海拔 2 750 ~ 3 100 m 的草甸、河岸、沟沿、山坡	
	蒙古穗三毛	*Mongolicum*	草本	生于海拔 2 900 ~ 5 400 m 的山坡草地、高山草原、流石滩	
	穗发草	*Deschampsia koelerioieles*	草本	生于海拔 3 200 ~ 4 500 m 的高山灌丛草甸、山坡草地、河漫滩、灌丛间	
	短枝发草（变种）	*Deschampsia littoralis var. ivanovae*	草本	生于海拔 2 780 ~ 4 500 m 的高山草甸、河滩、林缘草地、灌丛草地	
	假苇拂子茅	*Calamagrostis pseudaphragmites*	草本	生于海拔 1 650 ~ 3 900 m 的山坡草地、河岸阴湿处	
	瘦野青茅	*Deyeuxia macilenta*	草本	生于海拔 2 700 ~ 4 500 m 的草地	
	长芒棒头草	*Polypogon monspeliensis*	草本	生于海拔 1 800 ~ 3 050 m 的河滩、潮湿地、水沟边	
	座花针茅	*Stipa subsessiliflora*	草本	生于海拔 2 600 ~ 4 400 m 的山坡草甸、高寒草原、砂砾地、河谷阶地	
	毛疏花针茅（变种）	*Stipa penicillata var. hirsuta*	草本	生于海拔 3 600 ~ 4 500 m 的山坡下部草地或沟坡上	
	沙生针茅	*Stipa glareosa*	草本	生于海拔 2 890 ~ 4 100 m 的石质山坡、戈壁沙滩	实际调查到
	天山针茅	*Stipa tianschanica Roshev. var. tianschanica*	草本	生于海拔 2 600 ~ 3 000 m 的干山坡、砾石堆上	
	芨芨草	*Achnatherum splendens*	草本	生于海拔 1 900 ~ 4 100 m 的微碱性的草滩、石质山坡、干山坡、林缘草地、荒漠草原	实际调查到
	光药芨芨草	*Achnatherum psilantherum*	草本	生于海拔 2 600 ~ 4 050 m 的山坡草地、河岸草丛、河滩	

续表

科	植物名称	拉丁学名	植被型	海拔	备注
禾本科	冠毛草	*Stephanachne pappophorea*	草本	生于海拔 2 230 ~ 3 600 m 的干山坡、干草原、干河滩及路边	
	中华隐子草	*Cleistogenes chinensis*	草本	生于山坡、丘陵、林缘草地	
	小尖隐子草	*Cleistogenes mucronata*	草本	生于山坡碎石中或山麓冲积地	
	白草	*Pennisetum centrasiaticum*	草本	生于海拔 1 850 ~ 4 000 m 的山坡、河滩、田边、灌丛、路旁、水沟边	
莎草科	扁秆藨草	*Scirpus planiculmis*	草本	生于海拔 1 600 ~ 2 820 m 的水边湿地或浅水处	
	球穗藨草	*Scirpus strobilinus*	草本	生于海拔 2 670 ~ 2 900 m 的水边、路旁凹地、沙丘湿地和沼泽	
	水葱	*Scirpus tabernaemontani*	草本	生于海拔 2 740 ~ 3 200 m 的水边和沼泽	
	华扁穗草	*Blysmus sinocompressus*	草本	生于海拔 1 900 ~ 4 200 m 的沟边、溪边、河滩潮湿处和沼泽地上	
	具刚毛荸荠	*Eleocharis valleculosa*	草本	生于海拔 2 800 m 的湖边或沼泽地	
	中间型荸荠	*Eleocharis intersita*	草本	生于海拔 2 800 ~ 3 800 m 的湖边、沼泽地、路边	
	喜马拉雅嵩草	*Kobresia royleana*	草本	生于海拔 2 800 ~ 4 650 m 的高山草甸、山坡、灌丛、河谷、河边、湖边、林下、沼泽草甸	
	高山嵩草	*Kobresia pygmaea*	草本	生于海拔 3 200 ~ 4 800 m 的河滩、草甸、山坡、山顶、沟谷、砾石滩、灌丛、林下	
	粗壮嵩草	*Kobresia robusta*	草本	生于海拔 2 890 ~ 4 700 m 的沙滩、沙丘、河岸沙地、干山坡、砂砾地	
	嵩草	*Kobresia bellardii*	草本	生于海拔 2 100 ~ 4 500 m 的高山草甸、山坡、河滩、灌丛、谷地、林下、草甸化草原、高山流失坡	
	线叶嵩草	*Kobresia capillifolia*	草本	生于海拔 2 490 ~ 4 700 m 的高山草甸、山麓、山坡、林间、灌丛、河谷、草甸化草原、溪边、河滩	

续表

科	植物名称	拉丁学名	植被型	海拔	备注
莎草科	青藏苔草	*Carex moorcroftii*	草本	生于海拔 2 100 ~ 4 900 m 的河漫滩、湖边湿沙地、阴坡潮湿处	实际调查到
	甘肃苔草	*Carex kansuensis*	草本	生于海拔 2 700 ~ 4 500 m 的山坡灌丛中或高山草地林下	
	伊凡苔草	*Carex ivanoviae*	草本	生于海拔 2 600 ~ 5 000 m 的干旱沙山坡、草原、草甸中	
	黑褐苔草	*Carex atrofusca*	草本	生于海拔 2 600 ~ 5 000 m 的山坡草甸、河漫滩或灌丛草甸	
灯心草科	小灯心草	*Juncus bufonius*	草本	生于海拔 2 200 ~ 4 400 m 的河滩、渠道、沼泽和湿地	
百合科	蒙古韭	*Allium mongolicum*	草本	生于海拔 2 820 ~ 2 900 m 的山坡、沙滩	实际调查到
	镰叶韭	*Allium carolinianum*	草本	生于海拔 2 900 ~ 5 000 m 的高山流石滩、山间滩地、冲积扇、干山坡疏林下	
	少花顶冰花	*Gagea pauciflora*	草本	生于海拔 2 300 ~ 4 500 m 的山坡灌丛、草丛、河滩	
鸢尾科	天山鸢尾	*Iris loczyi*	草本	生于海拔 2 200 ~ 4 900 m 的干旱山坡、高山草地、寒漠砾地	
	马蔺	*chinensis*	草本	生于海拔 2 200 ~ 4 900 m 的干旱山坡、高山草地、荒漠、湿地	
	德国鸢尾	*Iris germanica L*	草本		

附录 2　区域鸟类动物名录

中文名	拉丁名	居留期间	区系	国家保护级别	备注
一、雁形目、鸭科					
鸿雁	*Anser cygnoides*	旅鸟	古北种		
灰雁	*Anser anser*	旅鸟	古北种		
疣鼻天鹅	*Cygnus olor*	旅鸟	古北种	国家Ⅱ级	
赤麻鸭	*Tadorna ferruginea*	旅鸟	古北种		
赤嘴潜鸭	*Netta rufina*	候鸟	古北种		
白眼潜鸭	*Aythya nyroca*	旅鸟	古北种		
普通秋沙鸭	*Mergus merganser*	候鸟			
二、隼形目、鹰科					
鸢	*Milvus korschun*	留鸟、旅鸟	广布种		
三、鸡形目、雉科					
藏雪鸡	*Tetraogallus tibetanus*	留鸟	古北种	国家Ⅱ级	
高山雪鸡	*Tetraogallus himalayensis*	留鸟	古北种	国家Ⅱ级	
石鸡	*Alectoris graeca*	留鸟	古北种		
雉鸡(环颈雉)	*Phasianus colchicus*	留鸟	古北种		
蓑羽鹤	*Anthropoides virgo*	旅鸟	古北种	国家Ⅱ级	
四、鸻形目、鸻科					
环颈鸻(白领鸻)	*Charadrius alexandrinus*	候鸟	古北种		
红脚鹬	*Tringa totanus*	候鸟	古北种		
反嘴鹬	*Recurvirostra avosetta*	候鸟	古北种		
五、鸥形目、欧科					
棕头鸥	*Larus brunnicephalus*	候鸟	古北种		
普通燕鸥	*Sterna hirundo*	候鸟	古北种		
六、鸽形目、沙鸡科					
西藏毛腿沙鸡	*Syrrhaptes tibetanus*	留鸟	古北种		
原鸽	*Columba livia*	留鸟	古北种		
欧斑鸠	*streptopella turtur*		广布种		

续表

中文名	拉丁名	居留期间	区系	国家保护级别	备注
七、雀形目、百灵科					
细嘴沙百灵	*calandrella acutirostris*	候鸟	古北种		
小沙百灵	*calandrella rufescens*	候鸟	古北种		
角百灵	*Eremophila alpestris*	留鸟			
八、雀形目、燕科					
龙沙燕	*Riparia riparia*	候鸟	古北种		
岩燕	*Ptyonoprogne rupestris*	候鸟	古北种		
家燕	*Hirundo rustica*	候鸟	古北种		
九、雀形目、鹡鸰科					
黄头鹡鸰	*Motacilla citreola*	候鸟			
白鹡鸰	*Motacilla alba*	旅鸟			
十、雀形目、伯劳科					
楔尾伯劳	*Lanius sphenocercus*	候鸟			
十一、雀形目、鸦科					
喜鹊	*Pica pica*	留鸟	古北种		
黑尾地鸦	*Podoces hendersoni*	留鸟	古北种		
褐背拟地鸦	*Pseudopodoces humilis*	留鸟	古北种		
红嘴山鸦	*Pyrrhocorax pyrrhocorax*	留鸟	古北种		
渡鸦	*Corvus corax*	留鸟			
十二、雀形目、河乌科					
河乌	*Cinclus cinclus*	留鸟、候鸟	广布种		
十三、雀形目、岩鹨科					
褐岩鹨	*Prunella fulvescens*	留鸟	古北种		
十四、雀形目、鹟科(1)鸫亚科					
赭红尾鸲	*Phoenicurus ochruros*	候鸟	古北种		
红腹红尾鸲	*Phoenicurus erythrogaster*	留鸟	古北种		
漠鹏	*oenanthe deserti*	候鸟	古北种		
乌鸫	*Turdus merula*		古北种		
斑鸫	*Turdus naumanni*	旅鸟	古北种		
田鸫	*Turdus pilaris*	候鸟、旅鸟	古北种		

续表

中文名	拉丁名	居留期间	区系	国家保护级别	备注
十四、雀形目、鹟科(2)鸫亚科					
文须雀	*Panurus biarmicus*	候鸟	古北种		
十五、雀形目、鹟科(3)鸫亚科					
稻田苇莺	*Acrocephalus agricola*	候鸟	古北种		
白喉林莺	*Sylvia curruca*	旅鸟	古北种		
沙白喉林莺	*Sylvia curruca*	候鸟	古北种		
花彩雀莺	*Leptopoecile sophiae*	留鸟			
凤头雀莺	*Leptopoecile elegans*	留鸟、候鸟	古北种		
十六、雀形目、山雀科					
白眉山雀	*Parus superciliosus*	留鸟	古北种		
十七、雀形目、文鸟科					
家麻雀	*Passer domesticus*	留鸟、候鸟	古北种		
(树)麻雀	*Passer montanus*	留鸟	广布种		
褐翅雪雀	*Montifringilla adamsi*	留鸟			
棕颈雪雀	*Montifringilla ruficollis*	留鸟	古北种		
棕背雪雀	*Montifringilla blanfordi*	留鸟	古北种		
十八、雀形目、雀科					
黄嘴朱顶雀	*Carduelis flavirostris*	留鸟	古北种		
林岭雀	*Leucosticte nemoricola*	留鸟	古北种		
漠雀	*phodopechys githagineus*	候鸟	古北种		
大朱雀	*Carpodacus rubicilla*	留鸟	古北种		
红眉朱雀	*Carpodacus pulcherrimus*	旅鸟	古北种		
白眉朱雀	*Carpodacus thura*	留鸟	古北种		
朱雀	*Carpodacus erythrinus*	留鸟、旅鸟	古北种		
白翅拟蜡嘴雀	*Mycerobas carnipes*	旅鸟	古北种		
白头鹀	*Emberiza leucocephala*	旅鸟	古北种		
芦鹀	*Emberiza schoeniclus*	候鸟	古北种		

附录3　区域哺乳类和爬行类动物名录

中文名	拉丁名	生存环境	国家保护级别	是否中国或青藏高原特有种
一、食虫目、鼩鼱科				
西藏鼩鼱	*sorex thibetanus*	荒漠半荒漠		
二、翼手目、蝙蝠科				
柯氏长耳蝠	*plecotus kozlovi*	灌丛、芦苇丛		是
三、食肉目、犬科				
狼	*canis lupus*	高山裸岩、高山灌丛、草原草甸草原、山地森林、荒漠半荒漠、干草原、羌塘草原、沼泽草甸		
豺	*cuon alpinus*	山地森林		
藏狐	*vulpes ferrilata*	高山裸岩、高山灌丛、草原草甸草原、山地森林、荒漠半荒漠、干草原、羌塘草原、沼泽草甸		是
赤狐	*vulpes vulpes*	高山裸岩、高山灌丛、草原草甸草原、山地森林、荒漠半荒漠、干草原、羌塘草原、沼泽草甸	国家Ⅱ级	
四、食肉目、熊科				
棕熊	*Ursus arctos*	高山灌丛、草原草甸草原、山地森林、荒漠半荒漠、羌塘草原、沼泽草甸	国家Ⅱ级	是
五、食肉目、鼬科				
香鼬	*Mustela altaica*	高山裸岩、高山灌丛、草原草甸草原、山地森林、荒漠半荒漠、干草原、羌塘草原、沼泽草甸	国家Ⅱ级	
艾虎	*Mustela eversmanni*	高山灌丛、草原草甸草原、荒漠半荒漠、干草原、羌塘草原		是
六、食肉目、猫科				
荒漠猫	*Felis bieti*	荒漠、高山灌丛和高山草甸等地带生活	国家Ⅱ级	是
兔狲	*Felis manul*	高山灌丛、草原草甸草原、山地森林、荒漠半荒漠、羌塘草原、沼泽草甸	国家Ⅱ级	是

续表

中文名	拉丁名	生存环境	国家保护级别	是否中国或青藏高原特有种
猞猁	*Lynx lynx*	高山裸岩、高山灌丛、草原草甸草原、山地森林、荒漠半荒漠、干草原、羌塘草原、沼泽草甸	国家Ⅱ级	
雪豹	*Panthera Uncia*	高山裸岩、高山灌丛、山地森林、荒漠半荒漠、羌塘草原	国家Ⅰ级	
七、奇蹄目、马科				
藏野驴	*Equus Kiang*	草原草甸草原、荒漠半荒漠、羌塘草原	国家Ⅰ级	是
八、偶蹄目、鹿科				
白唇鹿	*Cervus albirostris*	高山裸岩、高山灌丛、草原草甸草原、山地森林、羌塘草原	国家Ⅰ级	是
九、偶蹄目、牛科				
鹅喉羚	*Gazella subgutturosa*	荒漠、草甸	国家Ⅱ级	是
藏原羚	*Procapra picticaudata*	草原草甸草原、荒漠半荒漠、干草原、羌塘草原	国家Ⅱ级	是
岩羊	*Pseudois nayaur*	高山灌丛、干草原	国家Ⅱ级	
十、啮齿目、松鼠科				
喜马拉雅旱獭	*Marmota himalayana*	草原草甸草原、干草原、羌塘草原		是
十一、啮齿目、仓鼠科				
长尾仓鼠	*Cricetulus longicaudatus*	荒漠半荒漠		是
灰仓鼠	*Cricetulus migratorius*	荒漠半荒漠		
子午沙鼠	*Meriones meridianus*	荒漠与荒漠草原、芦苇沙地		是
小毛足鼠	*Phodopus roborovskii*	荒漠半荒漠		
十二、啮齿目、田鼠科				
斯氏高山	*Alticola stoliczkanus*	高山裸岩、羌塘草原		是
普氏兔尾鼠	*Eolagurus przewalskii*	草原草甸草原、荒漠半荒漠		
根田鼠	*Microtus oeconomus*	荒漠半荒漠、沼泽草甸		是
白尾松田鼠	*Phaiomys leucurus*	荒漠半荒漠、羌塘草原		是

续表

中文名	拉丁名	生存环境	国家保护级别	是否中国或青藏高原特有种
十三、啮齿目、鼠科				
小家鼠	Mus musculus	广布种		是
十四、啮齿目、跳鼠科				
三趾跳鼠	Dipus sagitta	固定和半固定沙丘，砾石荒漠、盐渍荒漠、沙丘		是
长耳跳鼠	Euchoreutes naso	沙地		是
十五、兔形目、鼠兔科				
甘肃鼠兔	Ochotona cansus	草地、裸岩		是
达乌尔鼠兔	Ochotona dauurica	高山灌丛、草原草甸草原、山地森林、干草原		是
红耳鼠兔	Ochotona erythrotis	高山裸岩、高山灌丛、草原草甸草原、荒漠半荒漠、干草原		是
柯氏鼠兔	Ochotona koslowi	羌塘草原、高山灌丛		是
拉达克鼠兔	Ochotona ladacensis	高山草甸		是
大耳鼠兔	Ochotona macrotis	河谷、草甸		是
十六、蜥蜴目、鬣蜥科				
青海沙蜥	*Phrynocephalus vlangalii*	荒漠、半荒漠、黄土高原西缘干草原		
十七、蜥蜴目、蜥蜴科				
密点麻蜥	*Eremias multiocellata*	海拔 3 500 m 以下的高原、丘陵和盆地的高草原及荒漠、半荒漠边缘的稀疏灌丛		青海特有

参考文献

[1] 王苏民,窦鸿身. 中国湖泊志[M]. 北京:科学出版社,1998.

[2] 中国科学院西北高原生物研究所. 青海植物志[M]. 西宁:青海人民出版社,1997.

[3] 中国社会科学院西北高原生物研究所. 青海经济植物志[M]. 西宁:青海人民出版社,1987.

[4] 青海省农业资源区划办公室,中国科学院西北高原生物研究所. 青海植物名录[M]. 西宁:青海人民出版社,1998.

[5] 中国社会科学院西北高原生物研究所. 青海经济动物志[M]. 西宁:青海人民出版社,1989.

[6] 王基琳,蒋卓群. 青海省渔业资源和渔业区划[M]. 西宁:青海人民出版社,1988.

[7] 李天威,等. 西部大开发重点区域和行业发展战略环境评价[M]. 北京:中国环境科学出版社,2016.

[8] 那棱格勒河出山口径流转化和消耗专题报告[R]. 北京:中国水利水电科学研究院,2016.

[9] 刘东生. 西北地区水资源配置生态环境建设和可持续发展战略研究——西北地区自然环境演变及其发展趋势[M]. 北京:科学出版社,2004.

[10] 徐威. 那棱格勒河冲洪积平原地下水循环模式及其对人类活动的响应研究[D]. 吉林大学,2015.

[11] 王涛,高东林,马海州,等. 那棱格勒河流域及尾闾盐湖水文循环动力学模型的选择[J]. 盐湖研究,2006,14(4):18-25.

[12] 杨贵林,张静娴. 柴达木盆地水文特征[J]. 干旱区研究,1996,13(1):7-13.

[13] 薛建军. 浅谈21世纪柴达木盆地水资源可持续利用与生态环境保护策略[J]. 西北水资源与水工程,2003,14(4):58-60.

[14] 周长进,董锁成. 柴达木盆地主要河流的水质研究及水环境保护[J]. 资源科学,2002,24(2):37-41.

[15] 黄勇,祁永前,张健健,等. 柴达木盆地地下水功能评价[J]. 人民黄河,2015,35(7).

[16] 盛松涛,李星,张贵金. 水利水电工程环境影响综合后评价方法研究[J]. 人民黄河,2012,34(10):110-113.

[17] 吴泽斌. 水利工程生态环境影响评价研究[D]. 武汉:武汉大学,2005.

[18] 李健,王辉,黄勇,等. 柴达木盆地格尔木河流域生态需水量初步估算探讨[J]. 水文地质工程地质,2008(1):71-75.

[19] 范亚宁,刘康,古超. 青海省那棱格勒河下游绿洲区生态环境现状评价[J]. 西北大学城市与环境学院,2017,29(4):42-45.

[20] 叶红梅,陈少辉,盛丰. 疏勒河灌区2000—2014年植被生态适宜需水动态研究[J]. 冰川冻土,2016,38(1):231-240.

[21] 金晓媚,刘金韬,夏薇. 柴达木盆地乌图美仁区植被覆盖率变化及其与地下水的关系[J]. 地学前缘,2014,21(4):100-106.

[22] 夏薇. 柴达木盆地植被覆盖的动态变化研究[D]. 北京:中国地质大学,2013.

[23] 张宏,樊自立. 塔里木盆地北部盐化草甸植被净第一性生产力模型研究[J]. 植物生态学报,2000,24(1):13-17.

[24] 张嘉琪,任志远. 1977—2010年柴达木盆地地表潜在蒸散时空演变趋势[J]. 资源科学,2014,36(10):2103-2112.

[25] 朱宏,郭守坤.浅谈引水工程对下游水生态环境影响因素[J].吉林水利,2007(4):13-14.
[26] 关于印发《水利水电建设项目河道生态用水、低温水和过鱼设施环境影响评价技术指南(试行)的函(环评函[2006]4号).
[27] 张觉民,何志辉.内陆水域渔业自然资源调查手册[M].北京:农业出版社,1991.
[28] 李柯懋,唐文家,关弘韬.青海省土著鱼类种类及保护对策[J].水生态学杂志,2009,2(3):32-36.
[29] 中华人民共和国水利部. 地表水资源质量评价技术规程:SL 395—2007[S].2007.
[30] 董哲仁,孙东亚,等.生态水利工程原理与技术[M].北京:中国水利水电出版社,2007.
[31] 朱党生,周奕梅,邹家祥.水利水电工程环境影响评价[M].北京:中国环境科学出版社,2006.
[32] 邹家祥.环境影响评价技术手册.水利水电工程[M].北京:中国环境科学出版社,2009.
[33] 赵敏,常玉苗.跨流域调水对生态环境的影响及其评价研究综述[J].水利经济,2009,27(1):1-4.

附　图

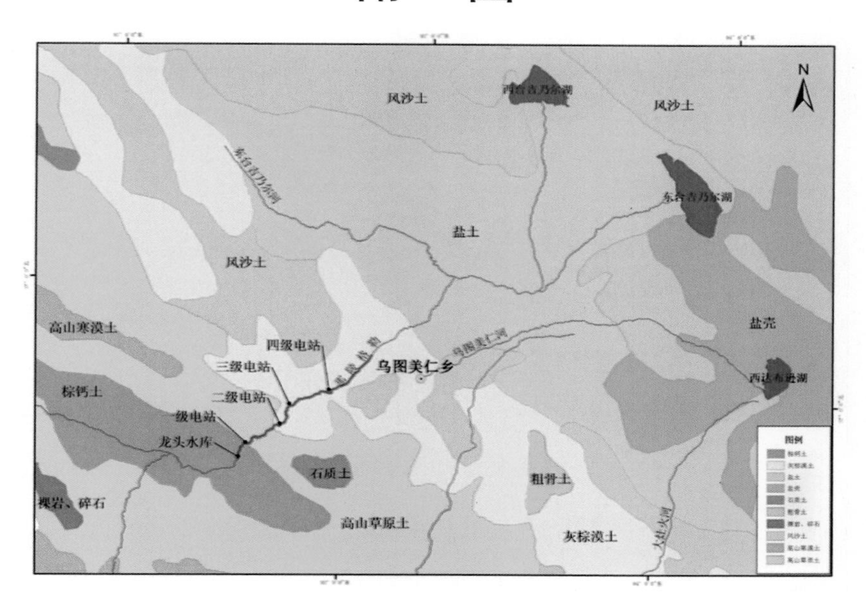

附图 1-1　区域土壤类型图

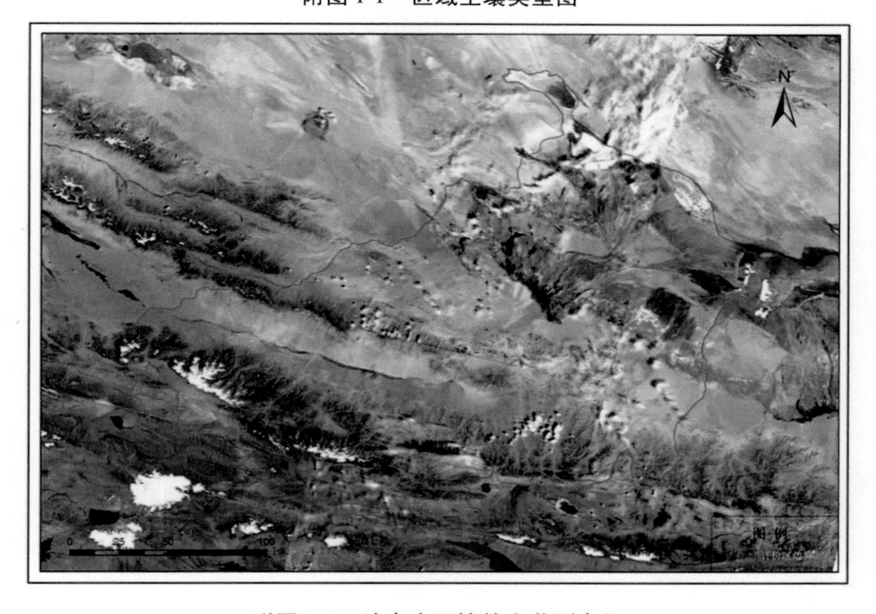

附图 2-1　地表水环境补充监测点位

附图 2-2　那棱格勒河水利枢纽生态采样点位分布示意图

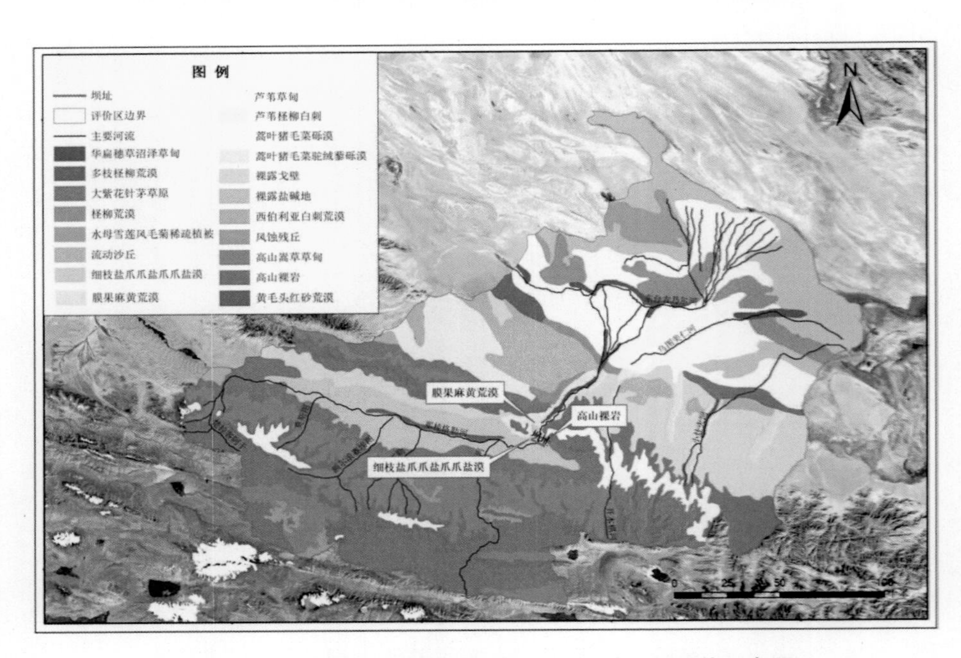

附图 2-3　那棱格勒河水利枢纽评价区土地利用现状示意图

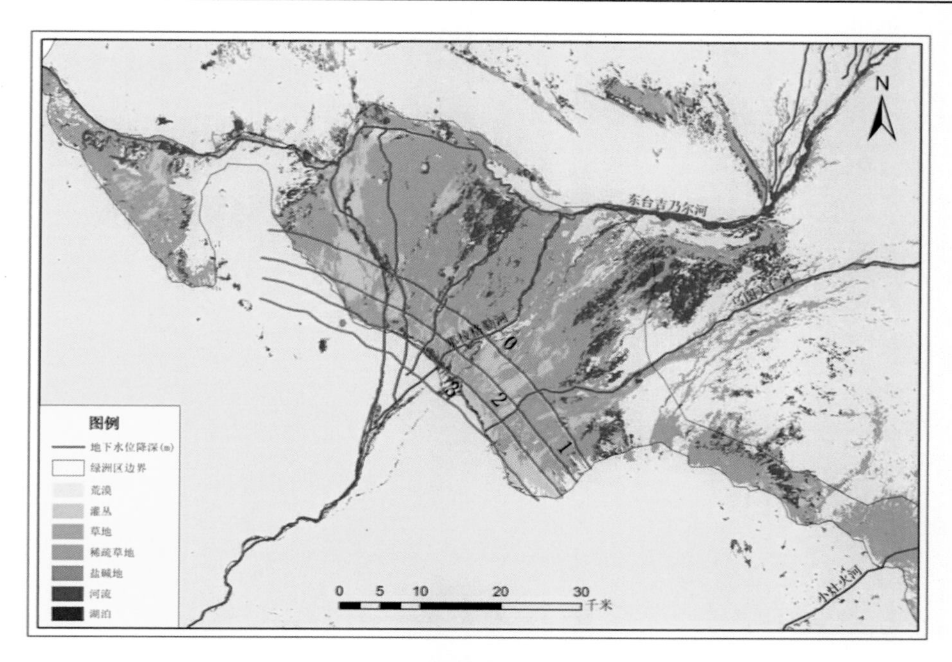

附图 2-4　那棱格勒河水利枢纽评价区植被类型分布示意图

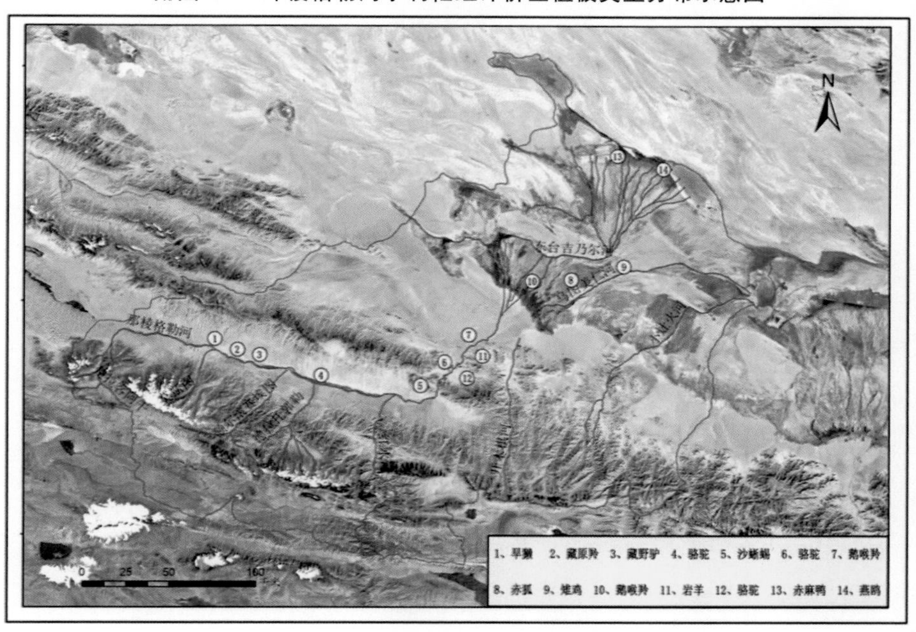

附图 2-5　那棱格勒河下游绿洲区植被现状图

附图 2-6　尾闾湖区四湖分布图

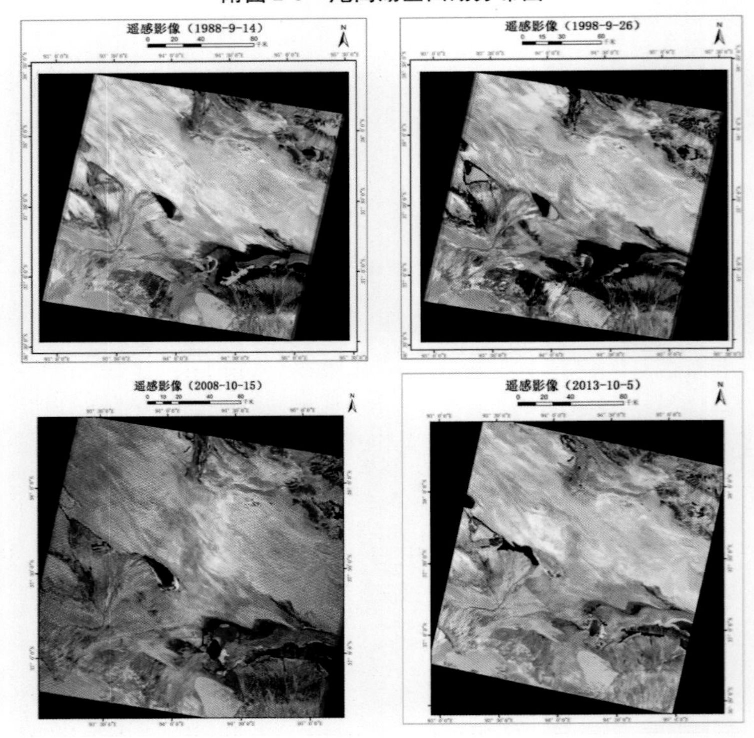

附图 2-7　东台吉乃尔湖、西台吉乃尔湖水面面积演化图

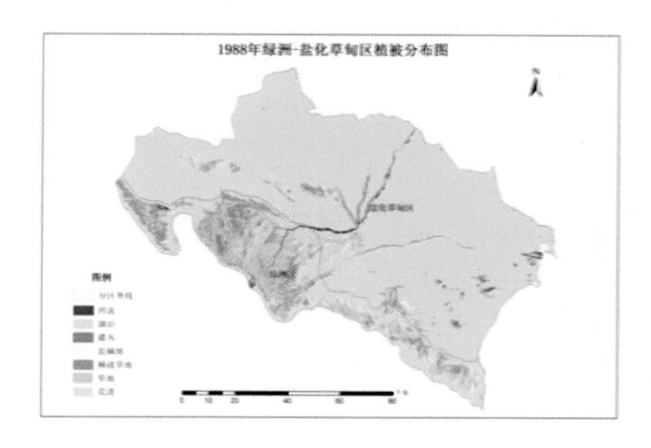

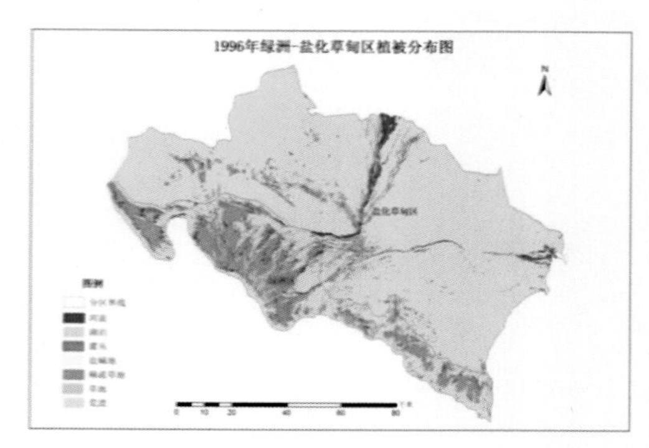

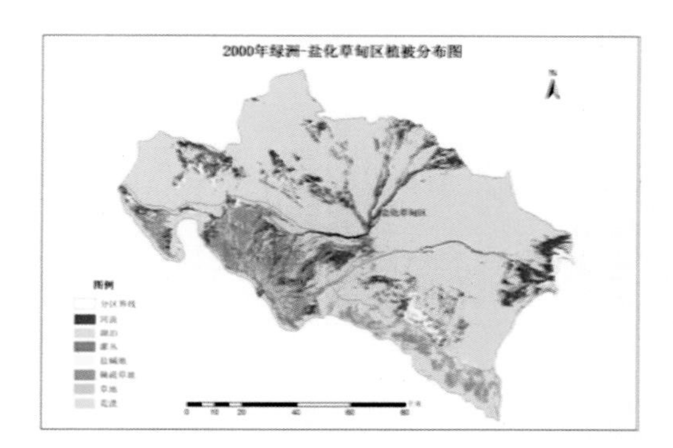

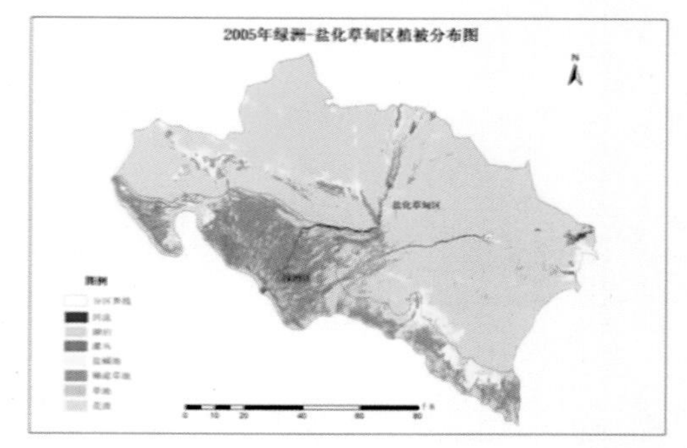

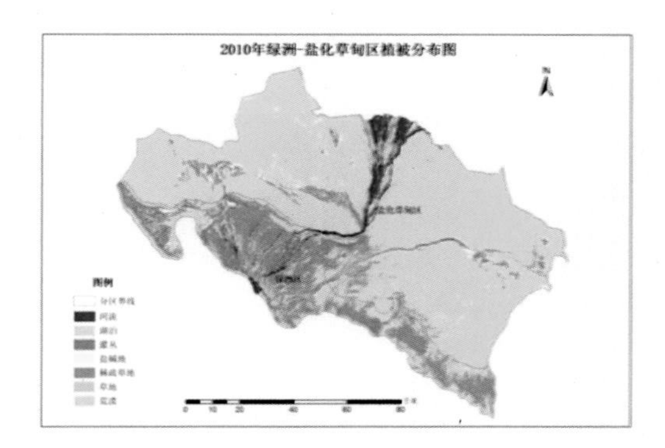

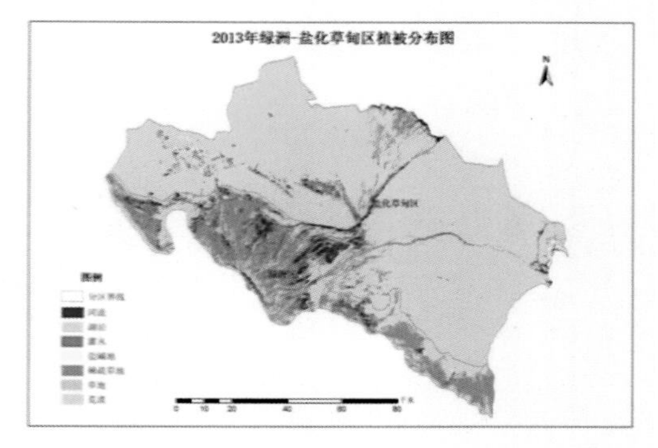

附图 2-8　工程评价范围内植被分布演变图

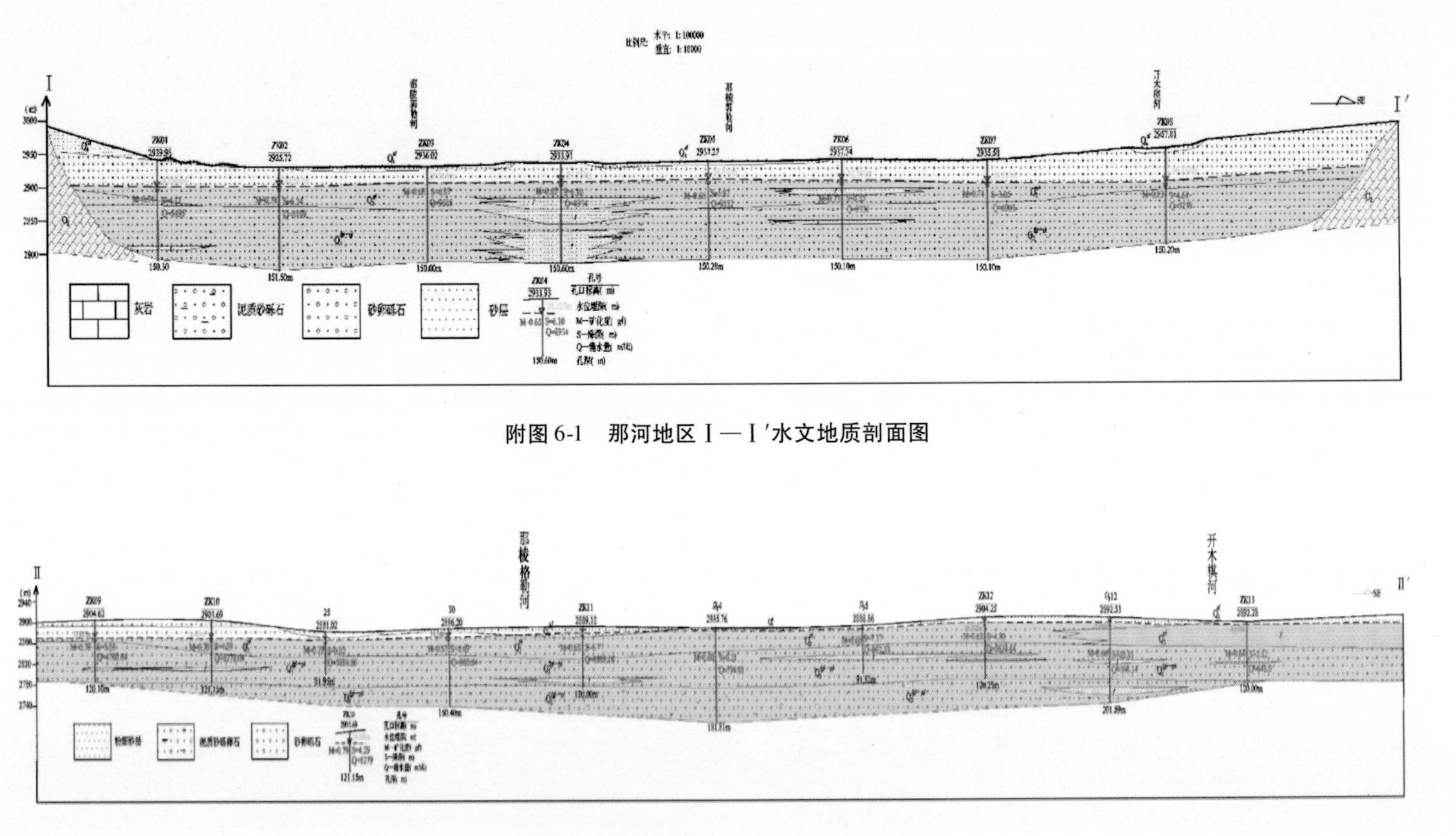

附图 6-1 那河地区Ⅰ—Ⅰ′水文地质剖面图

附图 6-2 那河地区Ⅱ—Ⅱ′水文地质剖面图

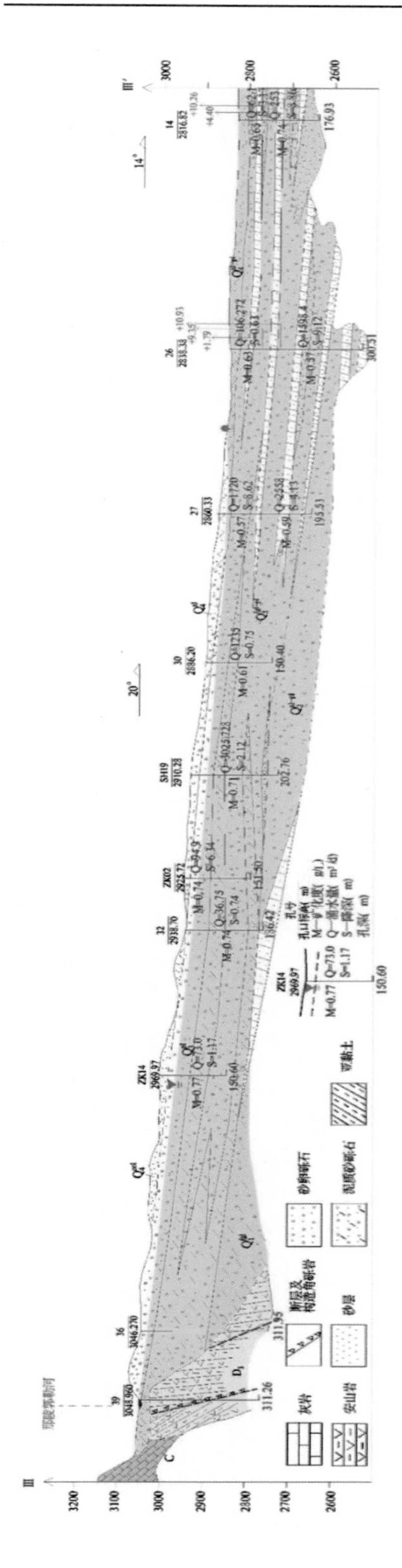

附图 6-3　那棱格勒河冲洪积扇Ⅲ—Ⅲ′水文地质剖面

比例尺：水平：1：100000
垂直：1：10000

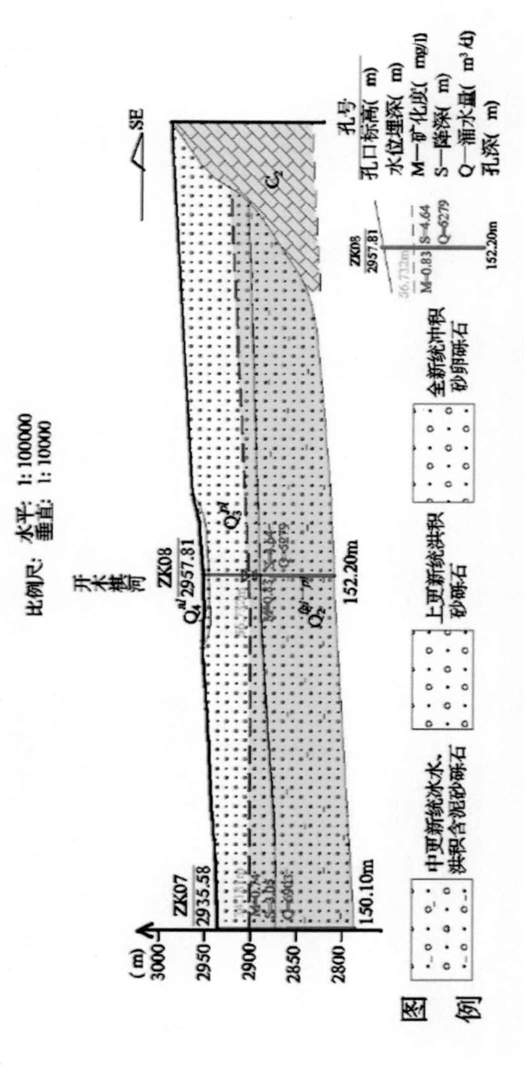

附图 6-4　开木棋河洪积扇水文地质剖面

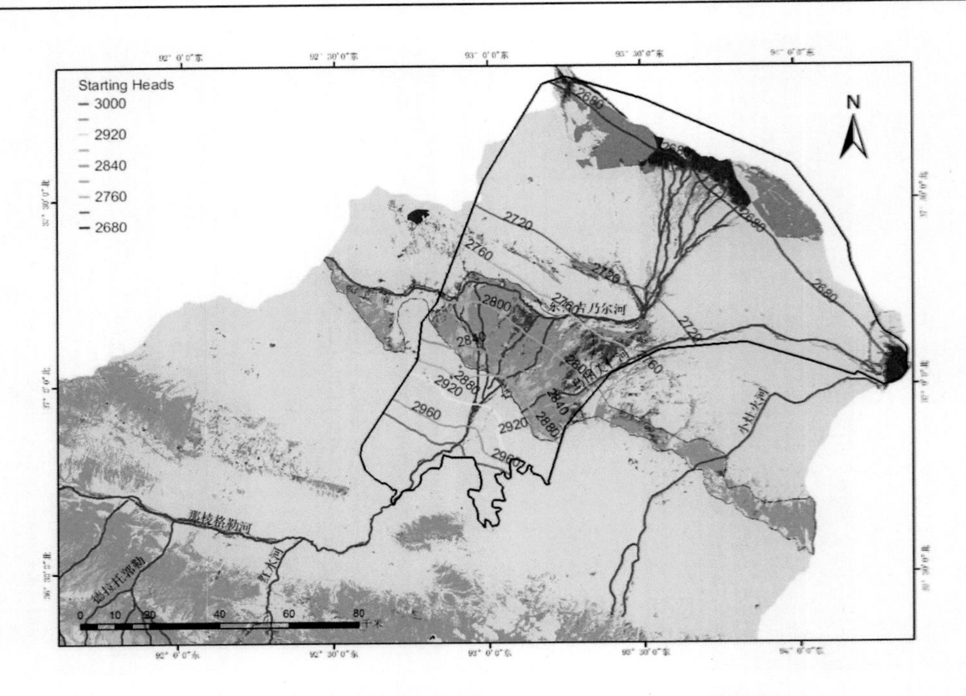

附图 6-5　预测评价区初始流场(2011 年 12 月 31 日流场)

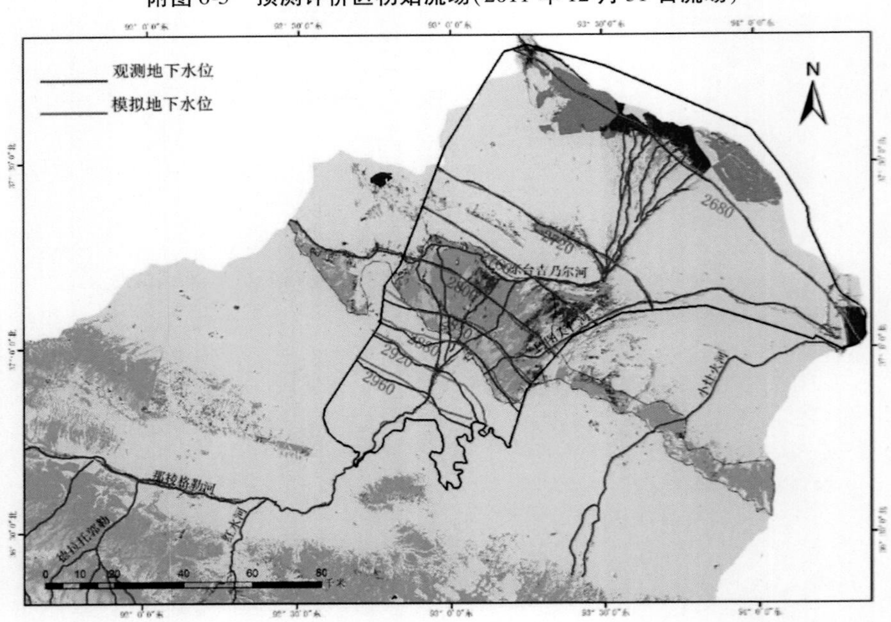

附图 6-6　预测评价区 2012 年 12 月 31 日模拟水头与观测水头拟合图

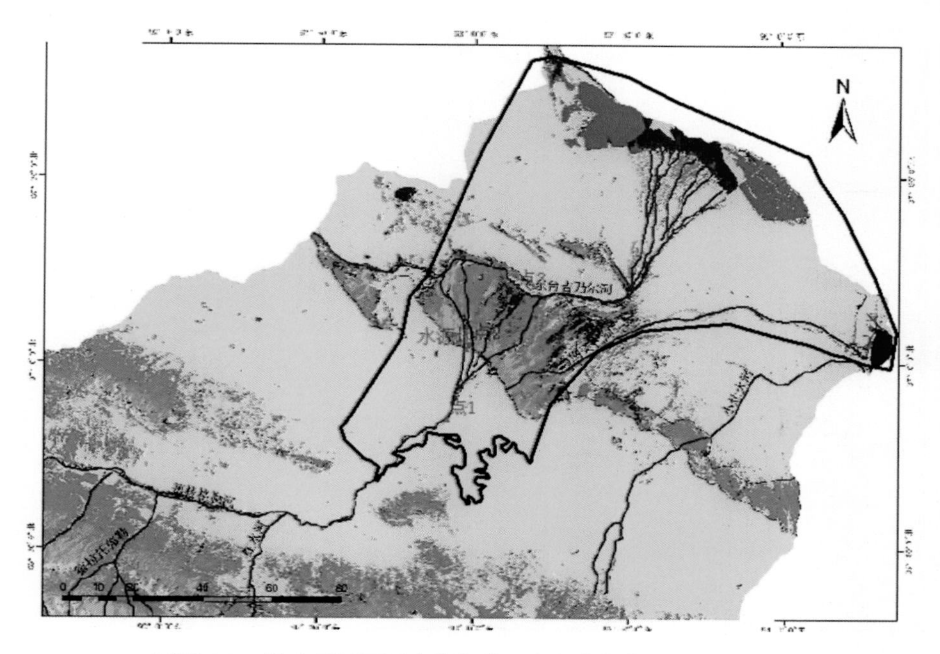

附图 6-7　拟建项目不同来水条件下水位变化典型点分布位置

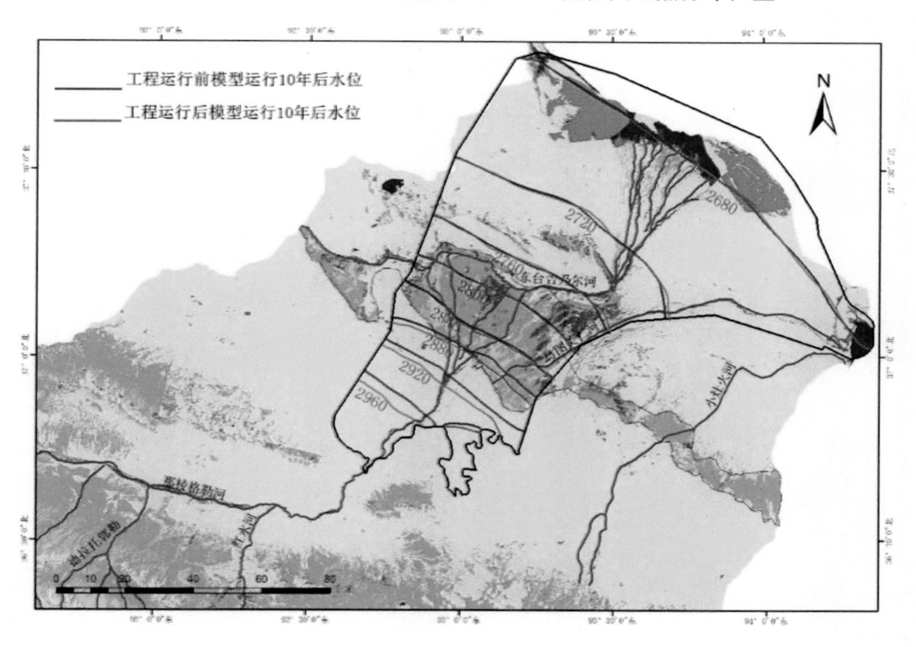

附图 6-8　现状和工程运行条件下模型运行 10 年后水位对比

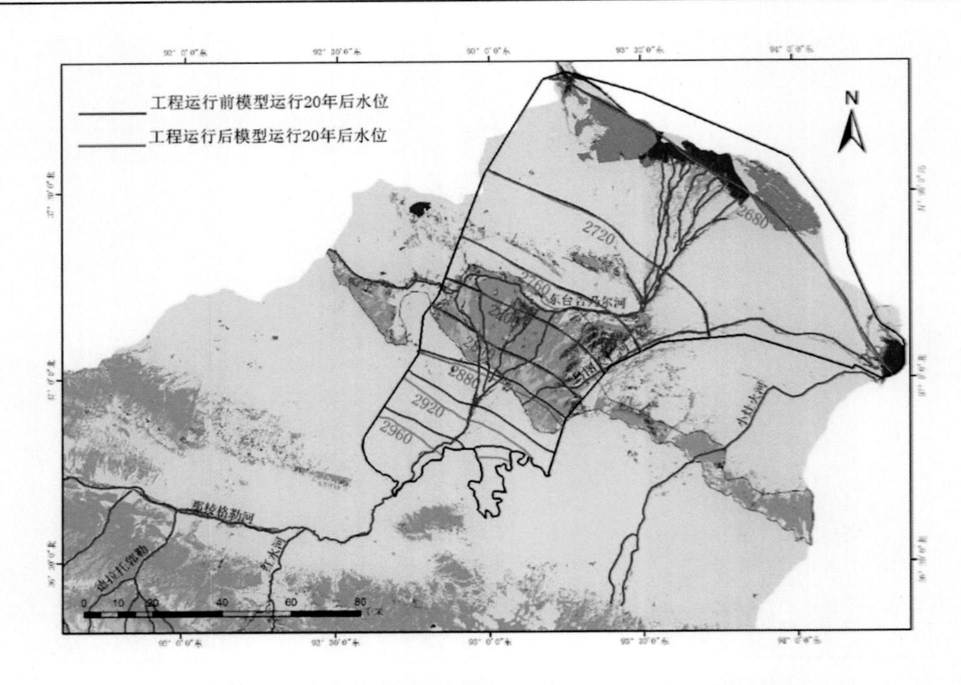

附图 6-9　现状和工程运行条件下模型运行 20 年后水位对比

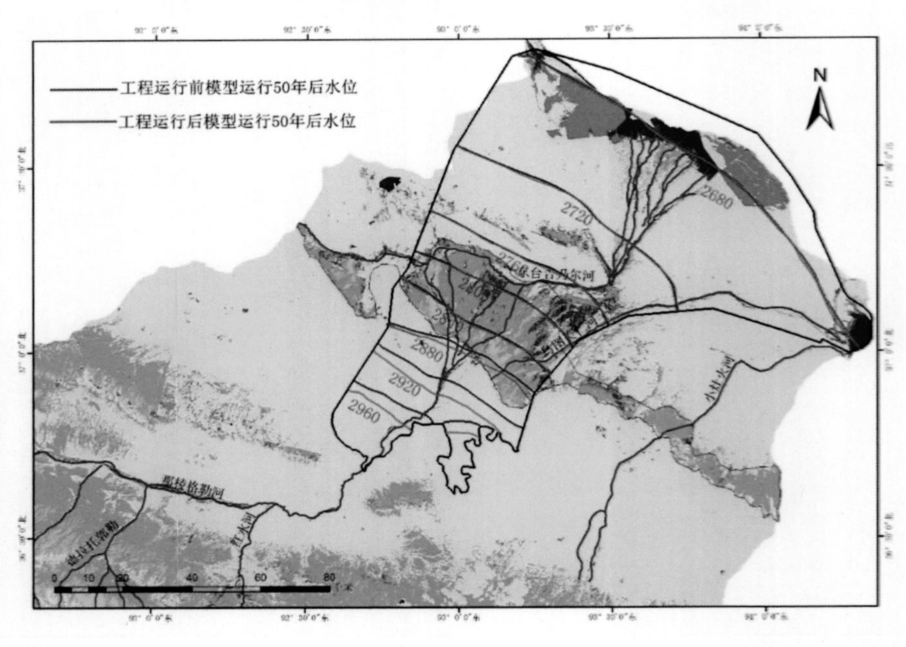

附图 6-10　现状和工程运行条件下模型运行 50 年后水位对比

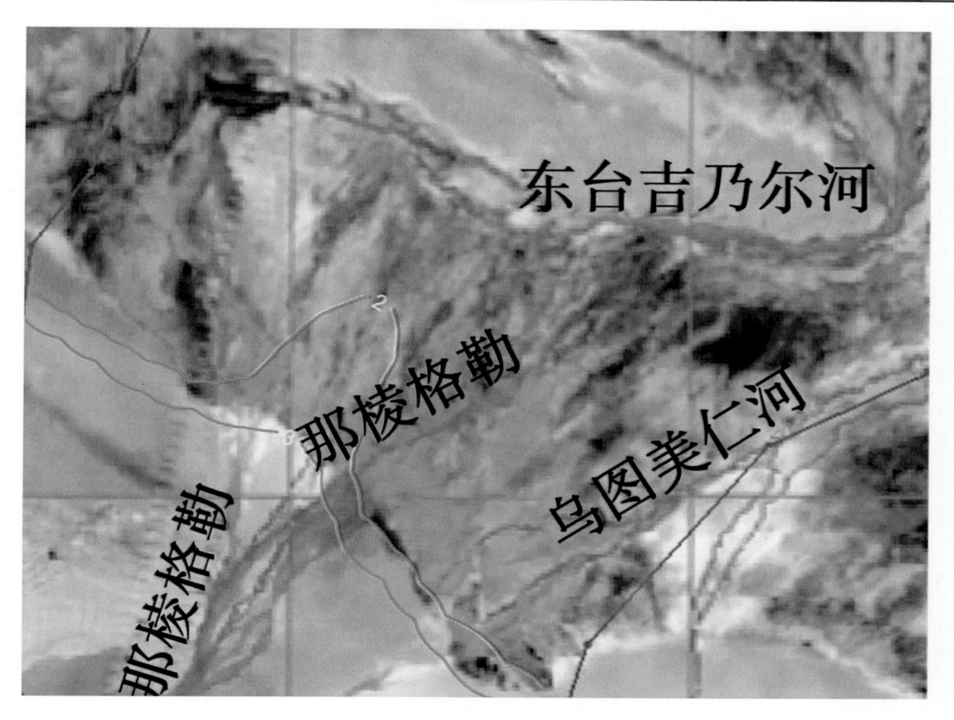

附图 6-11　工程运行第 4 年绿洲带 2 m 以上水位降深等值线图

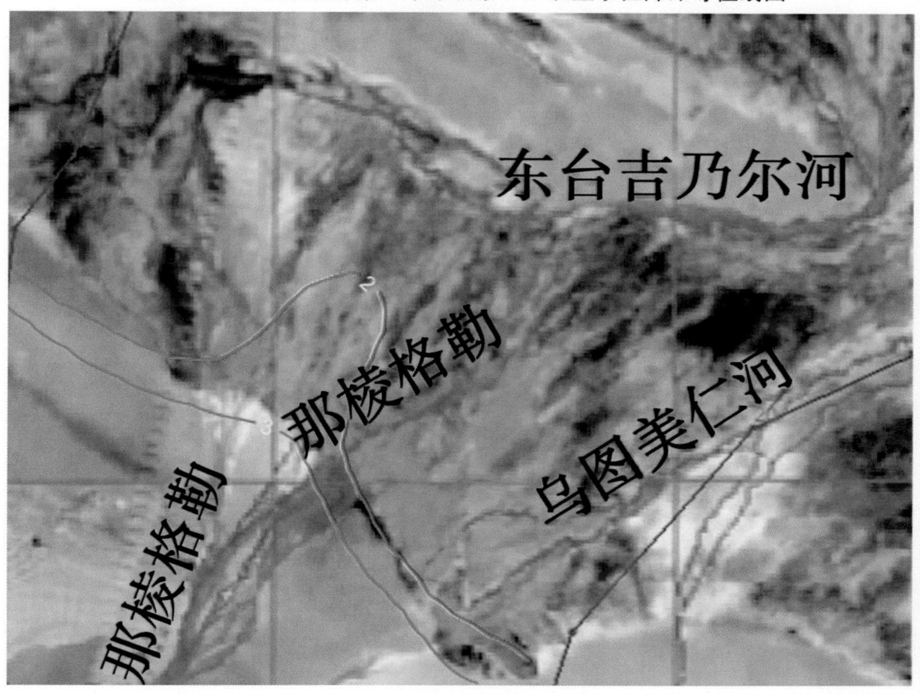

附图 6-12　工程运行第 8 年绿洲带 2 m 以上水位降深等值线图

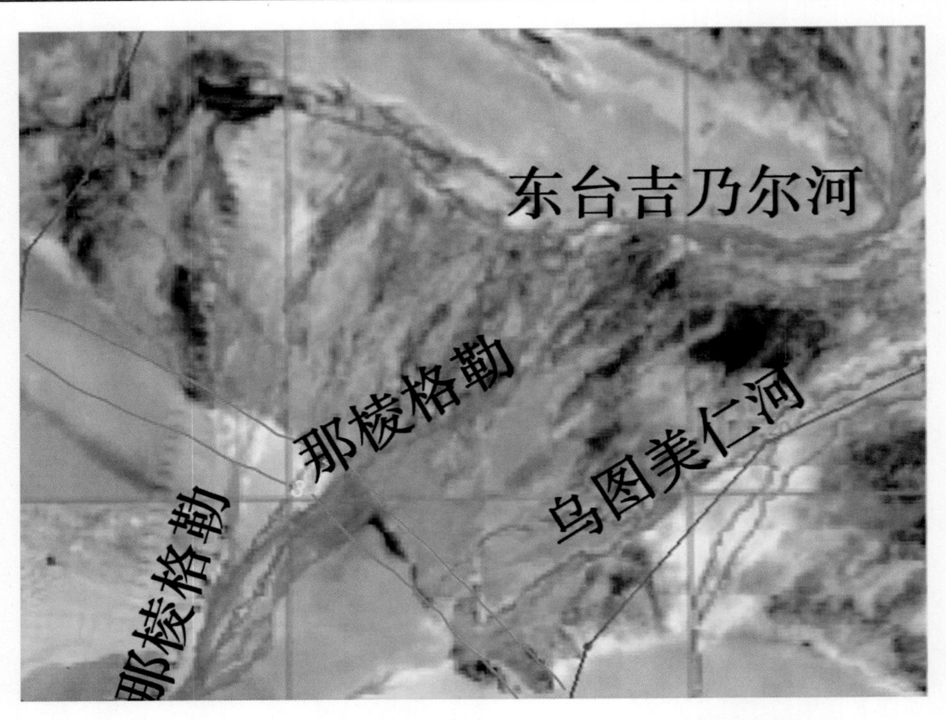

附图 6-13　工程运行第 15 年绿洲带 2 m 以上水位降深等值线图

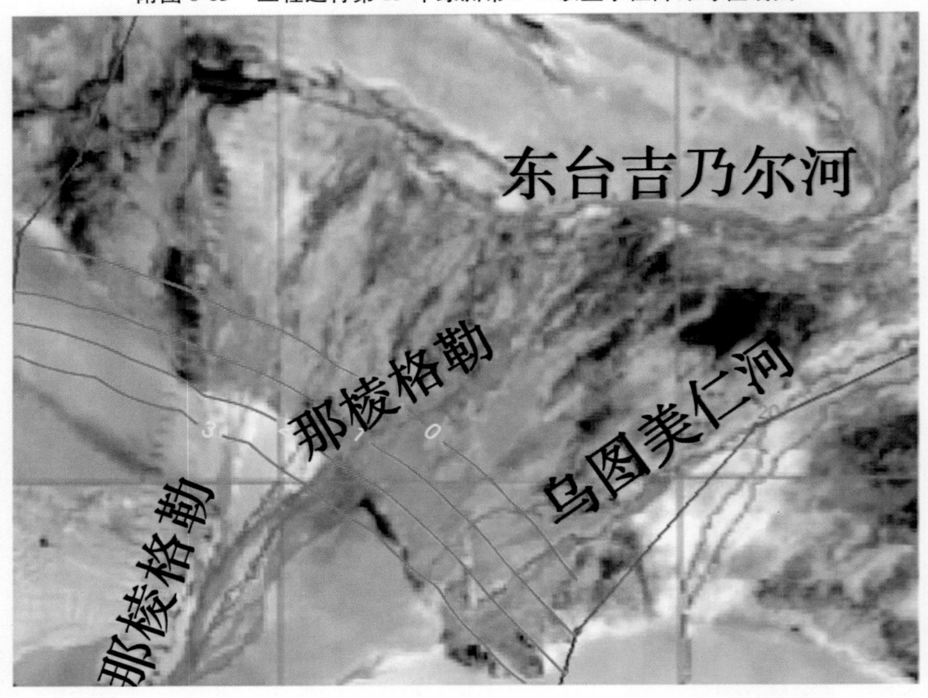

附图 6-14　工程运行 20 年水位重新稳定后绿洲带水位降深等值线图

附图 6-15　地下水长期监测点分布位置

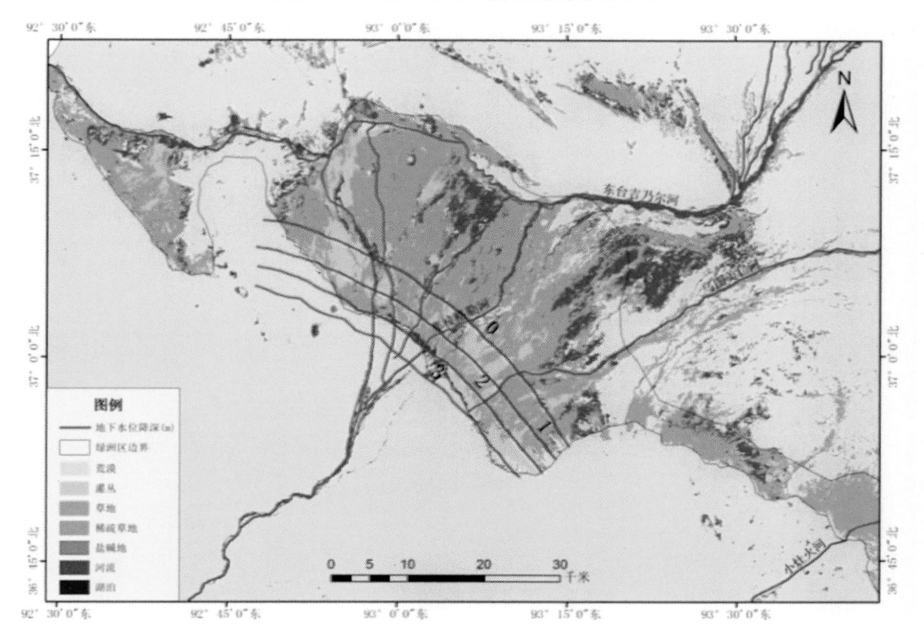

附图 7-1　绿洲前缘地下水位降深分布

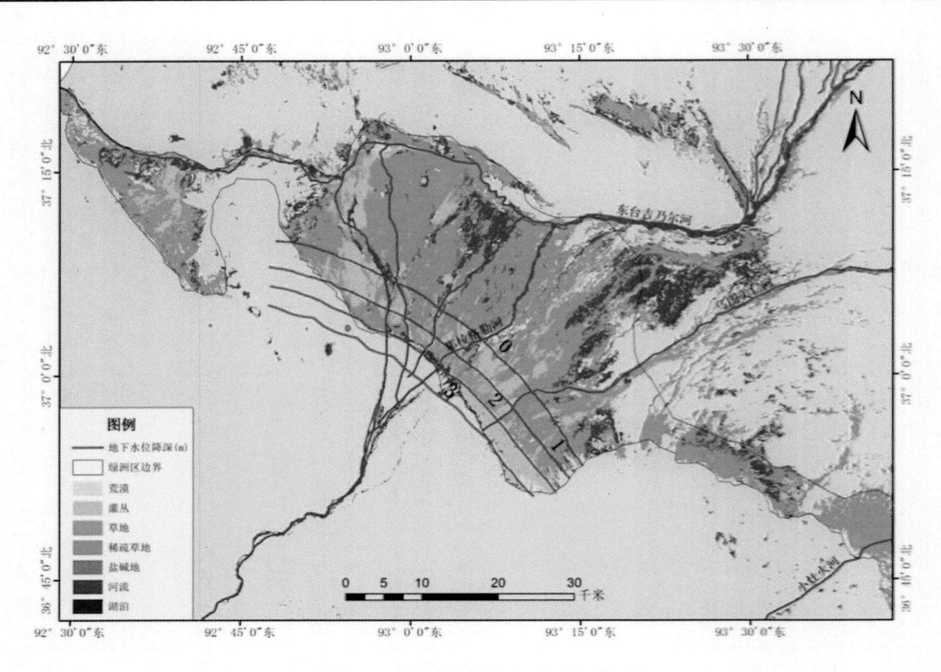

附图 7-2　绿洲区植被变化预测图